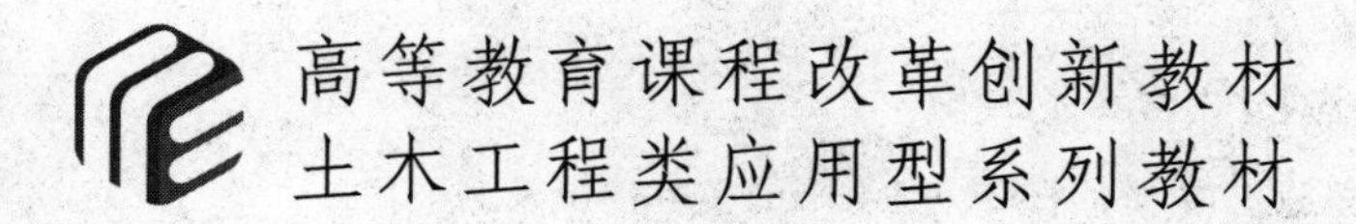

土木工程施工组织

主　编　武红娟　王　睿
副主编　徐　伟　秦　磊

科学出版社
北　京

内 容 简 介

本书从我国土木工程施工技术水平和管理水平的实际情况及需要出发，从内容构建方面，在保持基本知识体系完整的基础上，针对土木工程专业的特点进行编写；在语言表达上，力求通俗易懂、规范简练，易于阅读和理解，力求体现以学生为本的基本思想。

本书全面阐述了土木工程施工组织的基本原理和理论方法，介绍了施工组织设计的类型、内容和编制方法，并附有施工组织设计案例。在内容编排上强调理论与实践的紧密结合，注重培养学生的创新思维和实际动手能力；在内容上以全面素质教育为基础，以职业能力为本位，重点突出综合性和实践性。全书共分 6 个单元，包括土木工程施工组织总论、施工准备工作、流水施工、网络计划技术、施工组织总设计、单位工程施工组织设计。每单元后均附有工程应用案例和复习思考题，不仅帮助学生巩固所学的知识和扩大知识面，也方便教师在教学中进行取舍。

本书可作为普通高等院校土木工程、工程管理专业、工程造价及相近专业的教学用书，也可作为高职高专院校及成人教育的教材，还可作为相关工程技术及施工管理人员的参考用书。

图书在版编目（CIP）数据

土木工程施工组织/武红娟，王睿主编. 一北京：科学出版社，2023.6
（高等教育课程改革创新教材·土木工程类应用型系列教材）
ISBN 978-7-03-072787-9

Ⅰ. ①土… Ⅱ. ①武… ②王… Ⅲ. ①土木工程-施工组织-高等学校-教材 Ⅳ. ①TU721

中国版本图书馆 CIP 数据核字（2022）第 134465 号

责任编辑：张振华 / 责任校对：马英菊
责任印制：吕春珉 / 封面设计：东方人华平面设计部

科学出版社出版
北京东黄城根北街 16 号
邮政编码：100717
http://www.sciencep.com
三河市骏杰印刷有限公司印刷
科学出版社发行 各地新华书店经销
*
2023 年 6 月第 一 版 开本：787×1092 1/16
2023 年 6 月第一次印刷 印张：14 1/4
字数：340 000

定价：45.00 元

（如有印装质量问题，我社负责调换〈骏杰〉）
销售部电话 010-62136230 编辑部电话 010-62135120-2005

前　言

党的二十大报告指出:“加快建设国家战略人才力量,努力培养造就更多大师、战略科学家、一流科技领军人才和创新团队、青年科技人才、卓越工程师、大国工匠、高技能人才。”为了更好地贯彻落实二十大报告精神,编者根据二十大报告和《普通高等学校教材管理办法》《高等学校课程思政建设指导纲要》等相关文件精神,结合编者多年的教学和实践成果,编写了本书。在编写过程中,编者紧紧围绕“培养什么人、怎样培养人、为谁培养人”这一教育的根本问题,以落实立德树人为根本任务,以培养卓越工程师、大国工匠、高技能人才为目标。

本书是在行业专家、企业专家和课程开发专家的指导下,由校企“双元”联合编写的应用型本科教材。本书主要介绍了土木工程施工组织总论、施工准备工作、流水施工、网络计划技术、施工组织总设计、单位工程施工组织设计等内容。此外,本书每单元后均附有工程应用案例和复习思考题,可以帮助学生巩固所学知识。

本书注重培养学生的实践能力,基础知识采用广而不深、点到为止的编写方法,力求文字叙述通俗易懂、规范简练。本书紧密结合土木工程的特点,在内容编排上,力求覆盖土木工程施工组织的核心知识,并体现施工组织的基本原理、基本方法及工程应用。本书综合了目前土木工程施工组织中常用的基本原理、方法、步骤、技术。本书针对土木工程施工组织实践性强、涉及面广、综合性大的特点,内容体现适应性、可应用性。

与同类图书相比,本书的体例更加合理和统一,概念阐述更加严谨和科学,内容重点更加突出,文字表达更加简明易懂,工程案例和思政元素更加丰富,配套资源更加完善。具体而言,本书具有以下几个方面的突出特点。

1)本书编写遵循教育教学规律和人才培养规律,体现先进教育理念,充分考虑各院校土木工程专业课程开设特点,反映人才培养模式创新和教学改革最新成果。

2)本书以应用型人才培养为主线,摈弃了过多的理论描述,力求理论联系实际,从实用、专业的角度出发,以浅显易懂的语言和丰富的图表进行说明。

3)本书注重引入工程案例,融入学科行业的新知识、新技术、新成果,将价值塑造、知识传授和能力培养三者融为一体,强调职业素养、创新能力和实践能力的培养。

4)本书配套有多媒体课件等立体化的教学资源,适应信息化教学的需要。

本书由武红娟(西北民族大学)、王睿(西北民族大学)担任主编,徐伟(甘肃公航旅定临高速公路管理有限公司)、秦磊(湖北国土资源职业学院)担任副主编。具体编写分工如下:秦磊编写单元1,徐伟、秦磊编写单元2,武红娟编写单元3～单元5,王睿编写单元6。

由于编者水平有限,书中难免存在不足和疏漏之处,敬请广大读者和专家学者批评指正。

目 录

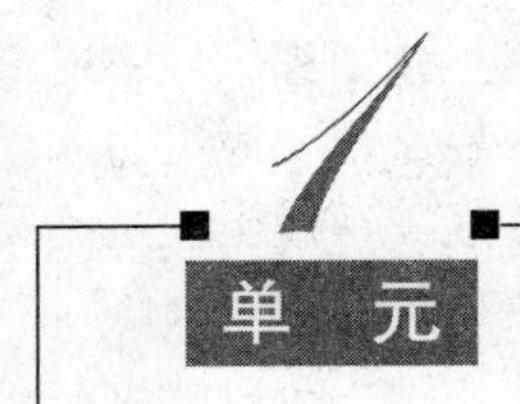

单元 1 土木工程施工组织总论

学习要求

1. 了解建设项目的组成及施工特点;
2. 掌握建设程序、施工程序及施工组织设计的内容;
3. 树立正确的学习观和价值观，培养职业认同感。

1.1 土木工程施工组织简介

1.1.1 土木工程的定义

土木工程（civil engineering）是建造各类工程设施的科学技术的统称。它既指所应用的材料、设备和所进行的勘测、设计、施工、保养、维修等技术活动，也指工程建设的对象，即建造在地上、地下或水中，间接为人类生活和生产所需的各种工程设施，如房屋、道路、铁路、管道、隧道、桥梁、运河、堤坝、港口、电站、飞机场、海洋平台、给水排水及防护工程等。土木工程是指为新建、改建或扩建各类工程的建筑物、构筑物和相关配套设施等所进行的勘察、规划、设计、施工、安装和维护等各项技术工作及其完成的工程实体。

1.1.2 土木工程的类型

土木工程是工程学科之一，伴随着人类社会的发展和进步而发展。随着近现代工程建设和科学技术的迅猛发展，土木工程逐渐分为一些专门学科，其包含的内容和涉及的范围非常广泛，包括建筑工程、公路与城市道路工程、铁道工程、机场工程、隧道工程、桥梁工程、港口工程、地下工程、水利水电工程、给水排水工程等。

建筑工程就其实体而言又称建筑物，是指人工修建的，供人们进行生活、生产或其他活动的房屋或场所。建筑工程主要是指房屋工程，也包括纪念性建筑、陵墓建筑、园林建筑等。建筑工程是兴建房屋的规划、勘察、设计、施工的总称。人们对建筑物的基本要求是安全、适用和美观。

公路与城市道路工程、铁道工程、机场工程、隧道工程等属于交通土建工程。城市道路工程影响着一个城市的发展，城市人口居住密集，交通量大，为了缓解城市交通压力，城市交通工程逐渐向三维空间（高架桥、地面交通及地下交通系统）发展。铁道工程是关系国民经济的重要通道，具有其他交通工程不可替代的重要作用。机场工程虽不及公路、铁道工程普遍，但航空运输具有快速、安全和高效率的特点，在交通工程中也不可缺少。隧道工程是跨越大河大山的一种重要通道形式，较桥梁具有安全和跨越能力大的特点。交通土建工程是一个国家的国民经济命脉，是经济发展的基础，交通土建工程建设在土木工程建设中占有重要的地位。

桥梁工程是土木工程中属于结构工程的一个分支学科。桥梁是交通工程中的关键性枢纽，对于道路的贯通起关键作用。好的桥梁既是人们通行的工具，又是一件赏心悦目的艺术品。随着经济的发展和科技水平的提高，现代桥梁将向着大规模、大跨度和高安全性的方向发展。

港口工程是水陆交通的交汇点工程，是重要的基础建设之一。港口规划是国家和地区国民经济发展规划的重要组成部分，港口的建设关系一个城市的后续发展水平。

地下工程是指修建在地面以下土层或岩体中的各种类型的地下建筑物或结构。开发地下空间已成为拓展人类生存空间、缓解城市用地紧张的有力途径。我国在地下工程建设方面起步较晚，但现在加大了开发力度，并已经取得了一定的成绩。

水利水电工程是土木工程的重要组成部分。修建水利水电工程的目的是调节宝贵的水资源，使其能根据需要进行分配，并同时借助水的势能发电，创造巨大的经济效益。中国的江河众多，水利资源丰富，兴建水利水电工程，合理利用水资源，为中国经济建设提供了有力支撑。

给水排水工程是指用水供给、废水排放和水质改善等工程。它分为给水工程和排水工程两部分。给水工程为居民和厂、矿、运输企业供应生活、生产用水，以及消防用水、道路绿化用水等。给水工程由给水水源、取水构筑物、原水管道、给水处理厂和给水管网组成，具有取集和输送原水、改善水质的作用。排水工程是指排除人类生活污水和生产中的各种废水、多余地面水的工程，其由排水管系（或沟道）、废水处理厂和最终处理设施组成。

1.1.3 土木工程施工组织的研究对象及任务

土木工程行业是国民经济的一个支柱行业。土木工程施工技术的水平影响着土木工程的质量和安全，关系着国计民生。伴随着新技术的发展和创新，以及土木工程规模的扩大和构造的复杂，施工难度也在增加，土木工程施工组织必须不断地创新和发展。

土木工程施工组织和其他学科一样，有着自身独特的方法和规律。随着社会经济的发展和建筑技术的进步，现代土木工程的施工生产已成为一项多人员、多工种、多专业、多设备、高技术、现代化的综合而复杂的系统工程。要做到提高工程质量、缩短施工工期、降低工程成本、实现安全文明施工，就必须应用科学的方法进行施工管理，统筹施工全过程。

土木工程施工组织是针对建筑工程施工的复杂性，研究工程建设的统筹安排与系统管理的客观规律，制定土木工程施工最合理的组织与管理方法的一门科学。它是推进企业技术进步，加强现代化施工管理的核心。

一个建筑物或构筑物的施工是一项特殊的生产活动，尤其现代化的建筑物或构筑物无论是规模上还是功能上都在不断发展，它们有的高耸入云，有的跨度大，有的深入地下、水下，有的体形庞大，有的管线纵横，这就给施工带来许多更为复杂的问题和更多困难。解决施工中的各种问题，通常有若干个可行的施工方案供施工人员选择。但是，不同的方案，其经济效果一般也各不相同。每一个分项工程的施工，由于其工程特点和施工条件等不同，都可以采用不同的施工方法和不同的施工机具来完成，研究如何采用先进的施工技术、保证工程质量，最合理、最经济地完成各个分项工程的施工工作，这类问题属于施工技术范畴；对于整幢建筑物或建筑群的施工，研究如何根据工程性质和实际条件，从技术与经济的角度全面出发，对人力、资金、材料、机械和施工方案等进行科学的、合理的安排，编制出工程施工组织设计文件，指导现场施工，使之能以最少的人力与物力消耗、最短的工期，保质保量地完成工程施工任务，这类问题属于施工组织范畴。如何根据拟建工程的性质和规模、施工季节和环境、工期的长短、工人的素质和数量、机械装备程度、材料供应情况、构件生产方式、运输条件等各种技术经济条件，从经济和技术统一的全局出发，从众多可行的方案中选定最优的方案，这是施工人员在开始施工之前必须要解决的问题。

土木工程施工组织的任务是在我国建设工程领域相关法律政策的指导下，从施工的全局出发，根据具体的条件，以最优的方式解决施工组织的问题，对施工的各项活动做出全面的、科学的规划和部署，使人力、物力、财力、技术资源得以充分利用，从而优质、低耗、高速地完成施工任务。

土木工程施工组织是一门理论面广、综合性强的专业技术课程，它来自实践又应用于实践，是许多相关学科知识的综合运用。土木工程施工组织与许多专业课、专业基础课有着密切的联系，如土木工程测量、土木工程材料、房屋建筑学、土力学与地基基础、结构力学、混凝土结构、砌体结构、钢结构、土木工程机械等课程的理论知识都会在土木工程施工组织中得到综合运用。

通过对本课程的学习，学生应掌握土木工程施工组织的基本知识、基本原理和基本方法，具备初步独立分析和解决土木工程施工中一般技术问题的能力，了解我国的建设方针、政策、规范及国外新技术的发展动态；掌握土木工程施工技术、方法和施工组织，以及保证工程质量、进度和施工安全的技术措施；制定施工组织设计或施工方案，按照施工组织设计要求组织科学的施工，保证工程项目的顺利实施。

1.1.4　我国土木工程施工技术水平现状

土木工程施工即施工技术与施工组织，其中，施工技术一般指完成一个主要工序或分项工程的单项技术，施工组织则是优化组合单项技术，实现人、机、材的科学结合，最终形成建筑产品。没有科学的组织管理，技术效果不能发挥；没有先进的技术，管理也就没有了基础，两者是相辅相成的。技术是生产力，管理也是生产力，两者同等重要。

随着国民经济与土木工程行业的发展，我国土木工程施工技术在近几十年有了巨大的发展，国内许多大型工程均是依靠先进、高效的现代施工技术而建造的。但是从横向上比较，我国土木工程的施工技术远远落后于通信、机电、汽车、纺织等其他产业的制造技术。进入 21 世纪以来我国城市建设规模发展越来越大，使得我国的建筑行业和土木施工行业都有了前所未有的大发展，也使得我国各式各样的建筑物层出不穷。在这种情况下，土木工程施工也需要有更高的标准和创新，这样才能符合时代发展的要求。

我国土木工程施工技术发展趋势大致如下。

1）计算机的广泛应用。随着计算机应用的普及和结构计算理论日益完善，计算结果将更能反映实际情况，从而更能充分发挥材料的性能并保证结构的安全。人们将设计出更为优化的方案进行土木工程建设，以缩短工期、提高经济效益。

2）创新绿色施工理念，保护施工环境。相关的从业人员要建立基于环保并且绿色节能的创新观念，这种观念不仅仅需要在施工中考虑，更需要在诸多细节中深入执行。对传统的施工建筑行业进行重新整合和更进一步的优化，保证土木建筑行业具备绿色创新的土壤，保证在施工工程中满足工程的差异化，逐步减少土木工程施工对自然环境的破坏和污染，实现我国土木工程行业的绿色环保。

3）工业化发展。土木工程施工的工业化是我国土木工程行业发展的必然趋势。要正确理解土木工程产品标准化和多样化的关系，尽量实现标准化生产；要建立适应社会化大生产方式的科学管理体制，采用专业化、联合化、区域化的施工组织形式，同时还要不断推进新材料、新工艺的使用。

4）高性能材料不断发展。长期以来，金属、陶瓷和高分子材料是三大工程材料。高性能结构材料是一类具有高比强度、高比刚度、耐高温、耐腐蚀、耐磨损的材料，是在高新技术推动下发展起来的一类新材料，是国民经济现代化的物质基础之一，是土木工程施工材料的重要组成部分。尤其是建筑用钢材将朝着高强，良好的塑性、韧性和可焊性方向发展。很多国家已经把屈服点为 $700N/mm^2$ 以上的钢材列入了规范；如何合理利用高强度钢也是土木工程施工的重要研究课题。高性能混凝土及其他复合材料也将向着轻质、高强、稳定的韧性和工作性方向发展。

1.2 建设项目的建设程序

1.2.1 项目及其分类

1. 项目

项目是指在一定的约束条件（如限定时间、限定费用及限定质量标准等）下，具有特定的明确目标和完整的组织结构的一次性任务或管理对象。根据这一定义，可以归纳出项目所具有的3个主要特征，即项目的一次性（单件性）、目标的明确性和项目的整体性。只有同时具备这3个特征的任务才能称为项目。而那些大批量的、重复进行的、目标不明确的、局部性的任务，不能称为项目。

2. 项目的分类

项目应当按其最终成果或专业特征进行分类。按专业特征划分，项目主要包括科学研究项目、工程项目、航天项目、维修项目、咨询项目等，还可以根据需要对每一类项目进行进一步分类。对项目进行分类是为了有针对性地对其进行管理，以提高完成任务的效率、水平。

工程项目是项目中数量最大的一类，既可以按照专业将其分为建筑工程、公路工程、水电工程、港口工程、铁路工程等项目，也可以按项目管理的主体不同将其分为施工项目、建设项目、设计项目和工程咨询项目等。其中，施工项目是施工企业自施工投标开始到保修期满为止的全过程中完成的项目，是作为施工企业管理对象的一次性施工任务。施工项目的管理主体是施工承包企业。施工项目的范围是由工程承包合同界定的，可能是建设项目的全部施工任务，也可能是建设项目中的单项工程或单位工程的施工任务。

1.2.2　建设项目及其组成

1. 建设项目

建设项目是固定资产投资项目，是作为建设单位的被管理对象的一次性建设任务，是投资经济科学的一个基本范畴。固定资产投资项目又包括基本建设项目（新建、扩建等扩大生产能力的项目）和技术改造项目（以改进技术、增加产品品种、提高产品质量、治理“三废”、劳动安全、节约资源为主要目的的项目）。

建设项目在一定的约束条件下，以形成固定资产为特定目标。约束条件有 3 个：一是时间约束，即一个建设项目有合理的建设工期目标；二是资源约束，即一个建设项目有一定的投资总量目标；三是质量约束，即一个建设项目有预期的生产能力、技术水平或使用效益目标。

建设项目的管理主体是建设单位，项目是建设单位实现目标的一种手段。在国外，投资主体、甲方和建设单位一般是三位一体的，建设单位的目标就是投资者的目标；而在我国，投资主体、甲方和建设单位三者有时是分离的，这给建设项目的管理带来一定的困难。

2. 建设项目的组成

按照建设项目分解管理的需要，可将建设项目分解为单项工程（也称工程项目）、单位工程（子单位工程）、分部工程（子分部工程）、分项工程和检验批，如图 1-1 所示。

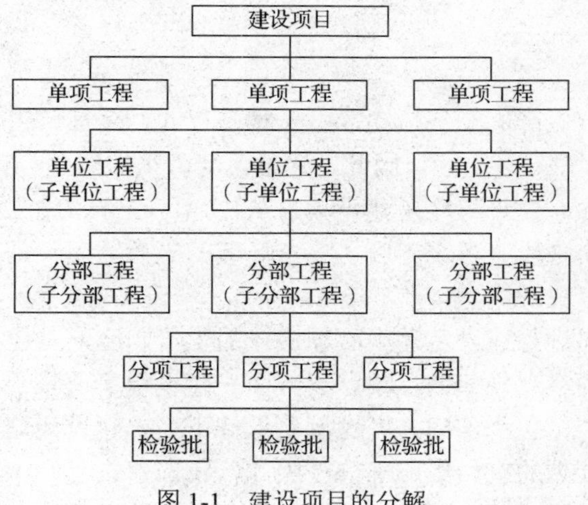

图 1-1　建设项目的分解

（1）单项工程

凡是具有独立的设计文件，竣工后可以独立发挥生产能力或效益的一组工程项目，称为一个单项工程。一个建设项目，可由一个单项工程组成，也可由若干个单项工程组成。单项工程体现了建设项目的主要建设内容，其施工条件往往具有相对独立性。

（2）单位工程（子单位工程）

具备独立施工条件（具有单独设计文件，可以独立施工），并能形成独立使用功能的建筑物或构筑物的为一个单位工程。单位工程是单项工程的组成部分，一个单项工程一般由若干个单位工程所组成。

一般情况下，单位工程是一个单体的建筑物或构筑物；对于建筑规模较大的单位工程，可将其能形成独立使用功能的部分作为一个子单位工程。

（3）分部工程（子分部工程）

组成单位工程的若干个分部称为分部工程。分部工程的划分应按专业性质、建筑部位确定。例如，一幢房屋的建筑工程，可以分为土建工程分部和安装工程分部，而土建工程分部又可分为地基与基础、主体结构、建筑装饰装修和建筑屋面 4 个分部工程。

当分部工程较大或较复杂时，可按材料种类、施工特点、施工程序、专业系统及类别等将其划分为若干个子分部工程。例如，主体结构分部工程可分为混凝土结构、钢筋（管）混凝土结构、砌体结构、钢结构、木结构及网架和索膜结构等子分部工程。

（4）分项工程

组成分部工程的若干个施工过程称为分项工程。分项工程应按主要工种、材料、施工工艺、设备类别等进行划分。例如，主体混凝土结构可以划分为模板、钢筋、混凝土、预应力、现浇结构、装配式结构等分项工程。

（5）检验批

按现行国家标准《建筑工程施工质量验收统一标准》（GB 50300—2013）规定，建筑工程质量验收时，可将分项工程进一步划分为检验批。检验批是指按同一的生产条件或按规定的方式汇总起来供检验用的，由一定数量样本组成的检验体。一个分项工程可由一个或若干个检验批组成，检验批可根据施工及质量控制和专业验收需要按楼层、施工段、变形缝等进行划分。

1.2.3 建设程序

把投资转化为固定资产的经济活动，是一种多行业、多部门密切配合的综合性比较强的经济活动，它涉及面广、环节多。因此，建设活动必须按顺序、有组织、有计划地进行，这个顺序就是建设程序。建设程序是建设项目从决策、设计、施工和竣工验收到投产交付使用的全过程中，各个阶段、各个步骤、各个环节的先后顺序，是拟建建设项目在整个建设过程中必须遵循的客观规律。

建设程序是人们在进行建设活动中必须遵守的工作制度，是经过大量实践工作所总结出来的工程建设过程的客观规律的反映。一方面，建设程序反映了社会经济规律的制约关系。在国民经济体系中，各个部门之间比例要保持平衡，建设计划与国民经济计划要协调一致，成为国民经济计划的有机组成部分。因此，我国建设程序中的主要阶段和环节，都与国民经济计划密切相连。另一方面，建设程序反映了技术经济规律的要求。例如，在提出生产性建设项目建议书后，必须对建设项目进行可行性研究，从建设的必要性和可能性、技术的可行性与合理性、投产后正常生产条件等方面做出全面的、综合的论证。

建设项目按照建设程序进行建设是社会经济规律的要求，是建设项目技术经济规律的要求，也是由建设项目的复杂性决定的。根据建设的实践经验，我国已形成了一套科学的建设程序。我国的建设程序可划分为项目建议书、可行性研究、勘察设计、施工准备、建设实施、竣工验收、后评价 7 个阶段。这 7 个阶段基本上反映了建设工作的全过程。这 7 个阶段还可以进一步概括为项目决策、建设准备、工程实施三大阶段。

1. 项目决策阶段

项目决策阶段以可行性研究为工作中心，主要包括编报项目建议书和可行性研究两项工作内容。

（1）项目建议书

项目建议书是建设单位向主管部门提出的要求建设某一项目的建议性文件，是对拟建项目的轮廓设想，从拟建项目的必要性和可能性加以论证。

项目建议书的内容一般包括以下 5 个方面。

1）建设项目提出的必要性和依据。

2）拟建工程规模和建设地点的初步设想。

3）资源情况、建设条件、协作关系等的初步分析。

4）投资估算和资金筹措的初步设想。

5）经济效益和社会效益的估计。

项目建议书按要求编制完成后，报送有关部门审批。项目建议书经批准后，才能进行可行性研究，也就是说，项目建议书并不是项目的最终决策，而仅仅是为可行性研究提供依据和基础的。

（2）可行性研究

项目建议书经批准后，应紧接着进行可行性研究工作。可行性研究是项目决策的核心，是对建设项目在技术上、工程上和经济上是否可行，进行全面、科学分析论证的工作，是技术经济的深入论证阶段，为项目决策提供可靠的技术经济依据。其研究的主要内容如下。

1）建设项目提出的背景、必要性、经济意义和依据。

2）拟建项目规模、产品方案、市场预测。

3）技术工艺、主要设备、建设标准。

4）资源、材料、燃料供应和运输及水、电条件。

5）建设地点、场地布置及项目设计方案。

6）环境保护、防洪、防震等要求与相应措施。

7）劳动定员及培训。

8）建设工期和进度建议。

9）投资估算和资金筹措方式。

10）经济效益和社会效益分析。

可行性研究的主要任务是对多种方案进行分析、比较，提出科学的评价意见，推荐最佳方案。在可行性研究的基础上，编制可行性研究报告。

我国对可行性研究报告的审批权限作出了明确规定，必须按规定将编制好的可行性研究报告送交有关部门审批。

经批准的可行性研究报告是初步设计的依据，不得随意修改和变更。如果在建设规模、产品方案等主要内容上需要修改或突破投资控制数时，应经原批准单位复审同意。

2. 建设准备阶段

建设准备阶段主要是根据批准的可行性研究报告，成立项目法人，进行工程地质勘查、初步设计和施工图设计，编制设计概预算，安排年度建设计划及投资计划，进行工程发包，准备设备、材料，做好施工准备等工作。这个阶段的工作重心是勘察设计。

（1）勘察设计

设计文件是安排建设项目和进行建筑施工的主要依据。设计文件一般由建设单位通过招投标或直接委托有相应资质的设计单位进行设计。编制设计文件是一项复杂的工作，设计之前和设计之中都要进行大量的调查和勘测工作，在此基础上，根据批准的可行性研究报告，将建设项目的要求逐步具体化为指导施工的工程图纸及其说明书。

设计是分阶段进行的。一般项目进行 2 个阶段设计，即初步设计和施工图设计。技术比较复杂或缺少设计经验的项目采用 3 个阶段设计，即在初步设计阶段后增加技术设计阶段。

1）初步设计：对批准的可行性研究报告所提出的内容进行概略的设计，作出初步的实施方案（大型、复杂的项目，还须绘制建筑透视图或制作建筑模型），进一步论证该建设项目在技术上的可行性和经济上的合理性，解决工程建设中重要的技术和经济问题，并通过对工程项目所作出的基本技术经济规定，编制项目总概算。

初步设计由建设单位组织审批。初步设计经批准后，不得随意改变建设规模、建设地址、主要工艺过程、主要设备和总投资等控制指标。

2）技术设计：在初步设计的基础上，根据更详细的调查研究资料，进一步确定建筑、结构、工艺、设备等的技术要求，以使建设项目的设计更具体、更完善，技术经济指标达到最优。

3）施工图设计：在前一阶段的设计基础上进一步形象化、具体化、明确化，完成建筑、结构、水、电、气、工业管道及场内道路等全部施工图纸、工程说明书、结构计算书及施工图预算等。在工艺方面，应具体确定各种设备的型号、规格及各种非标准设备的制作、加工和安装图。

（2）施工准备

施工准备工作在可行性研究报告批准后即可着手进行。通过技术、物资和组织等方面的准备，为工程施工创造有利条件，使建设项目能连续、均衡、有节奏地进行。其主要工作内容如下。

1）征地、拆迁和场地平整。

2）工程地质勘查。

3）完成施工用水、用电、通信及道路等工程。

4）收集设计基础资料，组织设计文件的编审。

5）组织设备和材料订货。

6）组织施工招投标，择优选定施工单位。

7）办理开工报建手续。

施工准备工作基本完成，具备了工程开工条件之后，由建设单位向有关部门提交开工报告。有关部门对工程建设资金的来源、资金是否到位及施工图出图情况等进行审查，符合要求后批准开工。

做好建设项目的准备工作，对于提高工程质量、降低工程成本、加快施工进度，都有着重要的保证作用。

3. 工程实施阶段

工程实施阶段是项目决策的实施、建成投产、发挥投资效益的关键环节。该阶段是在建设程序中时间最长、工作量最大、资源消耗最多的阶段。这个阶段的工作重心是根据设计图纸进行建筑安装施工。此阶段还包括做好生产或使用准备、试车运行、交付生产或使用等内容。生产准备是项目投产前由建设单位进行的一项重要工作。它是衔接建设和生产的桥梁，是建设阶段转入生产经营的必要条件。建设单位应及时组成专门班子或机构做好生产准备工作。

生产准备工作的内容根据工程类型的不同而有所区别，一般应包括下列内容：①组建生产经营管理机构，制定管理制度和有关规定；②招收并培训生产和管理人员，组织人员参加设备的安装、调试和验收；③生产技术的准备和运营方案的确定；④原材料、燃料、协作产品、工具、器具、备品和备件等生产物资的准备；⑤其他必需的生产准备。

（1）建设实施

建设实施即建筑施工，是将计划和施工图变为实物的过程，是建设程序中的一个重要环节。建设实施要做到计划、设计、施工3个环节互相衔接，投资、工程内容、施工图纸、设备材料、施工力量5个方面的落实，以保证建设计划的全面完成。

在施工之前要认真做好图纸会审工作，编制施工图预算和施工组织设计，明确投资、进度、质量的控制要求。施工中要严格按照施工图和图纸会审记录施工，如需变动应取得建设单位和设计单位的同意；要严格执行有关施工标准和规范，确保工程质量，并按合同规定的内容全面完成施工任务。

（2）竣工验收

按批准的设计文件和合同规定的内容建成的工程项目，其中，生产性项目经负荷运转和试生产合格，并能够生产合格产品的；非生产性项目符合设计要求，能够正常使用的，都要及时组织验收，办理移交固定资产手续。竣工验收是全面考核建设成果、检验设计和工程质量的重要步骤，是投资成果转入生产或使用的标志。建筑工程施工质量验收应符合以下要求。

1）参加工程施工质量验收的各方人员应具备规定的资格。

2）单位工程完工后，施工单位应自行组织有关人员进行检查评定，并向建设单位提交工程验收报告。

3）建设单位收到工程验收报告后，应由建设单位（项目）负责人组织施工，设计、监理等单位（项目）负责人进行单位（子单位）工程验收。

4）单位工程质量验收合格后，建设单位应在规定时间内将工程竣工验收报告和有关文件报建设行政管理部门备案。

（3）后评价

建设项目一般经过1～2年生产运营（或使用）后，要进行一次系统的项目后评价。建设项目后评价是我国建设程序新增加的一项内容，目的是肯定成绩、总结经验、研究问题、吸取教训、提出建议、改进工作，不断提高项目决策水平和投资效果。项目后评价一般分为项目法人的自我评价、项目行业的评价和计划部门（或主要投资方）的评价3个层次组织实施。建设项目的后评价包括以下主要内容。

1）影响评价：对项目投产后各方面的影响进行评价。

2）经济效益评价：对投资效益、财务效益、技术进步、规模效益、可行性研究深度等进行评价。

3）过程评价：对项目的立项、设计、施工、建设管理、竣工投产、生产运营等全过程进行评价。

1.2.4 施工项目管理程序

施工项目管理是企业运用系统的观点、理论和科学技术的方法对施工项目进行的计划、组织、监督、控制、协调等全过程的管理。施工项目管理应遵循管理的规律，企业应利用制度保证项目管理按规定程序运行，以提高建设工程施工项目管理的水平，促进施工项目管理的科学化、规范化和法治化，适应市场经济发展的需要，与国际惯例接轨。

施工项目管理程序是拟建工程项目在整个施工阶段中必须遵循的客观规律。它是长期施工实践经验的总结，反映了整个施工阶段必须遵循的先后次序。施工项目管理程序由下列环节组成。

1. 编制项目管理规划大纲

项目管理规划分为项目管理规划大纲和项目管理实施规划。项目管理规划大纲是由企业管理层在投标之前编制的，作为投标依据、满足招标文件要求及签订合同要求的文件。当承包人用编制施工组织设计代替项目管理规划时，施工组织设计应满足项目管理规划的要求。

项目管理规划大纲（或施工组织设计）的内容应包括项目概况、项目实施条件、项目投标活动及签订施工合同的策略、项目管理目标、项目组织结构、质量目标和施工方案、工期目标和施工总进度计划、成本目标、项目风险预测和安全目标、项目现场管理和施工平面图、投标和签订施工合同、文明施工及环境保护等。

2. 编制投标书并进行投标，签订施工合同

施工单位承接任务的方式一般有3种：国家或上级主管部门直接下达；受建设单位委托而承接；通过投标而中标承接。招投标方式是最具有竞争机制、较为公平合理的承接施工任务的方式，在我国已得到普及。

施工单位要从多方面掌握大量信息，编制既能使企业盈利，又有竞争力、有望中标的投标书。如果中标，则与招标方进行谈判，依法签订施工合同。在签订施工合同之前要认

真检查签订施工合同的必要条件是否已经具备，如工程项目是否有正式的批文、是否落实投资等。

3. 选定项目经理，组建项目经理部，签订项目管理目标责任书

签订施工合同后，施工单位应选定项目经理，项目经理接受企业法定代表人的委托组建项目经理部、配备管理人员。企业法定代表人根据施工合同和经营管理目标要求与项目经理签订项目管理目标责任书。项目管理目标责任书明确规定项目经理部应达到的成本、质量、进度和安全等控制目标。

4. 项目经理部编制项目管理实施规划，进行项目开工前的准备

项目管理实施规划（或施工组织设计）是在工程开工之前由项目经理主持编制的，用于指导施工项目实施阶段管理活动的文件。

编制项目管理实施规划的依据是项目管理规划大纲、项目管理目标责任书和施工合同。项目管理实施规划的内容应包括工程概况、施工部署、施工方案、施工进度计划、资源供应计划、施工准备工作计划、施工平面图、技术组织措施计划、项目风险管理、信息管理和技术经济指标分析等。

项目管理实施规划经会审后，应由项目经理签字并报企业主管领导人审批。

根据项目管理实施规划，对首批施工的各单位工程，应抓紧落实各项施工准备工作，使现场具备开工条件，有利于进行文明施工。具备开工条件后，提交开工申请报告，经审查批准后，即可正式开工。

5. 施工期间按项目管理实施规划进行管理

施工过程是一个自开工至竣工的全过程，是施工程序中的主要阶段。在这一过程中，项目经理部应从整个施工现场的全局出发，按照项目管理实施规划（或施工组织设计）进行管理，精心组织施工，加强各单位、各部门的配合与协作，协调解决各方面问题，使施工活动顺利开展，以保证质量目标、进度目标、安全目标、成本目标的实现。

6. 验收、交工与竣工结算

项目竣工验收是在承包人按施工合同完成项目全部任务后，经检验合格，由发包人组织验收的过程。

项目经理应全面负责工程交付竣工验收前的各项准备工作，成立竣工收尾小组，编制项目竣工收尾计划并限期完成。项目经理部应在完成施工项目竣工收尾计划后向企业报告，提交有关部门进行验收。承包人在企业内部验收合格并整理好各项交工验收的技术经济资料后，向发包人发出预约竣工验收的通知书，由发包人组织设计、施工、监理等单位进行项目竣工验收。

通过竣工验收程序，办完竣工结算后，承包人应在规定期限内向发包人办理工程移交手续。

7. 项目考核评价

施工项目完成以后，项目经理部应对其进行经济分析，做出项目管理总结报告并送企业管理层有关职能部门。

企业管理层组织项目考核评价委员会，对项目管理工作进行考核评价。项目考核评价的目的是规范项目管理行为，鉴定项目管理水平，确认项目管理成果，对项目管理进行全面考核和评价。项目终结性考核的内容应包括确认阶段性考核的结果，确认项目管理的最终结果，确认该项目经理部是否具备“解体”的条件。经考核评价后，兑现项目管理目标责任书中的奖惩承诺，项目经理部解体。

8. 项目回访保修

承包人在施工项目竣工验收后，对工程使用状况和质量问题向用户访问了解，并按照施工合同的约定和工程质量保修书的承诺，在保修期内对发生的质量问题进行修理并承担相应的经济责任。

1.3 土木工程产品及其生产的特点

土木工程产品地点的固定性、类型的多样性和体形庞大等主要特点，决定了土木工程产品生产的特点与一般工业产品生产的特点相比，具有其自身的特殊性。其具体特点如下。

1. 土木工程产品生产的流动性

土木工程产品地点的固定性决定了产品生产的流动性。一般的工业产品是在固定的工厂、车间内进行生产的，而土木工程产品的生产是在不同的地区，或同一地区的不同现场，或同一现场的不同单位工程，或同一单位工程的不同部位组织工人、机械围绕着同一土木工程产品进行生产的。因此，土木工程产品的生产在地区与地区之间、现场之间和单位工程不同部位之间流动。

2. 土木工程产品生产的单件性

土木工程产品地点的固定性和类型的多样性决定了产品生产的单件性。一般的工业产品是在一定的时期、统一的工艺流程中进行批量生产的，而一个具体的土木工程产品应在国家或地区的统一规划内，根据其使用功能，在选定的地点上单独设计和单独施工。即使是选用标准设计、通用构件或配件，由于土木工程产品所在地区的自然、技术、经济条件的不同，也使土木工程产品的结构或构造、土木工程材料、施工组织和施工方法等要因地制宜加以修改，从而使各土木工程产品的生产具有单件性。

3. 土木工程产品生产的地区性

土木工程产品的固定性决定了同一使用功能的土木工程产品因其建造地点的不同必然受到建设地区的自然、技术、经济和社会条件的约束，使其结构、构造、艺术形式、室内设施、材料、施工方案等方面各异。因此土木工程产品的生产具有地区性。

4. 土木工程产品生产周期长

土木工程产品的固定性和体形庞大的特点决定了土木工程产品生产周期长。土木工程产品体形庞大，使得最终土木工程产品的建成必然耗费大量的人力、物力和财力。同时，土木工程产品的生产全过程还要受工艺流程和生产程序的制约，使各专业、工种间必须按照合理的施工顺序进行配合和衔接。土木工程产品地点的固定性，使施工活动的空间具有局限性，因此土木工程产品的生产具有生产周期长、占用流动资金大的特点。

5. 土木工程产品生产的露天作业多

土木工程产品地点的固定性和体形庞大的特点，决定了土木工程产品生产的露天作业多。因为体形庞大的土木工程产品不可能在工厂、车间内直接施工，即使土木工程产品的生产达到了高度的工业化水平，也只能在工厂内生产其部分的构件或配件，仍然需要在施工现场内进行总装配后才能形成最终土木工程产品。因此，土木工程产品的生产具有露天作业多的特点。

6. 土木工程产品生产的高处作业多

土木工程产品体形庞大，决定了土木工程产品的生产具有高处作业多的特点。特别是随着城市现代化的发展，高层土木工程建筑物的施工任务日益增多，使得土木工程产品生产高处作业多的特点日益明显。

7. 土木工程产品生产组织协作的综合复杂性

由上述土木工程产品生产的诸特点可以看出，土木工程产品的生产涉及面广。在土木工程企业的内部，它涉及工程力学、土木工程测量、土木工程材料、混凝土结构、地基基础、水暖电、机械设备和施工技术等学科的专业知识，要在不同时期、不同地点和不同产品上组织多专业、多工种的综合作业。在土木工程企业的外部，它涉及各不同种类的专业施工企业，以及城市规划，征用土地，勘察设计，消防，“七通一平”或“三通一平”，公用事业，环境保护，质量监督，科研试验，交通运输，银行财政，机具设备，物质材料，电、水、热、气的供应，劳务等社会各部门和各领域的复杂协作配合，从而使土木工程产品生产的组织协作关系综合复杂。

1.4 施工组织设计概论

按照现行国家标准《建设工程项目管理规范》（GB/T 50326—2017）规定，在投标之前，由施工企业管理层编制项目管理规划大纲，作为投标依据、满足招标文件要求及签订合同要求的文件。在工程开工之前，由项目经理主持编制项目管理实施规划，作为指导施工项目实施阶段管理的文件。项目管理实施规划是项目管理规划大纲的具体化和深化。

施工组织设计是我国长期工程建设实践中形成的一项惯例制度，目前仍继续贯彻执行。施工组织设计是施工规划，而非施工项目管理规划，故要代替后者时必须根据项目管理的需要，增加相关内容，使之成为项目管理的指导文件。

1.4.1 施工组织设计的概念

施工组织设计是以施工项目为对象编制的，用以指导施工的技术、经济和管理的综合性文件，即根据拟建工程的特点，对人力、材料、机械、资金、施工方法等方面的因素进行全面的分析，进行科学合理的安排，从而形成指导拟建工程施工全过程各项活动的综合性文件。它不仅包含技术方面的内容，同时也涵盖施工管理和造价控制等方面的内容。

1.4.2 施工组织设计的必要性和作用

1. 施工组织设计的必要性

编制施工组织设计，有利于反映客观实际，符合建筑产品及施工特点的要求，也是建筑施工在工程建设中的地位决定的，更是建筑施工企业经营管理程序的需要。因此，编制好并贯彻好施工组织设计，就可以保证拟建工程施工的顺利进行，取得好、快、省和安全的施工效果。

2. 施工组织设计的作用

施工组织设计是施工准备工作的重要组成部分，又是做好施工准备工作的主要依据和重要保证。

施工组织设计是对拟建工程施工全过程实行科学管理的重要手段，是编制施工预算和施工计划的主要依据，是建筑企业合理组织施工和加强项目管理的重要措施。

施工组织设计是检查工程施工进度、质量、成本三大目标的依据，是建设单位与施工单位之间履行合同、处理关系的主要依据。

1.4.3 施工组织设计的分类

1. 按设计阶段的不同分类

施工组织设计的编制一般是同勘察设计阶段相配合的。

1）设计按 2 个阶段进行时。施工组织设计分为施工组织总设计（扩大初步施工组织设计）和单位工程施工组织设计 2 种。

2）设计按 3 个阶段进行时。施工组织设计分为施工组织设计大纲（初步施工组织条件设计）、施工组织总设计和单位工程施工组织设计 3 种。

2. 按编制对象范围的不同分类

1）施工组织总设计。施工组织总设计是以单位工程组成的群体工程或特大型项目为主要对象而编制的施工组织设计，对整个项目的施工过程起统筹规划、重点控制的作用。

2）单位工程施工组织设计。单位工程施工组织设计是以单位（子单位）工程为主要对象而编制的施工组织设计，对单位（子单位）工程的施工过程起指导和制约作用。

3）施工方案。施工方案是以分部（分项）工程或专项工程为主要对象而编制的施工技术与组织方案，用以具体指导其施工过程。

3. 按编制阶段的不同分类

根据编制阶段的不同，施工组织设计可以分为 2 类：一类是投标前编制的施工组织设计（简称标前施工组织设计），另一类是签订工程承包合同后编制的施工组织设计（简称标后施工组织设计）。两类施工组织设计的区别如表 1-1 所示。

表 1-1　标前和标后施工组织设计的区别

种类	服务范围	编制时间	编制者	主要特性	追求的主要目标
标前	投标与签约	投标前	经营管理	规划性	中标和经济效益
标后	施工准备至验收	签约后	项目管理	作业性	施工效率和合理安排与使用的物力

4. 按编制内容的繁简程度分类

1）完整的施工组织设计。

2）简单的施工组织设计。

1.4.4　施工组织设计的内容

不同类型施工组织设计的内容各不相同，但一个完整的施工组织设计一般应包括以下基本内容。

1）工程概况。

2）施工部署（安排）。

3）施工进度计划。

4）施工准备与资源配置计划。

5）主要施工方案（方法）。

6）施工平面布置图。

7）主要施工管理计划。

8）主要技术经济指标。

9）结束语。

1.4.5 施工组织设计的编制与执行

1. 施工组织设计的编制

1）当拟建工程中标后，施工单位必须编制建设工程施工组织设计。建设工程实行总包和分包的，由总包单位负责编制施工组织设计或分阶段施工组织设计。分包单位在总包单位的总体部署下，负责编制分包工程的施工组织设计。施工组织设计应根据合同工期及有关的规定进行编制，并且要广泛征求各协作施工单位的意见。

2）对结构复杂、施工难度大，以及采用新工艺和新技术的工程项目，要进行专业性的研究，必要时组织专门会议，邀请有经验的专业工程技术人员参加，集中群众智慧，为施工组织设计的编制和实施打下坚实的基础。

3）在编制施工组织设计的过程中，要充分发挥各职能部门的作用，要求各职能部门参加编制和审定；充分利用施工企业的技术人才和管理人才，统筹安排、扬长避短，发挥施工企业的优势，合理地进行工序交叉配合的程序设计。

4）当比较完整的施工组织设计方案形成之后，要组织参加编制的人员及单位进行讨论，逐项逐条地研究，修改确定后，最终形成正式文件，送主管部门审批。

2. 施工组织设计的执行

施工组织设计的编制，只是为实施拟建工程项目的生产过程提供了一个可行的方案。这个方案的经济效果如何，必须通过实践去验证。施工组织设计执行的实质，就是把一个静态平衡方案，放到不断变化的施工过程中，考核其效果和检查其优劣的过程，以达到预定的目标。因此，施工组织设计执行得如何，其意义是深远的。为了保证施工组织设计的顺利实施，应做好以下几个方面的工作。

1）传达施工组织设计的内容和要求，做好施工组织设计的交底工作。

2）制定有关贯彻施工组织设计的规章制度。

3）推行项目经理责任制和项目成本核算制。

4）统筹安排，综合平衡。

5）切实做好施工准备工作。

1.4.6 组织项目施工的基本原则

根据我国建筑行业几十年来积累的经验和教训，在编制施工组织设计和组织项目施工时，应遵守以下原则。

1）认真贯彻执行党和国家对工程建设的各项方针和政策，严格执行现行的建设程序。

2）遵循建筑施工工艺及其技术规律，坚持合理的施工程序和施工顺序，在保证工程质量的前提下，加快建设速度，缩短工程工期。

3）采用流水施工方法和网络计划等先进技术，组织有节奏、连续和均衡的施工，科学地安排施工进度计划，保证人力、物力充分发挥作用。

4）统筹安排，保证重点，合理地安排冬期、雨期施工项目，提高施工的连续性和均衡性。

5）认真贯彻建筑工业化方针，不断提高施工机械化水平，贯彻工厂预制和现场预制相结合的方针，扩大预制范围，提高预制装配程度；改善劳动条件，减轻劳动强度，提高劳动生产率。

6）采用国内外先进的施工技术，科学地制定施工方案，贯彻执行施工技术规范、操作规程，提高工程质量，确保安全施工，缩短施工工期，降低工程成本。

7）精心规划施工平面图，节约用地；尽量减少临时设施，合理储存物资，充分利用当地资源，减少物资运输量。

8）做好现场文明施工和环境保护工作。

工程应用案例

项目经理部在某地区承接到 120 km 的直埋光缆线路工程，工程分为 3 个中继段，工期为 10 月 10 日至 11 月 30 日，线路沿线为平原和丘陵地形，沿途需跨越多条河流及公路，工程为“交钥匙”工程。施工单位可以为此工程提供足够的施工资源。项目经理部未到现场，只是根据以往在该地区施工的经验编制了施工组织设计。所编写的施工组织设计包括工程概况、施工方案、工程管理目标及控制计划、车辆及施工机具配备计划。

（1）施工方案内容。本工程由 3 个施工队同时开工，分别完成 3 个中继段的施工任务。在开工前，各施工队应认真做好进货检验工作。在施工过程中，各施工队均采用人工开挖、人工放缆、人工回填的施工方法；各施工队应认真按照施工规范的要求进行施工，作业人员应做好自检、互检工作，保证工程质量；对于工程需要变更的地段，各施工队应及时与现场监理单位联系，确定变更；对于需要进行保护的地段，施工队应按照规范要求进行保护；工程中，每一个中继段光缆全部敷设完成后，应及时埋设标石，以防止光缆被损坏。工程验收阶段，项目经理部应及时编制竣工资料；应做好与建设单位剩余材料的结算工作；应积极配合建设单位的竣工验收。

（2）工程管理目标及控制计划的主要内容。

1）工程质量管理力争实现一次性交验合格率达到 98%。为了达到此目标，要求各施工队在施工过程中按照设计及规范要求施工；执行“三检”制度、“三阶段”管理、“三全”管理；按照 PDCA［plan（计划）、do（实施）、check（检查）、action（行动）］循环的管理模式进行管理。

2）工程进度管理要求各施工队按计划进度施工。在施工过程中对进度实行动态管理，发现问题及时采取措施。

3）工程安全管理要求无人员伤亡事故发生。在施工过程中，各施工队应严格按照安全操作规程施工，安全检查员应按照 PDCA 循环的方法进行工作，要在各工地不断巡回检查。

在施工过程中，施工队由于地形不熟悉，多项工作组织较为混乱；部分工作由于材料质量问题而发生返工；个别时段施工队由于人员过剩出现窝工现象。工程最终于 12 月 20 日完工。

问题：

（1）此施工组织设计的结构是否完整？如果不完整，还缺少哪些内容？

（2）此工程施工方案还缺少哪些内容？

（3）此施工方案中已有的内容存在哪些问题？

（4）工程管理目标及控制计划的内容是否完整？如果不完整，还缺少哪些内容？

（5）根据以往经验编制施工组织设计的做法是否欠妥？

答案：

（1）此施工组织设计的结构不完整。其中，还缺少施工组织设计的编制依据、对建设单位的其他承诺；在资源配置计划中，此施工组织设计中只涉及车辆及施工机具配备计划，还缺少用工计划、仪表配备计划及材料需求计划。另外，施工方案和工程管理目标及控制计划也缺少相应的内容。

（2）在此施工方案中，施工各阶段工作安排得都不够全面，致使工程实施阶段的工作没有依据，导致混乱。施工方案中所缺少的内容如下。

1）在确定施工程序方面，施工准备阶段缺少技术、施工资源、安全等方面的统筹规划；工程实施阶段缺少成本、工期、隐蔽工程及质量、安全事故的处理等纲领性的管理要求；在工程竣工验收阶段缺少收尾工作安排、工程款回收及保修服务的管理要求。

2）在确定施工起点及流向方面，施工方案中未涉及每一中继段的施工起点及流向。

3）在确定施工顺序方面，施工方案中未涉及工程的施工顺序。

4）在制定技术组织措施方面，施工方案缺少相关的技术措施和组织措施。

5）在合理选择施工方法方面，施工方案中规定采用人工作业，因此还应明确沟深、放缆、接续等方面的要求。

（3）施工方案中，已有的内容存在以下问题。

1）标石应在光缆敷设完成以后尽快埋设。

2）不能等到验收阶段再编制竣工资料，竣工资料编制完成以后才可以请建设单位进行验收。

3）由于工程是“交钥匙”工程，不存在向建设单位移交剩余材料的问题。这可能是修改以往施工组织设计留下的痕迹。

（4）工程管理目标及控制计划的内容不完整，其中还缺少成本控制目标和控制计划、环境控制目标和控制计划。

（5）项目经理部施工方案的编制工作应在现场勘查的基础上进行。虽然该项目经理部以前在该地区做过项目，但本工程的施工路由可能存在差异性，路由沿线的情况也在不断发生变化，因此，未进行现场勘查即做出施工组织设计的做法不妥。

复习思考题

一、单项选择题

1．施工组织设计是用以指导施工项目进行施工准备和正常施工的基本（　　）文件。

A．施工技术管理　　　　B．技术经济

C．施工生产　　　　D．生产经营

2．施工过程的连续性是指施工过程各阶段、各工序之间在（　　）具有紧密衔接的特性。

A．在时间上　　B．空间上　　C．工序上　　D．阶段上

3．施工组织设计是（　　）的一项重要内容。

A．施工准备工作　　B．施工过程

C．试车阶段　　D．竣工验收

4．工程项目施工总成本由直接成本和间接成本两部分组成，随着工期的缩短，会引起（　　）。

A．直接成本和间接成本同时增加　　B．直接成本增加和间接成本减少

C．直接成本和间接成本同时减少　　D．直接成本减少和间接成本增加

二、多项选择题

1．建筑施工程序一般包括（　　）阶段。

A．承接施工任务　　B．做好施工准备

C．组建施工队伍　　D．组织施工

E．竣工验收

2．施工过程的均衡性是指工程项目的施工单位及其各施工环节，具有在相等的时段内（　　）的特性。

A．产入相等　　B．产出相等　　C．稳定递增

D．稳定递减　　E．等值

3．施工过程的协调性是指施工过程各阶段、各环节、各工序之间在（　　）上保持适当的比例关系的特性。

A．施工机具　　B．劳动力的配备

C．工作面积的占用　　D．材料

E．工作量统计

4．当施工方案制定后，根据投入资源安排的施工进度计划满足不了合同工期时，在不增加资源的情况下，可以通过（　　）以满足合同工期的要求。

A．改善作业形式　　B．将非关键的资源调到关键线路

C．将非关键线路的工作时间缩短　　D．将关键线路的资源调到非关键线路

E．将非关键的资源调到非关键线路

施工准备工作

学习要求

1. 了解土木工程施工准备工作的意义和内容；
2. 掌握施工准备工作的内容及方法；
3. 熟悉施工准备工作计划及开工报告的内容；
4. 培养安全意识、法治意识，增强职业道德素养。

2.1 施工准备工作的意义和内容

2.1.1 施工准备工作的任务和意义

土木工程施工是一个复杂的组织和实施过程，在开工之前，必须认真做好施工准备工作，以提高施工的计划性、预见性和科学性，从而保证工程质量、加快施工进度、降低工程成本，保证施工能够顺利进行。土木工程施工准备工作是为了保证工程顺利开工和施工活动正常进行而必须事先做好的各项准备工作。它是施工程序中的重要环节，不仅存在于开工之前，而且贯穿在整个施工过程之中。施工准备之所以重要，是因为工程施工是一项非常复杂的生产活动，需要处理复杂的技术问题、耗用大量的物资、使用众多的人力、动用许多机械设备，涉及的范围很广。为了保证工程项目顺利地进行施工，必须做好土木工程施工准备工作。

1. 施工准备工作的任务

1）办理各种施工文件的申报与批准手续，以取得施工的法律依据。

2）通过调查研究，掌握工程的特点和关键环节。

3）组织人力调查各种施工条件。

4）从计划、技术、物资、劳动力、设备、组织、场地等方面为施工创造必备的条件，以保证工程顺利开工和连续施工。

5）预测可能发生的变化，提出应变措施，做好应变准备。

2. 施工准备工作的意义

1）遵循土木施工程序。土木工程施工准备是土木施工程序的一个重要阶段。现代工程施工是十分复杂的生产活动，其技术规律和社会主义市场经济规律要求工程施工必须严格按土木工程施工程序进行。只有认真做好施工准备工作，才能取得良好的建设效果。

2）降低施工风险。由于工程项目施工的特点，其生产受外界干扰及自然因素的影响较大，因而施工中可能遇到的风险较多。只有充分做好工程施工准备工作，采取预防措施，增强应变能力，才能有效地降低风险损失。

3）为工程开工和顺利施工创造条件。工程项目施工中不仅需要耗用大量材料、使用许多机械设备、组织安排各工种人力，涉及广泛的社会关系，而且还要处理各种复杂的技术问题、协调各种配合关系，因而需要通过统筹安排和周密准备，才能使工程顺利开工，开工后能连续顺利地施工且能得到各方面条件的保证。

4）提高企业经济效益。认真做好工程项目施工准备工作，能调动各方面的积极因素、合理组织资源、加快施工进度、提高工程质量、降低工程成本，从而提高企业的经济效益和社会效益。

实践证明，土木工程施工准备工作做得充分与否，将直接影响土木工程产品生产的全过程。如果重视并做好施工准备工作，积极为工程项目创造一切有利的施工条件，则该工程能顺利开工，取得施工的主动权；反之，如果违背土木工程施工程序，忽视工程施工准备工作，或工程仓促开工，必然在工程施工中受到各种矛盾的制约，处处被动，甚至造成重大的经济损失。

2.1.2　施工准备工作的内容和要求

1. 施工准备工作的内容

1）调查研究与收集资料。

2）技术经济资料准备。

3）施工现场准备。

4）施工物资准备。

5）施工人员准备。

6）季节施工准备。

每项工程施工准备工作的内容，根据该工程本身及其具备的条件而异。有的比较简单，有的却十分复杂。例如，只有一个单项工程的施工项目与包含多个单项工程的群体项目，一般小型项目与规模庞大的大中型项目，新建项目与改扩建项目等，都因工程的特殊需要和特殊条件而对施工准备工作提出不同的具体要求。只有按照施工项目的规划来确定准备工作的内容，并拟定具体的、分阶段的施工准备工作实施计划，才能充分地为施工创造一切必要的条件。

2. 施工准备工作的要求

做好土木工程施工准备工作应注意抓好以下几点。

1）编制施工准备工作计划。作业条件的施工准备工作，要编制详细的计划，列出工程施工准备工作的内容、要求完成的时间、负责人（单位）等。作业条件的工程施工准备工作计划，应当在施工组织设计中予以安排，作为施工组织设计的基本内容之一，同时注重施工过程中的安排。

2）建立严格的土木工程施工准备工作责任制。由于土木工程施工准备工作项目多、范围广，因此必须要有严格的责任制，按计划将责任落实到有关部门甚至个人，同时明确各级技术负责人在施工准备工作中所负的责任。各级技术负责人应是各阶段施工准备工作的负责人，负责审查施工准备工作计划和施工组织计划，督促检查各项施工准备工作的实施，及时总结经验教训。在施工准备阶段，也要实行单位工程技术负责制，将建设、设计、施工三方组织在一起，并组织土建、专业协作配合单位，共同完成工程施工准备工作。

3）执行土木工程施工准备工作检查制度。土木工程施工准备工作不仅要有计划、有分工，而且要有布置、有检查。检查的目的在于督促，发现薄弱环节，不断改进工作。不仅要做好日常检查，还要在检查施工计划完成情况的同时检查工程施工准备工作的完成情况。

4）坚持按基本建设程序办事，严格执行开工报告制度。只有在做好开工前的各项施工准备工作后才能提交开工报告，经申报上级批准方能开工。

5）土木工程施工准备工作必须贯彻施工全过程。工程施工准备工作不仅要在开工前，而且要贯穿于整个施工过程中。随着工程施工的不断进展，在各分部、分项工程施工开始之前，都要做好准备工作，为各分部、分项工程施工的顺利进行创造必要的条件。

6）土木工程施工准备工作应取得建设单位、设计单位及有关协作单位的大力支持，要统一步调，分工协作，共同做好工程施工准备工作。

2.2 有关施工资料的收集与调查

为了有效地组织土木工程施工，必须具有可靠的基础资料。基础资料包括自然条件资料、社会条件资料、定额资料、技术标准、规范及规程资料等。为了取得这些资料，首先可向勘测设计等单位收集，其次可从当地有关部门及类似工程中收集。若现有的资料尚不能满足施工需要，则可通过实地调查或勘测加以补充。

基础资料的来源主要有建设项目的设计任务书、厂址选择报告、工程地质与水文地质勘察报告、地形测量资料及工程概预算资料等。此外，还可从当地气象、水文和地震局等直接收集有关自然条件方面的资料，从当地建设主管部门收集有关技术经济方面的资料。对取得的资料应进行研究分析，对有疑虑者须反复核实以保证资料的可靠。

2.2.1 原始资料的收集

原始资料的收集主要是对相关工程条件、工程环境特点和施工自然、技术经济条件的资料进行收集，对施工技术与组织的基础资料进行收集，以此作为项目准备工作的依据。

1. 与工程项目特征及要求有关资料的收集

向建设单位或设计单位了解并取得可行性研究报告或设计任务书、工程地质资料、扩大初步设计等方面的资料，以便了解建设目的、任务、设计意图。这些资料应包括以下内容。

1）清楚设计规模、工程特点。

2）了解生产工艺流程与工艺设备特点及来源。

3）明确工程分期、分批施工、配套交付使用的顺序要求，图纸交付时间，以及工程施工的质量要求和技术难点等。

2. 建设地区自然条件资料的收集

（1）地形与环境资料的收集

收集工程所在区域的地形图、城市规划图、工程位置图、控制桩、水准点资料，掌握障碍物、建筑红线及施工边界和地上、地下工程技术管线状况等，以便规划施工用地；布置施工总平面图；计算现场土方量，制定清除障碍物的实施计划。

（2）工程地质、水文资料的收集

工程地质、水文资料的收集包括工程钻孔布置图、钻孔柱状图、地质剖面图、地基各项物理力学指标试验报告、地质勘探资料、暗河及地下水水位变化、流向、流速及流量和水质等资料的收集。这些资料一般可作为选择基础施工方法的依据，是组织地下和基础施工所不可缺少的，目的在于确定建设地区的地质构造、人为的地表破坏现象和土壤特征、承载能力等。

（3）气象资料的收集

气象资料的收集目的在于确定建设地区的气候条件。气象资料收集的主要内容如下。

1）气温资料。气温资料包括最低温度及其持续天数、绝对最高温度和最高月平均温度、冻结期、解冻期。最低温度用以计算冬期施工技术措施的各项参数；最高温度用作确定防暑措施的参考。

2）降雨、降雪资料。降雨、降雪资料包括每月降雨量和最大降雨量、降雪量。根据这些资料可以制定冬、雨期施工措施，预先拟定临时排水措施，避免在暴雨后施工地区被淹没。

3）风的资料。收集主导风向及频率、每年大风时间及天数等资料，包括常年风向、风速、风力和每个方向刮风的次数等，为布置临时设施、制定高处作业及防雷工作提供依据。

2.2.2　建设地区技术经济条件的调查

1. 水、电、蒸汽条件的调查

（1）当地给水排水条件的调查

调查施工现场用水与当地现有水源连接的可能性、供水能力、接管距离、地点、水压、水质、管径、材料、埋深及水费等条件。若当地现有水源不能满足施工用水要求，则要调查附近可做施工生产、生活、消防用水的地面水或地下水源的水质、水量、取水方式、距离等条件，还要调查利用当地排水设施的可能性、排水距离、去向、有无洪水影响、现有防洪设施等条件。

（2）供电条件的调查

调查可供施工使用的电源位置、引入工地的路径和条件，可以满足的容量、电压、导线截面及电费等数据；接线地点至工地的距离、地形地物情况；建设单位、施工单位自有的发变电设备、台数、供电能力。

（3）供热、供气条件的调查

调查冬期施工时有无蒸汽来源，蒸汽的供应量，接管地点、管径、埋深，蒸汽价格，建设单位及施工单位自有的供热能力、所需燃料，以及当地或建设单位可以提供的煤气、压缩空气、氧气的能力和它们至工地的距离等条件。

2. 交通运输条件的调查

土木工程施工中主要的交通运输方式有铁路、公路、水运和航运等。收集交通运输条件的调查即调查主要材料及构件运输通道的情况，包括道路、街巷、途经的桥涵宽度、高度，允许载重量和转弯半径限制等。有超长、超高、超宽或超重的大型构件、大型起重机械和生产工艺设备需整体运输时，还要调查沿途架空电线、天桥的高度，并与有关部门商议避开大件运输对正常交通产生干扰的路线、时间并找出解决方案。

3. “三材”、地方材料及装饰材料等资料的调查

“三材”即钢材、木材和水泥。一般情况下应摸清“三材”的市场行情，了解地方材料（如砖、砂、灰、石等材料）的供应能力、质量、价格、运费情况；当地构件制作、木材加工、金属结构、钢木门窗、商品混凝土、机械供应与维修、运输等情况；脚手架、定型模板和大型工具租赁厂商等能提供的服务项目、能力、价格等；调查装饰材料、特殊灯具、防水、防腐材料等市场情况。这些相关资料用作确定材料的供应计划、加工方式、储存和堆放场地及建造临时设施的依据。

2.2.3 施工现场情况的调查

施工现场情况的调查包括施工用地范围、有否周转场地、现场地形、可利用的建筑物及设施、附近建筑物的情况。

施工场地应按设计标高进行平整，清除地上障碍物，如既有建筑、构筑物、电力架空线路、树苗、秧苗、腐殖土和大石块；整理地下障碍物，如既有基础、古墓、文物、地下管线、枯井、沟渠等。这些相关资料可作为布置现场施工平面的依据。

2.2.4 社会劳动力和生活条件的调查

对建设地区的社会劳动力和生活条件的调查主要是了解当地能提供的劳动力的人数、技术水平、来源和生活安排；能提供作为施工用的现有房屋情况；当地主副食产品供应、日用品供应、文化教育、消防治安、医疗单位的基本情况，以及能为施工提供的支援能力。这些相关资料是拟订劳动力安排计划、建立职工生活基地、确定临时设施的依据。

2.3 技术资料的准备

技术资料的准备是工程施工准备工作的核心，其主要内容包括熟悉与会审施工图纸、编制施工图预算和施工预算等。

2.3.1 熟悉与会审施工图纸

土木工程的施工依据是施工图纸，施工技术人员必须在施工前熟悉施工图纸中各项设计的技术指标要求。在熟悉施工图纸的基础上，由建设、设计、施工、监理共同对施工图纸组织会审。图纸会审是指在工程开工之前，由建设单位组织，设计单位对图纸中的技术要求和有关问题交底，施工单位、监理单位参与，共同对施工图纸进行审查，经充分协商将意见形成图纸会审纪要，由建设单位正式行文，参加会议各单位加盖公章，作为与设计图纸同时使用的技术文件。

1. 熟悉与会审施工图纸的目的

1）保证能够按设计图纸的要求进行施工。

2）使从事施工和管理的工程技术人员充分领会设计意图、熟悉图纸内容和技术要求。

3）通过审查发现图纸中存在的问题和错误，以便正确无误地进行施工。

2. 熟悉施工图纸的重点

熟悉及掌握施工图纸应抓住以下重点。

1）基础及地下室部分。核对建筑、结构、设备施工图中关于基础留口、留洞的位置及标高的相互关系是否处理恰当；排水及下水的去向；变形缝及人防出口的做法；防水体系的做法要求；特殊基础形式的做法等。

2）主体结构部分。弄清建筑物墙体轴线的布置；主体结构各层的砖、砂浆、混凝土构件的强度等级有无变化；墙、柱与轴线的关系；梁、柱（包括圈梁、构造柱）的配筋及节点做法；设备图和土建图上洞口尺寸及位置的关系；阳台、雨篷、挑檐的细部做法；楼梯间的构造；卫生间的构造；对标准图有无特别说明和规定等。

3）屋面及装修部分。结构施工应为装修施工提供的预埋件或预留洞，内、外墙和地面的材料做法；屋面防水节点；地面装修与工程结构施工的关系；变形缝的做法及防水处理的特殊要求；防火、保温、隔热、防尘、高级装修等的类型和技术要求。

3. 审查设计技术资料

审查设计图纸及其他技术资料时，应注意以下问题。

1）设计图纸是否符合国家有关的技术规范、技术政策、规划的要求。

2）核对图纸说明是否齐全完整，规定是否明确，图纸有无遗漏，图纸之间有无矛盾和错误。

3）核对建筑图与其结构图主要轴线、尺寸、位置、标高有无错误和遗漏。

4）总平面图中的建筑物坐标位置与单位工程建筑平面是否一致，基础设计与实际地质是否相符，建筑物与地下构筑物及管线之间有无矛盾。

5）设计图本身的建筑构造与结构构造之间、结构与各构件之间，以及各种构件、配件之间的联系是否清楚。

6）建筑安装与建筑施工的配合上存在技术问题，能否合理解决。

7）设计中所采用的各种材料、配件、构件等能否满足设计要求。

8）对设计技术资料有何合理化建议及其他问题。

在熟悉和审查图纸过程中，对发现的问题应做出标记，做好记录，以便在图纸会审时提出。图纸会审由建设单位组织，设计、施工、监理单位参加。设计单位进行图纸技术交底后，参会各方提出的意见，经充分协商后形成图纸会审纪要，由建设单位正式行文，参加会议各单位加盖公章，作为设计图纸的修改文件。对施工过程中提出的一般问题，经设计单位同意，即可办理手续进行修改，涉及技术和经济等较大问题时，则必须经建设单位、设计单位和施工单位共同协商，由设计单位修改，向施工单位签发设计变更单，方可有效。

4. 熟悉技术规范、规程和有关技术规定

技术规范、规程是由国家有关部门制定的实践经验总结，在技术管理上是具有法令性、政策性和严肃性的建设法规。

各级工程技术人员在接受任务后，一定要结合本工程实际，熟悉有关技术规范、规程，为保证优质、安全、按时完成工程任务打下坚实的技术基础。

2.3.2 编制定额及施工图预算和施工预算

1. 施工定额

施工定额是以同一施工过程或工序为测定对象，确定建筑安装工人在正常的施工条件下，为完成一定计量单位的某一施工过程或工序所需人工、材料和机械台班等消耗的数量标准。施工定额是建筑安装施工企业进行科学管理的基础，是编制施工预算、实行内部经济核算的依据，它是企业内部使用的一种定额。

通过施工定额，施工企业可以编制施工预算，进行工料分析和两算对比；编制施工组织设计、施工作业计划和确定人工、材料及机械数量计划；向工人班（组）签发施工任务单，限额领料；组织工人班（组）开展劳动竞赛、经济核算。施工定额也是实行承发包，计取劳动报酬和奖励等工作的依据和编制预算定额的基础。

通常，施工定额是由劳动定额、材料消耗定额和机械台班使用定额 3 部分组成的。

（1）劳动定额

劳动定额也称人工定额，它是在正常的施工技术组织条件下，完成单位合格产品所必需的劳动消耗量标准。这个标准是国家和企业对工人在单位时间内完成产品数量、质量的综合要求。

劳动定额由于其表现形式不同，可分为时间定额和产量定额2种。

1）时间定额。时间定额指某种专业、某种技术等级工人班组或个人，在合理的劳动组织和合理使用材料的条件下，完成单位合格产品所必需的工作时间，包括准备与结束时间、基本生产时间、辅助生产时间、不可避免的中断时间及工人必需的休息时间。时间定额以工日为单位，每一工日按8 h计算。

其计算方法如下：

$$\text{单位产品时间定额（工日）}=\frac{1}{\text{每工日产量}}$$

或

$$\text{单位产品时间定额（工日）}=\frac{\text{小组成员工日数总和}}{\text{机械台班产量}}$$

2）产量定额。产量定额就是在合理的劳动组织和合理使用材料的条件下，某种专业、某种技术等级的工人班组或个人在单位工日中所应完成的合格产品的数量。

产量定额的计量单位有米（m）、平方米（m^2）、立方米（m^3）、吨（t）、块、根、件、扇等。

时间定额与产量定额互为倒数，即

$$\begin{cases}\text{时间定额}\times\text{产量定额}=1\\ \text{时间定额}=\dfrac{1}{\text{产量定额}}\\ \text{产量定额}=\dfrac{1}{\text{时间定额}}\end{cases}$$

（2）材料消耗定额

材料消耗定额是在合理和节约使用材料的条件下，生产单位质量合格产品所消耗的一定规格的材料、成品、半成品和水、电等资源的数量。

1）主要材料消耗定额。主要材料消耗定额包括直接使用在工程上的材料净用量和在施工现场内运输及操作过程中的不可避免的废料和损耗。

材料的损耗一般以损耗率表示。材料损耗率可以通过观察法或统计法计算确定。材料损耗率有两种不同的定义，由此，材料消耗量的计算有两种不同的公式。

$$\text{损耗率}=\frac{\text{损耗量}}{\text{总消耗量}}\times 100\%$$

$$\text{总消耗量}=\text{净用量}+\text{损耗量}=\frac{\text{净用量}}{1-\text{损耗率}}\times 100\%$$

或

$$\text{损耗率}=\frac{\text{损耗量}}{\text{净用量}}\times 100\%$$

$$\text{总消耗量}=\text{净用量}+\text{损耗量}=\text{净用量}\times(1+\text{损耗率})$$

2）周转性材料消耗定额。周转性材料指在施工过程中多次使用、周转的工具性材料，如钢筋混凝土工程用的模板，搭设脚手架用的杆子、跳板，挖土方工程用的挡土板等。

（3）机械台班使用定额

机械台班使用定额也称机械台班定额。它反映了施工机械在正常的施工条件下，合理地、均衡地组织劳动和使用机械时，该机械在单位时间内的生产效率。机械台班使用定额按其表现形式不同，可分为机械时间定额和机械产量定额。

1）机械时间定额。机械时间定额是指在合理劳动组织与合理使用机械条件下，完成单位合格产品所必需的工作时间，包括有效工作时间（正常负荷下的工作时间和降低负荷下的工作时间）、不可避免的中断时间、不可避免的无负荷工作时间。机械时间定额以“台班”表示，即一台机械工作一个作业班时间，一个作业班时间为 8 h。

由于机械必须由工人小组配合，所以在计算完成单位合格产品的时间定额时，同时可得出人工时间定额，即

人工时间定额=小组成员总人数/台班产量

2）机械产量定额。机械产量定额是指在合理劳动组织与合理使用机械条件下，机械在每个台班时间内，应完成合格产品的数量。

2. 预算定额

预算定额是确定一定计量单位的分项工程或结构构件的人工、材料、施工机械台班消耗量的标准。它是工程建设中一项重要的技术经济文件。它的各项指标反映了国家要求施工企业和建设单位在完成施工任务中消耗人工、材料、机械的限度。这种限度最终决定着国家和建设单位能够为建设工程向施工企业提供物质资料和建设资金的数量。可见，预算定额体现的是国家、建设单位和施工企业之间的一种经济关系。

3. 概算定额和概算指标

概算定额是在预算定额的基础上，确定完成合格的单位扩大分项工程或单位扩大结构构件所需消耗的人工、材料和施工机械台班的数量标准及其费用标准。

概算指标是以每 100 m^2 建筑或每座构筑物为计量单位，规定人工、材料及造价的定额指标。它比概算定额进一步扩大、综合，所以依据概算指标来估算造价更为简便。

4. 施工图预算和施工预算

建筑工程预算是反映工程经济效果的经济文件，现阶段在我国也是确定建筑工程预算造价的一种形式。按照不同的编制阶段和不同的作用，建筑工程预算可以分为设计概算、施工图预算和施工预算 3 种。这里仅介绍后两种。

施工图预算是按照施工图确定的工程量、施工组织设计所拟定的施工方法、建筑工程预算定额及其取费标准来编制的确定建筑安装工程造价和主要物资需要量的经济文件。

施工预算是根据施工图预算、施工图纸、施工组织设计、施工定额等文件进行编制的。它是企业内部经济核算和班组承包的依据，是企业内部使用的一种预算。

施工图预算与施工预算存在很大的区别。施工图预算是甲、乙双方确定预算造价、发生经济联系的经济文件；而施工预算则是施工企业内部经济核算的依据。施工预算直接受施工图预算的控制。

5. 工程量清单计价

《建设工程工程量清单计价规范》（GB 50500—2013）（以下简称《计价规范》）的主要

内容包括正文和附录两大部分。正文共分5章，包括总则、术语、一般规定、工程量清单编制、招标控制价、投标报价等内容，分别就《计价规范》的适用范围、遵循的原则、编制工程量清单应遵循的规则、工程量清单计价活动的规则、工程量清单等进行了明确规定。工程量清单计价是指投标人完成由招标人提供的工程量清单所需的全部费用，包括分部分项工程费、措施项目费、其他项目费和规费、税金。工程量清单是表现拟建工程的分部分项工程项目、措施项目、其他项目名称和相应数量的明细清单。

实行工程量清单计价，必须做到统一项目编码、统一项目名称、统一工程量清单计算单位、统一工程量计算规则，以达到清单项目工程量统一的目的。

在《计价规范》中，工程量清单综合单价是指完成规定计量单位项目所需的人工费、材料费、机械使用费、管理费、利润，并考虑风险因素。

工程量清单计价的特点具体体现在以下几个方面。

1）统一计价规则。通过制定统一的建设工程量清单计价方法、统一的工程量计量规则、统一的工程量清单项目设置规则，达到规范计价行为的目的。

2）有效控制消耗量。通过由政府发布统一的社会平均消耗量指导标准，为企业提供一个社会平均尺度，避免企业盲目或随意大幅度减少或扩大消耗量，从而达到保证工程质量的目的。

3）彻底放开价格。将工程消耗量定额中的工、料、机价格和利润、管理费全面放开，由市场的供求关系自行确定价格。

4）企业自主报价。投标企业根据自身的技术专长、材料采购渠道和管理水平等，制定企业自己的报价定额，自主报价。企业尚无报价定额的，可参考使用本地造价管理部门颁布的《建设工程消耗量定额》。

5）市场有序竞争形成价格。通过建立与国际惯例接轨的工程量清单计价模式，引入充分竞争形成价格的机制，制定衡量投标报价合理性的基础标准；在投标过程中，有效引入竞争机制，淡化标底的作用；再在保证质量、工期的前提下，按《中华人民共和国招标投标法》及有关条款规定，最终以“不低于成本”的合理低价者中标。

2.4　施工现场的准备

在土木工程开工之前，除做好各项技术经济的准备工作外，还必须做好现场的各项施工准备工作，主要内容有清除障碍物、现场“三通一平”、测量放线、搭设临时设施等。

2.4.1　清除障碍物

设计场地应按设计标高进行平整，清除地上障碍物，如既有建筑、树苗、腐殖土和大石块等；对地下障碍物，如既有基础、文物、古墓、管线等进行拆除或改道，使场地具备放线、开槽的基本条件。这些工作一般是由建设单位来完成的，但也有委托施工单位来完成的。如果由施工单位来完成工作，一定要事先摸清现场情况，尤其是在城市的老区内，由于既有建筑物和构筑物情况复杂，而且往往资料不全，在清除前需要采取相应的措施，防止发生事故。

对于房屋的拆除，一般只要把水源、电源切断后就可进行。若房屋较大、较坚固，则可采用爆破的方法，这需要由专业的爆破作业人员来承担，并且必须经有关部门批准。

架空电线、地下电缆（包括电力、通信）的拆除，要与电力部门或通信部门联系并办理有关手续后方可进行。

自来水、污水、煤气、热力等管线的拆除，最好由专业公司来完成。

场地内若有树木，须报园林部门批准后方可砍伐。

拆除障碍物后，留下的渣土等杂物都应清除出场外。运输时，应遵守交通、环保部门的有关规定，运土的车辆要按指定的路线和时间行驶，并采取封闭运输车或在渣土上洒水等措施，以免渣土飞扬而污染环境。

2.4.2 现场“三通一平”

在工程用地范围内，接通施工用水、用电、道路和平整场地的工作简称为“三通一平”。其实，工地上的实际需要往往不只是水通、电通、路通，有的工地还需要供应蒸汽、架设热力管线，称为“热通”；通煤气，称为“气通”；通电话作为联络通信工具，称为“话通”；还可能因为施工中的特殊要求，有其他的“通”，但最基本的是“三通”。

1. 修通道路

施工现场的道路是组织施工物资进场的动脉，为保证施工物资能及时进场，必须按施工总平面图的要求，修好现场永久性道路及必要的临时道路。为节省工程费用，施工运输应尽量利用永久性道路，或与建设项目的永久性道路结合起来修建；临时道路，应将仓库、加工厂和施工点贯串起来，按货运量的大小设计双行道或单行道，道路末端应设置回车场；对施工机械进入现场所经过的道路、桥梁和卸车设施，应事先加宽和加固。修好施工场地内机械运行的道路，并开辟适当的工作面，以利施工；同时，施工现场的道路应满足防火要求。

2. 通水

施工现场的通水包括给水和排水两个方面。

施工用水包括生产、生活与消防用水。施工用水应尽量与建设项目的永久性给水系统结合起来，以减少临时给水管线；对必须敷设的临时管线，在方便施工和生活的前提下尽量缩短管线的长度，以节省施工费用。

施工现场的排水也十分重要，尤其是在雨期，若场地排水不畅，会影响施工和运输的顺利进行，因此要做好排水工作。主要干道的排水设施，应尽量利用永久性设施，支道应在两侧挖明沟排水，沟底坡度一般为 2%～8%；对施工中产生的施工废水，应经过沉淀处理后再排入城市排水系统。

3. 通电、通信

通电包括施工生产用电和生活用电。通电应按施工组织设计、要求布设线路和通电设备。电源应首先从国家电力系统或建设单位已有的电源上获得。如果供电系统不能满足施工生产、生活用电的需要，则应考虑在现场建立临时发电系统，以供施工照明用电和动力用电，从而保证施工的连续顺利进行。如果因条件限制而只能部分供电或不能供电，则需自行配置发电设备。另外，施工现场应有方便的通信条件，城市电话网范围内的工地应安设电话，远离城镇的工地应安设无线电话、电传等通信设备，以便与有关单位及时联系材料供应和灾害报警等。

若施工中需要通热、通气，也应按施工组织设计要求，事先完成。

4. 平整施工场地

清除障碍物后，即可进行场地平整工作。平整场地工作是根据建筑施工总平面图规定的标高，通过测量，计算出填、挖土方工程量，计算出挖方与填方的数量，按土方调配方案，组织人力或机械进行挖、填、运土方施工，即进行平整工作。如果工程规模较大，这项工作可以分段进行，先完成第一期开工的工程用地范围内的场地平整工作，再依次进行后续的平整工作，为第一期工程项目尽早开工创造条件。

2.4.3 测量放线

为了使建筑物或构筑物的平面位置和高程符合设计要求，在施工前应按设计单位提供的总平面图、给定的永久性的经纬坐标桩、水准基桩，建立工程测量控制网，以便进行建筑物或构筑物在施工前的定位、放线。建筑物或构筑物的定位、放线，一般通过设计定位图中平面控制轴线来确定建筑物或构筑物四周的轮廓位置。经自检合格后，提交有关技术部门和甲方（或监理人员）验线，以保证定位的正确性。

定位放线工作一般是在土方开挖之前，在施工场地内设置坐标控制网和高程控制点来实现的；这些网点的设置应视工程范围的大小和控制的精度而定。建筑物或构筑物控制网是确定整个平面位置的关键环节，实测中必须保证精度、杜绝错误，否则出现问题难以处理。定位、放线工作应注意下列几点。

1. 了解核对设计图纸

通过设计交底，了解工程全貌和设计意图，掌握现场情况和定位条件，主要轴线尺寸的相互关系，地上、地下的标高及测量精度要求。在熟悉施工图纸的过程中，应仔细核对图纸尺寸，要特别注意轴线尺寸、标高及边界尺寸。

2. 校核红线桩与水准点

建设单位提供的由城市规划勘测部门给定的建筑红线，在法律上起着建筑用地边界的作用。在使用红线桩前要进行校核，施工过程中要保护好桩位，以便将它作为检查建筑物定位的依据。同样地，要校核和保护水准点。若校核红线和水准点时发现问题，应提请建设单位处理。

3. 制定测量、放线方案

根据设计图纸的要求和施工方案，制定切实可行的测量、放线方案，主要包括平面控制、标高控制、±0 以下实测、±0 以上实测、沉降观测和竣工测量等项目。

2.4.4 搭设临时设施

为了施工方便和安全，对于指定的施工用地的周边，应用围栏围挡起来，围挡的形式、材料及高度应符合市容管理的有关规定和要求。在主要入口处设标牌，标明工程名称、施工单位、工地负责人等。

在布置安排现场生活和生产用的临时设施时，要遵照当地有关规定进行规划布置。例如，房屋的间距、标准是否符合卫生和防火要求，污水和垃圾的排放是否符合环境的要求等。因此，临时建筑平面图及主要房屋结构图，都应报请城市规划、市政、消防、交通、环境保护等有关部门审查批准。

各种生产、生活用的临时设施，包括各种仓库、混凝土搅拌站、预制构件场、机修站、各种生产作业棚、办公用房、宿舍、食堂、文化生活设施等，均应按批准的施工组织设计规定的数量、标准、面积、位置等要求组织修建；大、中型工程可分批分期修建。

此外，在设计规划施工现场临时设施的搭设时，应尽量利用既有建筑物，尽可能减少临时设施的数量，以节约用地、节省投资。

2.4.5 做好现场补充勘查

对施工现场的补充勘查是为了进一步寻找枯井、防空洞、古墓、地下管道、暗沟和枯树根等，以便及时拟定处理方案并实施，消除隐患，保证基础工程施工的顺利进行。

2.5 物资准备

施工管理人员须尽早计算出各阶段对材料、施工机械、设备、工具等的需用量，并说明供应单位、交货地点、运输方法等。对预制构件，应尽早从施工图中摘录出构件的规格、质量、品种和数量，制表造册，向预制加工厂订货并确定分批交货清单和交货地点。对大型施工机械、辅助机械及设备要精确计算出工作日并确定进场时间，做到进场后立即使用，用毕立即退场，提高机械利用率，节省机械台班费及停留费。

2.5.1 建筑工程材料的准备

1. 工程材料的采购

尽早申报主要材料数量、规格，落实地方材料来源，办理订购手续，对特殊材料需确定货源或安排试制。建筑材料的准备主要是根据工料分析，按照施工进度计划的使用要求及材料储备定额和消耗定额，分别按材料名称、规格、使用时间进行汇总，编制建筑材料需要量计划。建筑材料的准备包括“三材”、地方材料、装饰材料的准备。准备工作应根据材料的需要量计划组织货源，确定加工、供应地点和供应方式，签订物资供应合同。

2. 工程材料进场

提出各种资源分期分批进入现场的数量、运输方法和运输工具，确定交货地点、交货方式（如水泥是袋装还是散装）、卸车设备，各种劳动力和所需费用均需在订货合同中说明。

应根据施工现场分期分批使用材料的特点，按照以下原则进行材料储备。

首先，应按工程进度分期分批进行。现场储备的材料过多会造成积压，增加材料保管的负担，同时，也过多占用流动资金；储备过少又会影响正常生产。所以材料的储备应合理、适量。

其次，做好现场保管工作，以保证材料的原有数量和原有的使用价值。

再次，现场材料的堆放应合理。现场储备的材料，应严格按照施工平面布置图的位置堆放，以减少二次搬运，且应堆放整齐，标明标牌，以免混淆。此外，应做好防水、防潮和易碎材料的保护工作。

3. 特殊材料的准备

尽早提出预埋件、钢筋混凝土预制构件及钢结构的数量和规格。对某些特殊的或新型的构件需要进行研究和试制。对钢筋及预埋件，在土建开工前应先安排钢筋下料、制作，安排钢结构的加工，安排预埋件加工。尤其是在工业建筑中，为结构安装和设备安装的预埋件有很多，加工工作量很大，应特别重视施工准备。工业建筑中的生产设备往往由建设单位负责，如实行建筑安装总承包，有些也需施工单位进行订货，同时还应注意非标准设备和短线产品的加工订货，若这些器材供应不及时，极易延误工期。

4. 进场材料验收

安排进场材料、构件及设备的验收，并检查其数量和规格。建筑施工的大宗材料，其质量、价格、供应情况对施工影响极大，施工单位应作为准备工作的重点，落实货源，办理订购，择优购买。

5. 材料的技术试验和检验

应做好技术试验和检验工作，对于无出厂合格证明或没有按规定测试的原材料，一律不得使用。对于不合格的建筑材料或构件，一律不准出厂和使用，特别是对于没有使用经验的材料或进口原材料及某些再生材料更要严格把关。

2.5.2 组织施工机具进场、组装和保养

施工选定的各种土方机械、混凝土与砂浆搅拌设备、垂直及水平运输机械、吊装机械、动力机具、钢筋加工设备、木工机械、焊接设备、打夯机、抽水设备等应根据施工方案和施工进度，在施工现场统一调配，确定数量和进场时间，既要做到满足施工需要，又要节省机械台班等费用。需租赁机械时，应提前签约。

根据施工平面图，将施工机具安置在规定的地点或仓库。对固定机具要进行就位、搭棚、组装、接电源、保养和调试等工作。对所有施工机具都必须在开工之前进行检查和试运转。

2.5.3 模板和脚手架的准备

模板和脚手架是施工现场使用量大、堆放占地大的周转材料。

模板及其配件规格多、数量大，对堆放场地要求比较高，一定要分规格、型号整齐码放，以便于使用及维修。

大钢模一般要求竖立放，并防止倾倒，在现场应规划出必要的存放场地。钢管脚手架、桥式脚手架、吊篮脚手架等都应按指定的平面位置堆放整齐，扣件等零件还应防水，以防锈蚀。

2.6 施工队伍的准备

一项工程完成的质量很大程度上取决于承担这一工程的施工人员的素质。现场施工人员包括施工的组织指挥者和具体操作者。这些人员的选择和组合，将直接关系工程质量、施工进度及工程成本。因此，施工现场人员的准备是开工前施工准备的一项重要内容。

根据工程项目，核算各工种的劳动量，配备劳动力，组织施工队伍；组建项目组，确定项目负责人；调整、健全和充实施工组织机构；对特殊的工种须组织调配或培训，对职工进行工程计划、技术和安全交底；落实专业施工队伍和外包施工队伍。

1. 组建项目管理机构

施工组织机构的建立应遵循的原则：根据工程规模、结构特点、复杂程度和施工条件等，确定施工组织的领导机构名额和人选；坚持合理分工与密切协作相结合的原则；认真执行因事设职、因职选人的原则，将富有经验、工作效率高、有创新意识的人员选入项目管理的领导班子。

2. 建立精干的施工队组并组织劳动力进场

施工队组的建立，要认真考虑专业工种的合理配合，技工和普工的比例要满足劳动组织要求，确定建立混合施工队组或专业施工队组及其数量。组建施工队组要坚持合理、精干的原则，同时制定出该工程的劳动力需要量计划，根据开工日期和劳动力需要量计划，组织劳动力进场，并根据工程实际进度需求，动态增减劳动力数量。需要外部施工力量的，可通过签订承包合同或劳务合同联合其他建筑队伍共同完成施工任务。

3. 专业施工队伍的确定

对于大中型工业项目或公用工程，内部的机电、生产设备安装和调试一般需要专业施工队或生产厂家进行，某些分项工程也可能需要机械化施工公司来承担，这些需要外部施工队伍来承担的工作须在施工准备工作中以签订承包合同的形式予以明确，落实施工队伍。

4. 施工队伍的教育

在施工前，企业要对施工队伍进行劳动纪律、施工质量和安全教育，要求本企业职工和外包施工队人员必须做到遵守劳动时间，坚守工作岗位，遵守操作规程，保证产品质量，保证施工工期及安全生产，服从调动，爱护公物。同时，企业还应做好职工、技术人员的培训和技术更新工作，只有不断提高职工、技术人员的业务技术水平，才能从根本上保证建筑工程质量，不断提高企业的竞争力。此外，对于某些采用新工艺、新设备、新材料、新技术的工程，应该先将有关的管理人员和操作工人组织起来进行培训，使之达到标准后再上岗操作，这也是施工队伍准备工作的内容之一。

5. 向施工队组和工人进行施工组织和技术交底

进行施工组织和技术交底就是将拟建工程的设计内容、施工计划和施工技术要求等，详尽地向施工队组和工人进行讲解说明。此项工作一般应在单位工程或分部（分项）工程开工前及时进行。

施工组织和技术交底的内容有工程施工进度计划、月（旬）作业计划，施工组织设计、施工工艺、质量标准、安全技术措施、降低成本措施和施工验收规范的要求，新设备、新材料、新技术和新工艺的实施方案和保证措施，图纸会审中所确定的有关部位的设计变更和技术核定等事项。

交底工作按项目管理系统自上而下逐级进行，交底方式有书面、口头、现场示范等形式。

6. 职工生产后勤保障准备

职工的衣、食、住、行、医疗、文化生活等后勤供应和保障工作，必须在施工队伍集结前做好充分的准备。

2.7 冬期、雨期施工准备

土木工程施工绝大部分工作是露天作业，尤其在冬期、雨期，自然环境对施工生产的影响较大。我国黄河以北每年冰冻期有4～5个月，长江以南每年雨天大约在3个月以上，给施工增加了很多困难。为保证按期、保质完成施工任务，必须做好周密的施工计划和充分的冬期、雨期施工准备工作，克服季节影响，保持均衡施工。

2.7.1 做好进度安排

应考虑综合效益安排施工进度，除工期有特殊要求，必须在冬期、雨期施工的项目外，应尽量权衡进度与效益、质量的关系，将不宜在冬期、雨期施工的分部工程避开这个时期。例如，土方工程、室外粉刷、防水工程、道路工程等不宜在冬期施工；土方工程、基础工程、地下工程等不宜在雨期施工。

对于冬期施工费用增加不大的分部工程，由于冬期施工条件差，技术要求高，费用也会相应增加。为此，应将既能保证施工质量，同时费用增加较少的项目安排在冬期施工，如一般的砌砖工程、可用蓄热法养护的混凝土工程、室内粉刷、装修（可先安装好门窗及玻璃）工程、吊装工程、桩基工程等，这些工程在冬期施工时，对技术的要求并不复杂，但它们在整个工程中所占的比重较大，对进度起着决定性作用，可以将这些工程列在冬期施工范围内。

对于冬期施工成本增加稍大的分部工程，如土方、基础、外粉刷、屋面防水等工程，若在冬期施工，则费用增加很多且不易确保质量，因此均不宜安排在冬期施工。

因此，安排施工进度时应明确冬期施工的项目，既要做到冬期不停工，又要使冬期施工时采取的措施费用增加较少。

2.7.2 冬期施工准备要点

1. 做好临时给水、排水管的防冻准备

在冬期来临前，做好室内的保温施工项目，如先完成供热系统、安装门窗玻璃等项目，以保证室内其他项目能顺利施工。室外各种临时设施要做好保温防冻，给水管线应埋于冰冻线以下，外露的给水、排水管应做好保温，防止管道冻裂；排水管道应有足够的坡度，管道中不能有积水，防止沉淀物堵塞管道造成溢水，场地结冰。防止道路积水结冰，及时清扫道路上的积雪，以保证运输顺利。

2. 冬期物资供应和储备

由于冬期运输比较困难，冬期施工前需适当加大材料储备量。准备好冬期施工时需用的一些特殊材料，如促凝剂、防寒用品等。

3. 落实各种热源供应和管理

热源供应和管理包括各种热源供应渠道、热源设备和冬期用的各种保温材料的储存和供应、司炉工培训等工作。

4. 做好测温工作

冬期施工昼夜温差较大，为保证施工质量，应做好测温工作，防止砂浆、混凝土在达到临界强度前遭受冻结而破坏。

5. 加强防火安全教育

做好职工培训及冬期施工的技术操作和安全施工的教育，建立冬期施工制度，做好冬期施工准备、思想准备、防火和防冻教育，确保施工质量，避免事故发生。应设立防火安全技术措施，并经常检查落实情况，保证各种热源设备完好。同时，在冬期施工中，由于保温、取暖等火源增多，须加强消防安全工作，特别要注意消防水源的防冻工作，经常检查消防器材和装备的性能状况。

2.7.3 雨期施工准备要点

1. 做好雨期施工安排，尽量避免雨期窝工造成的损失

在雨期到来之前，创造出适宜雨期施工的室外或室内的工作面。一般情况下，在雨期到来之前，应尽量完成基础、地下工程、土方工程、室外及屋面工程等不宜在雨期施工的项目；多留些室内工作，适于在雨期施工。

2. 采取有效的技术措施，保证雨期施工质量

为保证雨期施工质量而采取的技术措施包括防止砂浆、混凝土含水量过多的措施，防止水泥受潮的措施等。

3. 防洪排涝，做好现场排水工作

在雨期到来之前，须做好排水设施，准备排水机具；做好低洼工作面的挡水堤，防止雨水灌入。工程地点若在河流附近，上游有大面积山地丘陵，应做好防洪排涝准备。雨期来临前，施工现场应做好排水沟渠的开挖，准备抽水设备，防止因场地积水和地沟、基槽、地下室等泡水而造成损失。

4. 做好道路维护，保证运输畅通

在雨期前检查道路边坡排水，适当提高路面，防止路面凹陷，保证运输畅通。对临时道路，做好横断面上向两侧的排水坡、铺路渣等，以防止路面泥泞，保障雨期进料运输。

5. 做好物资的储存

在雨期到来前，应多储存材料、物资，减少雨期运输量，以节约费用。同时为保证雨期正常施工，要准备必要的防水器材，库房四周要有排水沟渠，以防止物资因淋雨浸水而变质。

6. 做好机具设备等的防护

在雨期施工时，对现场的各种设施、机具要加强检查，特别是脚手架、垂直运输设施等，要采取防倒塌、防雷击、防漏电等一系列技术措施。

7. 加强施工管理，做好雨期施工的安全教育

要认真编制雨期施工技术措施，并认真组织贯彻实施。加强对职工的安全教育，以防止不必要事故的发生。

工程应用案例

某建筑公司承建的某经济技术开发区一钢结构厂房，于2008年4月开工。进入11月，

该地区气候开始变冷，但由于各项准备工作不及时，直到12月，工地生活区内的取暖问题仍得不到解决。其间，工人在宿舍内用铁桶燃烧劈柴取暖，工地竟不过问、不检查。某天晚上雾大、气压低，一宿舍发生集体一氧化碳中毒，直到第二天才有人发现，这时，宿舍内已有3人死亡。

问题：

（1）简要分析事故发生的主要原因。

（2）说出冬期施工的准备工作有哪些？

答案：

（1）事故发生的主要原因有以下几点。

1）施工单位在冬期施工期间没有落实取暖、防中毒、防火等安全措施。

2）现场安全教育不到位，工人安全意识不强，私自违规在宿舍内用铁桶燃烧劈柴取暖。

3）现场安全管理失控，安全检查不到位，对工人私自在宿舍内用铁桶燃烧劈柴取暖的问题无人过问和制止。

（2）冬期施工的准备工作有以下几点。

1）明确冬期施工项目，编制进度安排。

2）做好冬期测温工作。

3）做好物资的供应、储备及机具设备的保温防冻工作。

4）强化施工现场的安全检查。

5）加强安全教育，严防火灾发生。

复习思考题

一、单项选择题

1．土木工程施工的特点体现在（　　）。

A．多样性　　B．固定性　　C．流动性　　D．不合理性

2．不仅为单位工程开工前做好准备，而且还要为分部工程的施工做好准备的施工准备工作称为（　　）。

A．施工总准备　　B．单位工程施工条件准备

C．分部工程作业条件准备　　D．分项工程作业条件准备

3．技术资料准备的内容不包括（　　）。

A．图纸会审　　B．施工预算

C．制定测量、放线方案　　D．地质勘探报告

4．“三材”通常是指（　　）。

A．钢材、水泥、砖　　B．钢材、砖、木材

C．钢材、木材、水泥　　D．木材、水泥、砂子

二、多项选择题

1．土木工程的特点体现在（　　）。

A．建筑产品的固定性　　B．建筑产品的庞体性

C．建筑施工的流动性　　D．建筑施工的复杂性

E．建筑产品的综合性

2．做好施工准备工作的意义在于（　　）。

A．遵守施工程序　　B．降低施工风险

C．提高经济效益　　D．创造施工条件

E．保证工程质量

3．熟悉与施工图纸会审的目的在于（　　）。

A．保证按图施工　　B．了解和掌握设计意图

C．发现问题的错误　　D．保证工程质量

E．提高经济效益

4．土木工程施工准备包括（　　）。

A．工程地质勘查　　B．组织设备和材料订货

C．征地、拆迁和场地平整　　D．劳动定员

E．劳动力岗前培训

流水施工

学习要求

1. 了解流水施工的组织方法及其特点；
2. 熟悉流水施工的概念和要点；
3. 掌握流水施工的基本参数和计算方法；
4. 掌握等节奏流水施工的组织方法，能够灵活地把流水施工组织方法应用于实际工程；
5. 增强效率意识、质量意识，培养认真细致、精益求精的职业素养。

3.1 流水施工的基本概念

一个土木工程可分成若干个施工过程，而每个施工过程可以组织一个或多个施工班组来进行施工。如何组织各施工班组的先后顺序或平行搭接施工，是施工组织中最基本的问题。

组织工程施工一般有依次施工、平行施工和流水施工 3 种方式。

例如，有 A，B，C，D 共 4 个同类型施工对象的施工，在组织施工时采用不同的施工组织方式，其工期和效果是不同的，如图 3-1 所示。

编号	施工过程	施工进度/d																
		2	4	6	8	10	12	14	16		2	4		2	4	6	8	10
Ⅰ	A																	
	B																	
Ⅱ	A																	
	B																	
Ⅲ	A																	
	B																	
Ⅳ	A																	
	B																	
施工组织方式		依次施工									平行施工			流水施工				

图 3-1 施工组织方式

1. 依次施工

依次施工是将拟建工程项目分解成若干个施工过程，按照一定的施工顺序，前一个施工过程完成后，进行后一个施工过程的施工；或者前一个工程完成后，再进行后一个工程的施工。采用这种施工组织方法，单位时间内投入的资源量较少，有利于资源供应的组织，施工现场的组织管理也比较简单，但建筑施工专业队（组）的工作是间歇性的，物资资源的消耗也是间断性的，因此，工作面没得到充分利用，耗费的工期最长。

2. 平行施工

平行施工是指多个相同的专业队，在同一时间、不同空间同时施工、同时竣工。这种施工组织方式由于充分地利用了工作面，耗费的工期最短，但单位时间投入施工的资源消耗量成倍增长，施工现场组织、管理复杂，专业队不能连续作业，经济效益不佳。

3. 流水施工

流水施工是将拟建工程项目分解成若干施工过程，同时将各施工过程根据流水组织的需要在平面上划分成若干个劳动量大致相等的施工段，某一个专业队只要完成了第一个施工段的分项工程，后一个专业队即可进入第一个施工段开始第二个分项工程，以此类推，按序进行施工。

流水施工是一种以分工为基础的协作过程，是成批生产建筑产品的一种优越的施工方法，是在依次施工和平行施工的基础上产生的，既克服了依次施工和平行施工组织方式的缺点，又兼有两者的优点。流水施工的优点如下。

1）科学合理地利用了工作面，争取了时间，有利于缩短施工工期。

2）能够保持各施工过程的连续性、均衡性，有利于提高施工管理水平和技术经济效益。

3）由于实现了专业化施工，可使各施工班组在一定时期内保持相同的施工操作和连续、均衡的施工，更好地保证工程质量，提高劳动生产率。

4）单位时间投入施工的资源量较为均衡，有利于资源供应的组织工作。

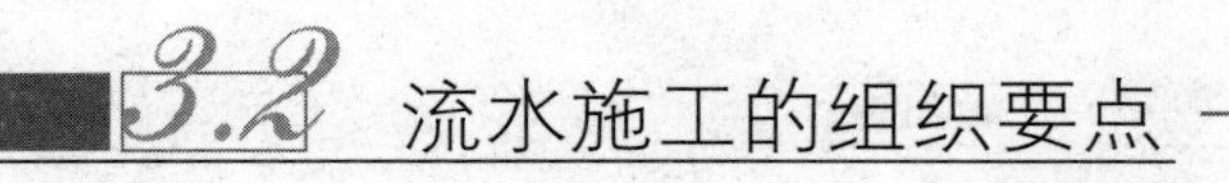

3.2 流水施工的组织要点

3.2.1 流水施工的分级

根据流水施工组织的范围，流水施工通常可分为以下几个部分。

1. 分项工程流水施工

分项工程流水施工，也称细部流水施工，它是一个专业工种使用统一的生产工具，依次连续不断地在各施工段中完成同一施工过程的流水施工。

2. 分部工程流水施工

分部工程流水施工，也称专业流水施工，它是在一个分部工程内部、各分项工程间，将若干个工艺上密切联系的细部流水施工进行组合应用所形成的流水施工。

3. 单位工程流水施工

单位工程流水施工，也称综合流水施工，它是在一个单位工程内部组织起来的全部专业流水施工的总和。

4. 群体工程流水施工

群体工程流水施工，也称大流水施工，它是在若干个单位工程之间组织起来的全部综合流水施工的总和。

流水施工的分级及其相互关系如图 3-2 所示。

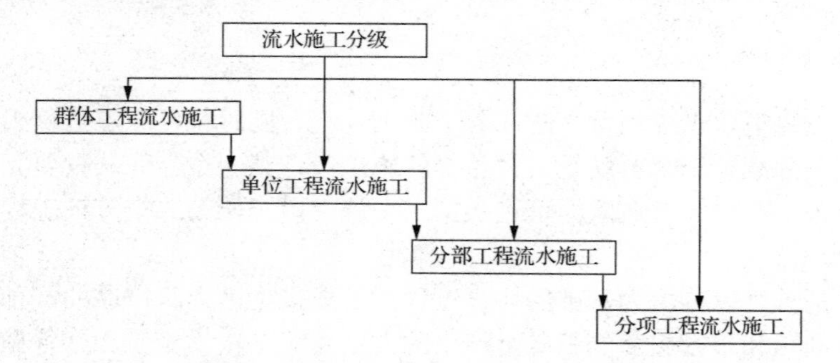

图 3-2　流水施工的分级及其相互关系

3.2.2　组织流水施工的要点

1. 划分分部分项工程

要组织流水施工，应根据工程特点及施工要求，将拟建工程划分为若干分部工程，如土建工程可划分成地基与基础工程、主体结构工程、建筑装饰装修工程、建筑屋面工程等；然后将各分部工程分解成若干施工过程（即分项工程或工序），如某现浇钢筋混凝土主体结构工程可分解成砌体、支模板、绑钢筋、浇混凝土、养护、拆模等施工过程。施工项目分解示例如图 3-3 所示。

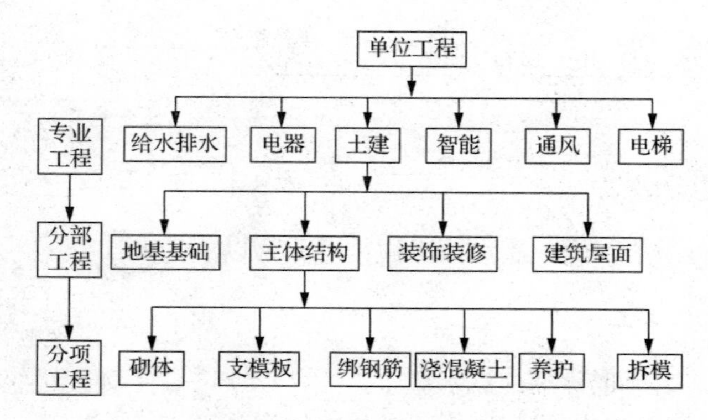

图 3-3　施工项目分解示例

在分解工程项目时要根据实际情况决定，并且划分的粗细要适中，若划分得太粗，则所编制的流水施工进度不能对施工起指导和控制作用；若划分得太细，则在组织流水作业时过于烦琐。

2. 划分施工段

根据流水施工的需要，将施工对象在平面上或空间上划分成工程量大致相等的若干个施工段。

3. 每个施工过程组织独立的施工班组

在一个流水组中，每个施工过程尽可能组织独立的施工班组，其形式可以是专业班也可以是混合班组，这样可以使每个施工班组按施工顺序，依次、连续、均衡地从一个施工段转移到另一个施工段进行相同的操作。

4. 主要施工过程必须连续、均衡地施工

对工程量较大、施工时间较长的主要施工过程，必须组织连续、均衡施工；对其他次要施工过程，可考虑与相邻的施工过程合并，如不能合并，则可安排间断施工；在有工作面的条件下，也可组织平行搭接施工。

3.2.3 流水施工的表达方式

流水施工的表达方式主要有横道图和网络图两种。

1. 横道图

流水施工的横道图表达形式分为水平图表和垂直图表两种方式，如图3-4和图3-5所示。

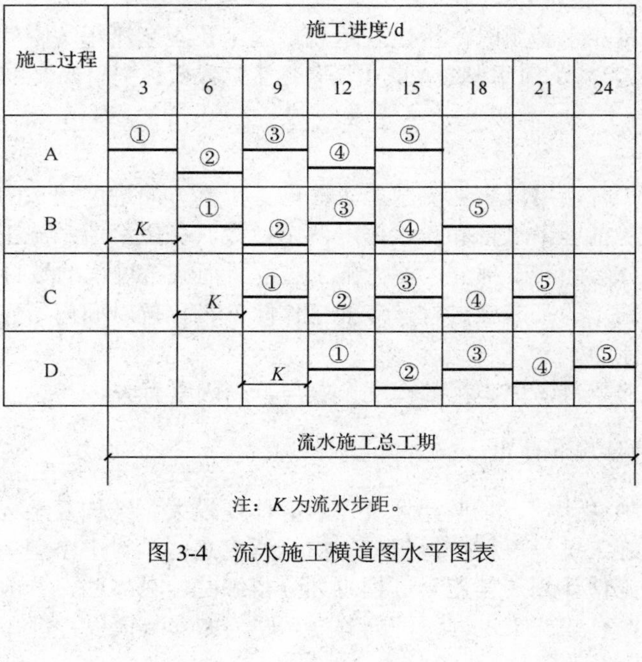

施工过程	施工进度/d							
	3	6	9	12	15	18	21	24
A	①	②	③	④	⑤			
B	*K*	①	②	③	④	⑤		
C		*K*	①	②	③	④	⑤	
D			*K*	①	②	③	④	⑤
	流水施工总工期							

注：*K*为流水步距。

图3-4 流水施工横道图水平图表

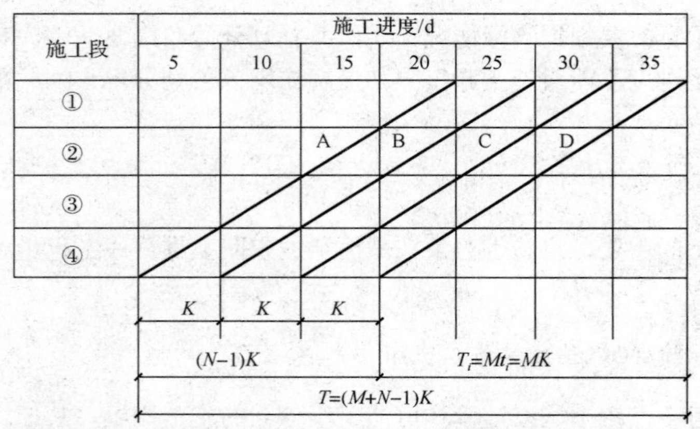

注：M 为施工段数；N 为施工过程数；t 为流水节拍；T 为施工过程的工作持续时间。

图 3-5　流水施工横道图垂直图表

在图表中，纵、横坐标分别表示流水施工在工艺流程、空间布置和时间安排等方面的参数。

2. 网络图

网络图的有关内容及表达方式详见单元 4。

3.3 流水施工的主要参数

在组织工程项目流水施工时，用以表达流水施工在工艺流程、空间布置和时间安排等方面实施状态的参数，称为流水参数。其主要包括工艺参数、空间参数和时间参数 3 类。

3.3.1 工艺参数

在组织流水施工时，用以表达流水施工在施工工艺方面进展状态的参数，称为工艺参数。工艺参数通常包括施工过程和流水强度两个参数。在组织流水施工时，将拟建工程项目的整个建造过程分解为若干部分，称为施工过程。而施工过程的数目，一般以 N 表示。流水强度是指流水施工的某施工过程（专业工作队）在单位时间内所完成的工程量，也称为流水能力或生产能力。

施工过程划分的数目多少、粗细程度一般与下列因素有关。

1. 施工计划的性质和作用

对工程施工控制性计划、长期计划及建筑群体规模大、结构复杂、施工期长的工程的施工进度计划，其施工过程可划分得粗些，综合程度高些。对中小型单位工程及施工期不长的工程的施工实施性计划，其施工过程可划分得细些、具体些，一般划分至分项工程。对月度作业性计划，有些施工过程还可分解为工序，如安装模板、绑扎钢筋等。

2. 施工方案及工程结构

对厂房的柱基础与设备基础的土方工程，若同时施工，可合并为一个施工过程；若先后施工，可分为两个施工过程。承重墙与非承重墙的砌筑，也是如此。砖混结构、大墙板结构、装配式框架与现浇钢筋混凝土框架等不同结构体系，其施工过程划分及其内容也各不相同。

3. 劳动组织及劳动量大小

施工过程的划分与施工班组及施工习惯有关。例如，安装玻璃、油漆施工可合也可分，因为有的是混合班组，有的是单一工种的班组。施工过程的划分还与劳动量大小有关。劳动量小的施工过程，当组织流水施工有困难时，可与其他施工过程合并。例如，垫层劳动量较小时可与挖土合并为一个施工过程，这样可以使各个施工过程的劳动量大致相等，便于组织流水施工。

4. 劳动内容和范围

施工过程的划分与其劳动内容和范围有关。例如，直接在施工现场与工程对象上进行的劳动过程，可以划入流水施工过程，而场外劳动内容（如预制加工、运输等）可以不划入流水施工过程。

3.3.2 空间参数

在组织流水施工时，用以表达流水施工在空间布置上所处状态的参数，称为空间参数。空间参数一般包括施工工作面、施工段和施工层数。

1. 施工工作面

施工工作面是指供工人进行操作的地点范围和必须具备的活动空间。它的大小，是根据相应工种单位时间的产量定额、建筑安装工程操作规程和安全规程等要求而确定的。

在流水施工中，有的施工过程在施工一开始，就在整个操作面上形成了施工工作面。例如，人工开挖基槽就属此类工作面。但是，也有一些工作面的形成是随着前一个施工过程的结束而形成的。例如，在现浇钢筋混凝土的流水作业中，支模、绑扎钢筋、浇筑混凝土等都是前一个施工过程的结束为后一个施工过程提供了工作面。在确定一个施工过程的工作面时，不仅要考虑前一施工过程可能提供的工作面的大小，还要符合安全技术、施工技术规范的规定，以及有利于提高劳动生产率等因素。总之，工作面的确定是否恰当，直接影响安置施工人员的数量、施工方法和工期。

工种工作面参考数据表如表3-1所示。

表3-1 工种工作面参考数据表

工作项目	每个技工的工作面	备注
砖基础	7.6 m/人	以36墙计，2砖乘以0.8，3砖乘以0.55
砌砖墙	8.5 m/人	以24墙计，105砖乘以0.71，2砖乘以0.57

续表

工作项目	每个技工的工作面	备注
毛石墙基	3 m/人	以 600 mm 厚计
毛石墙	3.3 m/人	以 400 mm 厚计
混凝土基础	8 m^3/人	机拌、机捣
混凝土设备基础	7 m^3/人	机拌、机捣
现浇钢筋混凝土梁	3.20 m^3/人	机拌、机捣
现浇钢筋混凝土墙	5 m^3/人	机拌、机捣
现浇钢筋混凝土楼板	5.3 m^3/人	机拌、机捣
预制钢筋混凝土柱	5.3 m^3/人	机拌、机捣
预制钢筋混凝土梁	3.6 m^3/人	机拌、机捣
预制钢筋混凝土屋架	2.7 m^3/人	机拌、机捣
预制钢筋混凝土平板、空心板	1.91 m^3/人	机拌、机捣
预制钢筋混凝土大型屋面板	2.62 m^3/人	机拌、机捣
混凝土地坪及面层	40 m^3/人	机拌、机捣
外墙抹灰	16 m^2/人	机拌、机捣
内墙抹灰	18.5 m^2/人	
卷材屋面	18.5 m^2/人	
防水水泥砂浆屋面	16 m^2/人	
门窗安装	11 m^2/人	

2. 施工段与施工层数

在组织流水施工时，通常将施工对象在平面上划分为劳动量大致相等的施工区段，称这些施工区段为施工段，施工段数一般用 M 表示。

划分施工段是为了组织流水施工，保证不同的施工班组能在不同的施工段上同时施工，并使各施工班组能按一定的时间间隔转移到另一个施工段进行连续施工，既消除等待、停歇现象，又互不干扰。

施工层是指为满足竖向流水施工的需要，在建筑物垂直方向上划分的施工区段，常用 M'表示。施工层的划分视工程对象的具体情况而定，一般以建筑物的结构层作为施工层。例如，一个 5 层砖混结构房屋，其结构层数就是施工层数，即 $M'=5$。如果该房屋每层划分为 3 个施工段，那么总的施工段数 $M=5\times3=15$。

（1）划分施工段的基本要求

1）施工段的数目要合理。施工段过多，会增加总的施工延续时间，而且工作面不能充分利用；施工段过少，则会引起劳动力、机械和材料供应的过分集中，有时还会造成“断流”的现象。

2）各施工段的劳动量（或工程量）一般应大致相等（相差宜不超过 15%），以保证各施工班组连续、均衡地施工。

3）施工段的分界要以保证施工质量且不违反操作规程要求为前提。例如，结构上不允许留施工缝的部位不能作为划分施工段的分界线。

4）当组织楼层结构的流水施工时，为使各施工班组能连续施工，上一层的施工必须在下一层对应部位完成后才能开始。即各施工班组做完第一段后，能立即转入第二段；做完

第一层的最后一段后，能立即转入第二层的第一段。因此，每一层的施工段数 M 必须大于或等于其施工过程数 N，即

$$M \geqslant N \tag{3-1}$$

例如，某现浇钢筋混凝土建筑，共 2 层，在组织流水施工时将主体工程划分为 3 个施工过程，即支模板、绑钢筋和浇混凝土，即 N=3；设每个施工过程在各个施工段上施工所需时间均为 2d。现分析如下：

① 当 M=N 时，即每层分 3 个施工段组织流水施工时，其进度安排如图 3-6 所示。

施工层	施工过程	施工进度/d							
		2	4	6	8	10	12	14	16
Ⅰ	支模板	①	②	③					
	绑钢筋		①	②	③				
	浇混凝土			①	②	③			
Ⅱ	支模板				①	②	③		
	绑钢筋					①	②	③	
	浇混凝土						①	②	③

图 3-6 当 M=N 时的进度安排

从图 3-6 中可以看出，各个施工班组均能保持连续施工，每个施工段上均有施工班组，工作面能充分利用，无停歇现象，不会产生窝工。这是理想化的施工方案，且要求项目部有较高的管理水平。

② 当 M>N 时，如每层分 4 个施工段组织流水施工时，其进度安排如图 3-7 所示。

施工层	施工过程	施工进度/d									
		2	4	6	8	10	12	14	16	18	20
Ⅰ	支模板	①	②	③	④						
	绑钢筋		①	②	③	④					
	浇混凝土			①	②	③	④				
Ⅱ	支模板				K	①	②	③	④		
	绑钢筋						①	②	③	④	
	浇混凝土							①	②	③	④

图 3-7 当 M>N 时的进度安排

从图 3-7 中可以看出，施工班组的施工仍是连续的，但施工段有空闲，如本例中各施工段在第一层混凝土浇筑完毕后，不能马上转入第二层，需空闲 2d。这时，工作面的停歇并不一定有害，有时还是必要的，如可以利用停歇的时间做养护、备料、弹线等工作。但当施工段数过多，必然使工作面减小，从而减少施工班组的人数，使工期延长。

③ 当 M<N 时，如每层分两个施工段组织流水施工时，其进度安排如图 3-8 所示。

施工层	施工过程	施工进度/d						
		2	4	6	8	10	12	14
Ⅰ	支模板	①	②	Z				
	绑钢筋		①	②				
	浇混凝土			①	②			
Ⅱ	支模板				①	②		
	绑钢筋					①	②	
	浇混凝土						①	②

图 3-8　当 $M<N$ 时的进度安排

从图 3-8 中可以看出，专业工作队不能连续作业，如支模板专业队在完成第一层的施工任务后，要停工 2 d 才能进行第二层第一段的施工，其他队同样也要停工 2 d，这对一个建筑物组织流水施工是不适宜的。但当有若干同类型建筑物时，可组织各建筑物之间的大流水施工，以弥补上述不足。

（2）划分施工段的部位

施工段划分的部位要有利于结构的整体性，应考虑到施工工程对象的轮廓形状、平面组成及结构特点。在满足施工段划分基本要求的前提下，可按下述几种情况划分施工段的部位。

1）设置有伸缩缝、沉降缝的建筑工程可以此缝为界划分施工段。

2）单元式的住宅工程，可以单元为界分段，必要时以半个单元为界分段。

3）道路、管线等线性长度延伸的建筑工程，可以一定长度作为一个施工段。

4）多幢同类型建筑，以一幢建筑作为一个施工段。

3.3.3　时间参数

在组织流水施工时，用以表达流水施工在时间排列上所处状态的参数，称为时间参数。时间参数包括流水节拍、流水步距、平行搭接时间、技术间歇时间和组织间歇时间 5 种。

1. 流水节拍

在组织流水施工时，每个专业工作队在各个施工段上完成相应的施工任务所需要的工作延续时间，称为流水节拍，通常用 t 表示，它是流水施工的基本参数之一。

流水节拍的大小，可以反映出流水施工速度的快慢、节奏感的强弱和资源消耗量的多少。根据其数值特征，一般将流水施工又分为全等节拍专业流水、异节拍专业流水和无节奏专业流水等施工组织方式。

（1）流水节拍的计算

影响流水节拍数值大小的因素主要有项目施工时所采取的施工方案，各施工段投入的劳动力人数或施工机械台班量、工作班次，以及该施工段工程量的多少。为避免工作队转移时浪费工时，流水节拍在数值上最好是半个班的整倍数。其数值的确定，可按以下各种方法进行。

1）定额计算法。该方法根据各施工段的工程量、能够投入的资源量（人工数、机械台班量和材料量等）按式（3-2）或式（3-3）进行计算，即

$$t_i=\frac{Q_i}{S_iR_iN_i}=\frac{P_i}{R_iN_i} \tag{3-2}$$

或

$$t_i=\frac{Q_iH_i}{R_iN_i}=\frac{P_i}{R_iN_i} \tag{3-3}$$

$$P_i=\frac{Q_i}{S_i}\text{（或}Q_iH_i\text{）}$$

式中：t_i——某专业工作队在第 i 施工段的流水节拍；

Q_i——某专业工作队在第 i 施工段要完成的工程量；

S_i——某专业工作队的计划产量定额；

H_i——某专业工作队的计划时间定额；

P_i——某专业工作队在第 i 施工段需要的劳动量或机械台班量；

R_i——某专业工作队投入的工作人数或机械台班量；

N_i——某专业工作队的工作班次。

在式（3-2）和式（3-3）中，S_i 和 H_i 最好是本项目经理部的实际水平。

2）经验估算法。该方法根据以往的施工经验进行估算。一般为了提高其准确程度，往往先估算出该流水节拍的最长、最短和正常（即最可能）3 种时间，然后据此求出期望时间作为某专业工作队在某施工段上的流水节拍。因此，本方法也称为 3 种时间估算法。一般按式（3-4）进行计算，即

$$t=\frac{a+4c+b}{6} \tag{3-4}$$

式中：t——某施工过程在某施工段上的流水节拍；

a——某施工过程在某施工段上的最短估算时间；

b——某施工过程在某施工段上的最长估算时间；

c——某施工过程在某施工段上的正常估算时间。

这种方法多适用于采用新工艺、新方法和新材料等没有定额可循的工程。

3）工期计算法。对某些施工任务在规定日期内必须完成的工程项目，往往采用倒排进度法。具体步骤如下：

① 根据工期倒排进度，确定某施工过程的工作延续时间。

② 确定某施工过程在某施工段上的流水节拍。若同一施工过程的流水节拍不等，则用估算法；若流水节拍相等，则按式（3-5）进行计算，即

$$t=\frac{T}{M} \tag{3-5}$$

式中：t——流水节拍；

T——某施工过程的工作持续时间；

M——某施工过程划分的施工段数。

当施工段数确定后，流水节拍大，则相应的工期就越长。因此，从理论上讲，总是希

望流水节拍越小越好。但实际上由于受工作面的限制，每一施工过程在各施工段上都有最小的流水节拍，其计算公式为

$$t_{min}=\frac{A_{min}\mu}{S} \tag{3-6}$$

式中：t_{min}——某施工过程在某施工段的最小流水节拍；

A_{min}——每个工人所需最小工作面；

μ——单位工作面工程量含量；

S——产量定额。

通过式（3-6）算出的数值，应取整数或半个工日的整倍数，根据工期计算的流水节拍，应大于最小流水节拍。

（2）确定流水节拍的要点

1）施工班组人数应符合该施工过程最少劳动组合人数的要求。例如，现浇钢筋混凝土施工过程，包括上料、搅拌、运输、浇捣等施工操作环节，如果人数太少，是无法组织施工的。

2）要考虑工作面的大小或某种条件的限制。施工班组人数也不能太多，每个工人的工作面要符合最小工作面的要求。否则，就不能发挥正常的施工效率或不利于安全生产。

3）要考虑各种机械台班的效率（吊装次数）或机械台班产量的大小。

4）要考虑各种材料、构件等施工现场堆放量、供应能力及其他有关条件的制约。

5）要考虑施工及技术条件的要求。例如，不能留施工缝而必须连续浇筑的钢筋混凝土工程，有时要按三班制工作的条件决定流水节拍，以确保工程质量。

6）确定一个分部工程施工过程的流水节拍时，首先应考虑主要的、工程量大的施工过程的节拍值（它的节拍值最大，对工程起主要作用），其次确定其他施工过程的节拍值。

7）节拍值一般取整数，必要时可保留 0.5 d（台班）的小数值。

2. 流水步距

在流水施工中，相邻两个施工班组先后进入同一施工段开始施工的间隔时间，称为流水步距，通常用 $K_{i,i+1}$ 表示（i 表示前一个施工过程，$i+1$ 表示后一个施工过程）。

流水步距的大小，对工期有较大的影响。一般说来，在施工段不变的条件下，流水步距越大，工期越长；流水步距越小，则工期越短。流水步距还与前后两个相邻施工过程流水节拍的大小、施工工艺技术要求、是否有技术和组织间歇时间、施工段数、流水施工的组织方式等有关。

（1）流水步距的计算

在流水施工中，如果同一施工过程在各施工段上的流水节拍相等，则各相邻施工过程之间的流水步距可按下式计算，即

$$\begin{aligned}&K_{i,i+1}=t_i+Z_{i,i+1}-C_{i,i+1}\quad（当\ t_i\leqslant t_{i+1}\ 时）\\&K_{i,i+1}=Mt_i-(M-1)t_{i+1}\quad（当\ t_i\geqslant t_{i+1}）\end{aligned} \tag{3-7}$$

式中：t_i——第 i 个施工过程的流水节拍；

t_{i+1}——第 i+1 个施工过程的流水节拍。

（2）确定流水步距的原则

1）流水步距要满足两个相邻专业工作队在施工顺序上的相互制约关系。

2）流水步距要保证各专业工作队都能连续作业。

3）流水步距要保证相邻两个专业工作队，在开工时间上最大限度地、合理地搭接。

3. 平行搭接时间

在组织流水施工时，有时为了缩短工期，在工作面允许的条件下，如果前一个专业工作队完成部分施工任务后，能够提前为后一个专业工作队提供工作面，使后者提前进入前一个施工段，两者在同一施工段上平行搭接施工，这个搭接的时间称为平行搭接时间，通常用C_i表示。

4. 技术间歇时间

在组织流水施工时，除要考虑相邻专业工作队之间的流水步距外，有时根据建筑材料或现浇构件等的工艺性质，还要考虑合理的工艺等待间歇时间，这个等待时间称为技术间歇时间，如混凝土浇筑后的养护时间、砂浆抹面和油漆面的干燥时间等。技术间歇时间用Z_i表示。

5. 组织间歇时间

在流水施工中，由于施工技术或施工组织的原因，造成的在流水步距外增加的间歇时间，称为组织间歇时间。例如，墙体砌筑前的墙身位置弹线，施工人员、机械的转移，回填土前地下管道检查验收等。组织间歇时间用G_i表示。

3.3.4 工期

工期是指完成一项工程任务或一个流水组施工所需的时间，计算公式为

$$T=\sum K_{i,i+1}+T_n+\sum Z_{i,i+1}+\sum G_{i,i+1}+\sum C_{i,i+1} \tag{3-8}$$

式中：$\sum K_{i,i+1}$——流水施工中各流水步距之和；

T_n——流水施工中最后一个施工过程的延续时间；

$Z_{i,i+1}$——第i个施工过程与第i+1个施工过程之间的间歇时间；

$C_{i,i+1}$——第i个施工过程与第i+1个施工过程之间的平行搭接时间。

3.4 流水施工的组织方法

流水施工按其流水节拍的特征不同可分为全等节拍专业流水、成倍节拍专业流水和无节奏专业流水等方式。

3.4.1 全等节拍专业流水

全等节拍专业流水（亦称等节奏流水），是指流水速度相等的流水施工方式，是最理想的组织流水方式。这种组织方式能够保证专业队工作连续、有节奏、均衡地施工。在条件

允许的情况下，应尽量采用这种流水方式组织流水施工。

组织全等节拍专业流水，一要使各施工段的工程量基本相等，二要确定主导施工过程的流水节拍，三要使其他施工过程的流水节拍与主导施工过程的流水节拍相等，可以通过调节投入专业队人数的办法来实现。

1. 主要特点

参与流水施工的各施工过程在各施工段上的流水节拍均相等，由于流水节拍相等，各施工过程的施工速度是一样的，两相邻施工过程间的流水步距等于一个流水节拍，即

$$K_{i,i+1} = t_i$$

图 3-9 所示为全等节拍专业流水工期计算示意图，其中，施工段数 M=4，施工过程数 N=3。

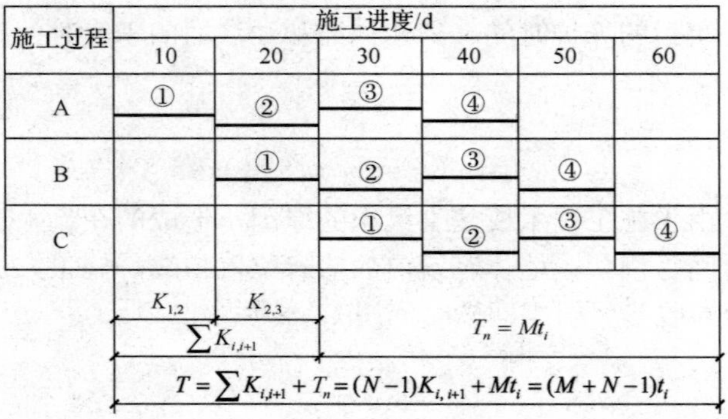

施工过程	施工进度/d					
	10	20	30	40	50	60
A	①	②	③	④		
B		①	②	③	④	
C			①	②	③	④

$K_{1,2}$　$K_{2,3}$　$\sum K_{i,i+1}$　$T_n = Mt_i$

$T = \sum K_{i,i+1} + T_n = (N-1)K_{i,i+1} + Mt_i = (M+N-1)t_i$

图 3-9　全等节拍专业流水工期计算示意图

从图 3-9 中可看出，工期 T 可按式（3-8）计算，式中的 T_n 为最后一个施工过程在流水对象上各施工段工作时间的总和，称为施工过程流水持续时间的总和。

只有在全等节拍专业流水中，各施工过程的流水持续时间 T_n 才相同。这是因为在全等节拍专业流水中，全部施工过程的所有施工段的流水节拍均相等。

$$\sum K_{i,i+1} = (N-1)K_{i,i+1} \tag{3-9}$$

$$T_n = Mt_i \tag{3-10}$$

式中：N——参与流水作业的施工过程数；

M——流水施工对象划分的施工段数。

将式（3-9）、式（3-10）代入式（3-8）得

$$T = (N-1)K_{i,i+1} + Mt_i \tag{3-11}$$

将 $K_{i,i+1} = t_i$ 代入式（3-11），得

$$T = (N-1)t_i + Mt_i = (N+M-1)t_i \tag{3-12}$$

如果在施工过程中有间歇或搭接时间，则全等节拍流水的工期计算公式为

$$T = (N+M-1)t_i + \sum Z_i + \sum G_i - \sum C_i \tag{3-13}$$

图 3-10 所示为全等节拍专业流水有间歇时间（技术、组织）工期计算示意图。

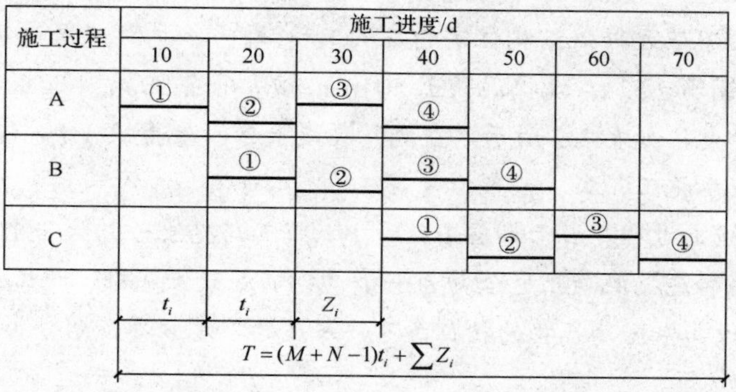

施工过程	施工进度/d						
	10	20	30	40	50	60	70
A	①	②	③	④			
B		①	②	③	④		
C				①	②	③	④
	t_i	t_i	Z_i				

$T=(M+N-1)t_i+\sum Z_i$

图 3-10 全等节拍专业流水有间歇时间（技术、组织）工期计算示意图

2. 组织示例

全等节拍专业流水施工的组织方法如下。

1）确定项目施工起点流向，划分施工过程。应将劳动量小的施工过程合并到相邻施工过程去，以使各流水节拍相等。

2）确定施工顺序，划分施工段。在有层间流水关系时，划分的施工段数应保证专业工作队能连续施工。

3）确定主要施工过程的施工人数并计算其流水节拍。

4）确定流水步距。

5）确定流水施工的工期。

6）绘制流水施工进度安排表。

例 3-1 某分部工程由 4 个分项工程组成，划分成 5 个施工段，流水节拍均为 3 d，无技术、组织间歇，试确定流水步距、计算工期，并绘制流水施工进度表。

解 由已知条件 $t_i=t=3$ d 得出，本分部工程宜组织全等节拍专业流水。

1）确定流水步距。由全等节拍专业流水的特点可得

$$K=t=3\text{ d}$$

2）计算工期。由式（3-12）得

$$T=(M+N-1)t_i=(5+4-1)\times 3=24(\text{d})$$

3）绘制流水施工进度表，如图 3-11 所示。

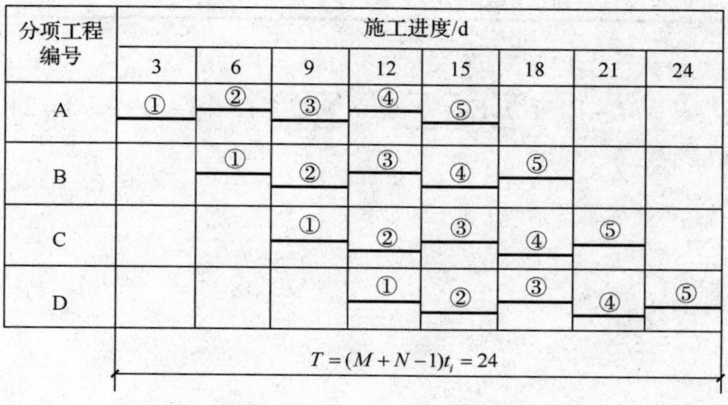

分项工程编号	施工进度/d							
	3	6	9	12	15	18	21	24
A	①	②	③	④	⑤			
B		①	②	③	④	⑤		
C			①	②	③	④	⑤	
D				①	②	③	④	⑤

$T=(M+N-1)t_i=24$

图 3-11 全等节拍专业流水施工进度

例3-2 某5层3单元砖混结构住宅的基础工程，每一单元的工程量分别为挖土187 m^3，垫层11 m^3，绑扎钢筋2.53 t，浇捣混凝土50 m^3，砌基础墙90 m^3，回填土130 m^3。以上施工过程的每工日产量，如表3-2所示。在浇筑混凝土后，应养护3 d才能进行基础墙砌筑。试组织全等节拍流水施工。

解 1）划分施工过程。由于垫层工程量小，将其与挖土合并为一个“挖土及垫层”施工过程；绑扎钢筋和浇捣混凝土也合并为一个“钢筋混凝土基础”施工过程。

2）确定施工段。根据建筑物的特征，可按房屋的单元分界，划分为3个施工段，采用一班制施工。

3）确定主要施工过程的施工人数并计算其流水节拍。本例主要施工过程为挖土及垫层，配备施工班组人数为21人，即

$$t_i = \frac{Q_i}{S_i R_i N_i} = \frac{P_i}{R_i N_i} = \frac{\frac{187}{3.5} + \frac{11}{1.2}}{21} \approx 3(\mathrm{d})$$

其中，$N_i = 1$。

根据主要施工过程的流水节拍，应用以上公式可计算出其他施工过程的施工班组人数。各施工过程的流水节拍及施工人数如表3-2所示。

流水步距

$$K_{i,i+1} = t_i = 3\ \mathrm{d}$$

表3-2 各施工过程的流水节拍及施工人数

施工过程	工程量		每工日产量	劳动量/工日	施工班组人数/人	流水节拍
	数量	单位				
挖土	187	m^3	3.5	53	18	3
垫层	11	m^3	1.2	9	9	
绑钢筋	2.53	t	0.45	6	2	3
浇混凝土基础	50	m^3	1.5	33	11	
砌基础墙	90	m^3	1.25	72	24	3
回填土	130	m^3	4	33	11	3

4）计算工期。由式（3-13）可得

$$T = (N + M - 1)t_i + \sum Z_i + \sum G_i - \sum C_i = (3 + 4 - 1) \times 3 + 3 = 21(\mathrm{d})$$

其中，$M = 3$，$N = 4$，$\sum Z_i = 3$。

5）绘制流水施工进度表，如图3-12所示。

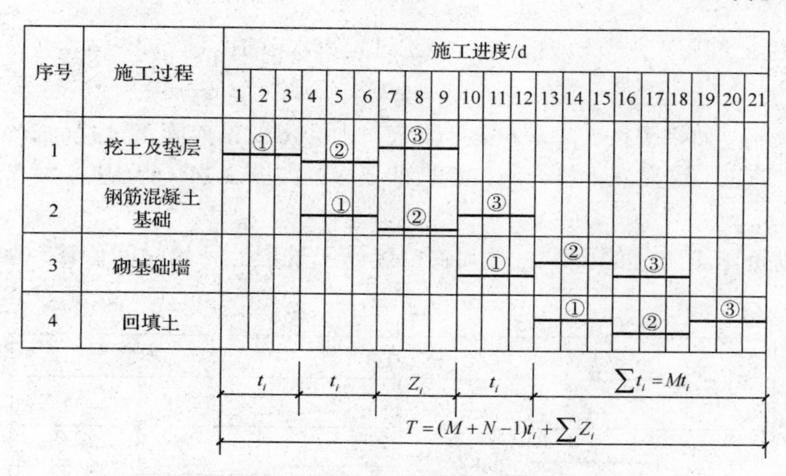

图3-12 某基础工程流水施工进度表

3.4.2 成倍节拍专业流水

成倍节拍专业流水是指同一施工过程在各个施工段上的流水节拍都相等，但各施工过程之间彼此的流水节拍全部或部分不相等，流水节拍均为其中最小流水节拍的整倍数的流水施工方式。

1. 主要特点

成倍节拍专业流水在流水施工组织中经常遇到，这是由于各施工过程的性质不同、复杂程度不同及所需的劳动量或机械台（班）数不同，导致各施工过程的持续时间不同。由于前后两个施工过程的流水节拍不同，在组织流水施工时，会出现以下两种情况。

1）紧前施工过程的流水持续时间 t_i 小于紧后施工过程的流水持续时间 t_{i+1}，即

$$t_i \leqslant t_{i+1}$$

在相邻两个施工过程中，当后一个流水节拍大于前一个流水节拍时，则能保证在施工组织时，前一个施工过程任何一个施工段的结束时间都先于或等于后一个施工过程的开始时间，就能保证施工工艺的合理性。

相邻两个施工过程的流水步距为

$$K_{i,i+1}=t_i$$

组织成倍节拍流水示意图如图3-13所示。

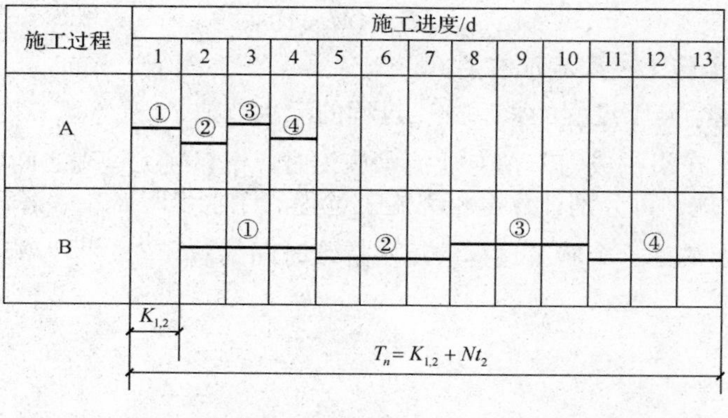

图3-13 组织成倍节拍流水（当 $t_i \leqslant t_{i+1}$ 时 $K_{i,i+1}=t_i$）示意图

2）紧前施工过程流水节拍大于紧后施工过程流水节拍t_{i+1}，即

$$t_i > t_{i+1}$$

由于$t_i > t_{i+1}$，如果仍按$K_{i,i+1} = t_i$安排流水，则会出现紧前施工过程尚未结束而后续施工过程已开始施工，这显然不符合施工工艺的要求，如图 3-14（a）中②，③，④施工段处所示。

如果要满足施工工艺的要求，必须将后续施工过程的开始时间后移，如图 3-14（b）所示。

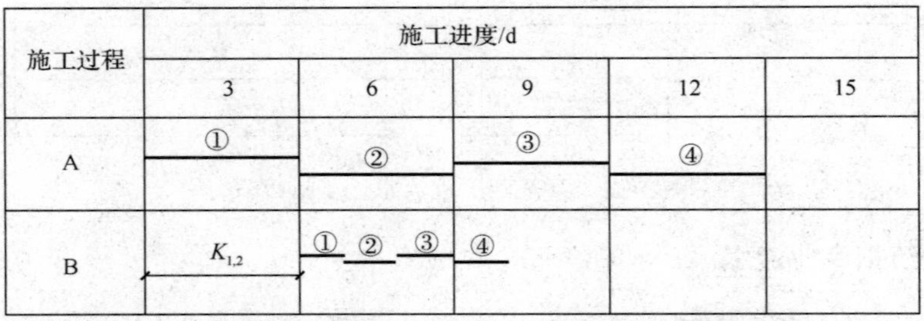

施工过程	施工进度/d				
	3	6	9	12	15
A	①	②	③	④	
B	$K_{1,2}$	① ② ③	④		

（a）$t_i > t_{i+1}$，如果仍按$K_{i,i+1}=t_i$安排流水，不符合施工工艺的示意图

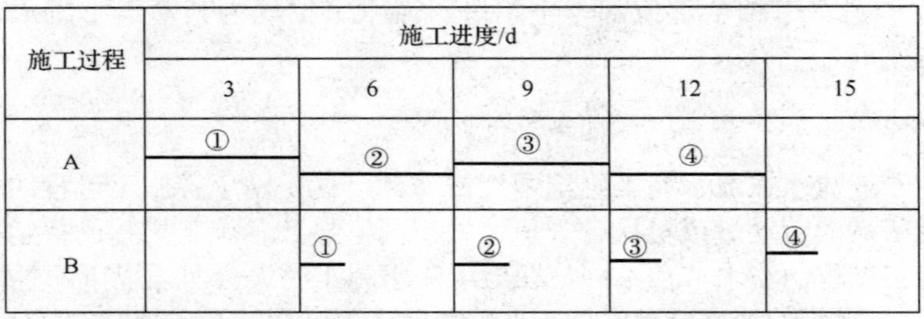

施工过程	施工进度/d				
	3	6	9	12	15
A	①	②	③	④	
B		①	②	③	④

（b）$t_i > t_{i+1}$，如果仍按$K_{i,i+1}=t_i$安排流水，施工过程不连续的示意图

图 3-14 组织成倍节拍专业流水

这样的安排虽然符合施工工艺的要求，但会使施工过程中专业队工人的工作产生间断和窝工，与流水作业的原则相悖。为了确保各施工过程中专业队既能连续施工又符合施工工艺的要求，在组织流水施工时，应使上一个施工过程最后一个施工段完工后，下一个施工过程最后一个施工段工程开始，以此来计算出合理的流水步距$K_{i,i+1}$，如图 3-15 所示。

则

$$K_{i,i+1} = Mt_i - (M-1)t_{i+1} \tag{3-14}$$

式中：t_i——第 i 个施工过程流水节拍；

t_{i+1}——第 i 个施工过程的紧后施工过程的流水节拍。

3）工期计算。在组织成倍节拍专业流水施工时，相邻施工过程之间的上述两种情况会前后发生，按以上规则可分别计算出相邻施工过程的流水步距$K_{i,i+1}$；各流水步距$K_{i,i+1}$的总和$\sum K_{i,i+1}$，再加上最后一个施工过程的流水持续时间的总和T_n，即为流水作业总工期［见式（3-8)］。

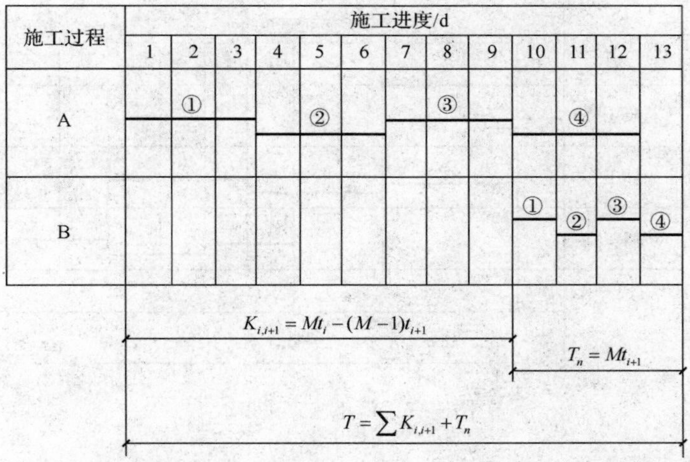

施工过程	施工进度/d												
	1	2	3	4	5	6	7	8	9	10	11	12	13
A		①			②			③			④		
B										①	②	③	④

$K_{i,i+1} = Mt_i - (M-1)t_{i+1}$

$T_n = Mt_{i+1}$

$T = \sum K_{i,i+1} + T_n$

图 3-15　成倍节拍专业流水的流水步距及工期计算简图

2. 组织示例

成倍节拍专业流水的组织方法如下。

1）确定施工起点流向，分解施工过程。

2）确定施工顺序，划分施工段。

3）确定施工人数，计算流水节拍。

4）确定流水步距 $K_{i,i+1}$。

5）计算计划总工期 T。

6）绘制流水施工进度表。

例 3-3　某住宅项目由基础工程、主体工程和装修工程 3 个施工过程组成，将住宅项目划分为 3 个施工段，其流水节拍分别为 $t_1 = 1\ \text{d}$，$t_2 = 3\ \text{d}$，$t_3 = 2\ \text{d}$；试组织成倍节拍专业流水施工，并绘制流水施工进度表。

解　1）划分施工过程及施工段。

由题意得

$$M = N = 3$$

2）流水节拍。

$$t_1 = 1\ \text{d}，\ t_2 = 3\ \text{d}，\ t_3 = 2\ \text{d}$$

3）确定流水步距。

由于 $t_1 < t_2$，所以

$$K_{1,2} = t_1 = 1\ \text{d}$$

由于 $t_2 > t_3$，所以

$$K_{2,3} = Mt_2 - (M-1)t_3 = 3 \times 3 - (3-1) \times 2 = 5(\text{d})$$

4）计算总工期。

$$T = \sum K_{i,i+1} + T_n = (1+5) + 2 \times 3 = 12(\text{d})$$

5）绘制流水施工进度表，如图 3-16 所示。

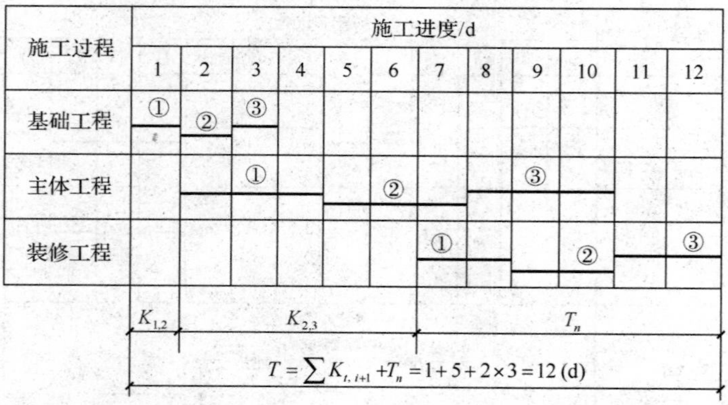

施工过程	施工进度/d											
	1	2	3	4	5	6	7	8	9	10	11	12
基础工程	①	②	③									
主体工程			①			②			③			
装修工程							①			②		③

$K_{1,2}$　　$K_{2,3}$　　T_n

$T=\sum K_{t,\,t+1}+T_n=1+5+2\times3=12\,(\text{d})$

图 3-16　流水施工进度表

3. 加快成倍节拍专业流水

如果分析例 3-3 所示的施工组织方案，要缩短这项工程的工期，可以通过增加工作队的办法，使流水节拍加快，从而使该专业流水转化成类似于 N'（N'为工作队总数）个施工过程的全等节拍专业流水。

因此，加快成倍节拍流水的工期仍可按式（3-8）计算，但必须先求出工作队总数 N'。仍以例 3-3 为条件，说明计算方法如下。

1）求流水步距 K_0。为使各工作队仍能连续依次作业，应取各施工过程流水节拍的最大公因数为流水步距 K_0，即

$$K_0=\{t_i\}_{\text{最大公因数}}\quad(i=1,2,3,\cdots,n)=\{1,3,2\}=1 \tag{3-15}$$

2）求各施工过程需组建的工作队数。

由

$$b_i=t_i\,/\,K_0 \tag{3-16}$$

得

$$b_1=1/1=1$$
$$b_2=3/1=3$$
$$b_3=2/1=2$$

则工作队总数 B 为

$$B=\sum b_i=1+3+2=6\text{（队）} \tag{3-17}$$

3）确定施工过程数。加快成倍节拍专业流水的组织方式，实质上是由 $\sum b_i$ 个工作队组成的类似于流水节拍为 K_0 的全等节拍专业流水，所以施工过程数等于施工过程各施工队数之和，即

$$N'=B=\sum b_i=6 \tag{3-18}$$

4）计算总工期。

$$T=(M+N'-1)K_0=(3+6-1)\times1=8(\text{d}) \tag{3-19}$$

5）绘制流水施工进度表，如图 3-17 所示。

施工过程		施工进度/d							
		1	2	3	4	5	6	7	8
基础工程		①	②	③					
主体工程	Ⅰ			①					
	Ⅱ				②				
	Ⅲ					③			
装修工程	Ⅰ					①		③	
	Ⅱ						②		
		K_0	K_0	K_0	K_0	K_0			
		$T=(M+N'-1)K_0=8\text{ d}$							

图 3-17 等步距节拍专业流水施工进度表

例 3-4 某工程拟建 4 幢同类型砖混住宅，施工过程分为基础工程、主体结构工程、建筑装饰装修工程和建筑屋面工程，各施工过程流水节拍分别为 10，20，20，10。若要求缩短工期，在工作面、劳动力和资源供应允许条件下，各增加一个安装和装修工作队，就组成了等步距异节拍专业流水，计算如下：

1）流水步距。

$$K_0=\text{最大公因数}\{10,20,20,10\}=10(\text{d})$$

2）求专业工作队数。

$$b_2=10/10=1（\text{队}）$$
$$b_2=b_3=20/10=2（\text{队}）$$
$$b_4=10/10=1（\text{队}）$$

则专业工作队总数

$$B=\sum b_i=1+2+2+1=6（\text{队}）$$

3）计算工期。

已知 $M=4$（每幢楼作为一个施工段），$N'=B=6$，则

$$T=(M+N'-1)K_0=(4+6-1)\times10=90(\text{d})$$

4）绘制流水施工进度表，如图 3-18 所示。

施工过程	工程队	施工进度/d								
		10	20	30	40	50	60	70	80	90
基础工程	Ⅰ	①	②	③	④					
主体工程	Ⅱ		①		③					
	Ⅲ			②		④				
装修工程	Ⅳ				①		③			
	Ⅴ					②		④		
屋面工程	Ⅵ						①	②	③	④
		$\sum K_{i,i+1}$					T_n			
		$T=(M+N'-1)K_0=(4+6-1)\times10=90(\text{d})$								

图 3-18 流水施工进度表

3.4.3 无节奏专业流水

有时由于各施工段工程量不相等，各施工班组的施工人数不同，使每个施工过程在各施工段上或各施工过程在同施工段上的流水节拍无规律可循。这时，若组织全等节拍或成倍节拍流水均有困难，则可组织分别流水。

分别流水是指各施工过程在同一施工段上的流水节拍不相等、不成倍，每个施工过程在各施工段上的流水节拍也可以不相等的流水施工方式。分别流水的基本要求是各施工班组尽可能依次在各施工段上连续施工，允许有些施工段出现空闲，但不允许多个施工班组在同一施工段交叉作业，更不允许发生工艺顺序颠倒的现象。

分别流水的施工组织方法是将拟建工程对象划分为若干个分部工程，分别组织每个分部工程的流水施工，然后将若干个分部工程流水按照施工顺序和工艺要求搭接起来，组织成一个单位工程（或一个建筑群）的流水施工。

1. 主要特点

每个施工过程在各个施工段上的流水节拍不尽相等，在多数情况下，流水步距彼此也不相等。确定流水步距的方法有多种，其中最简单的方法是“最大差法”，它是由苏联专家潘特考夫斯基提出的，又称“潘氏方法”。在施工过程中，各专业工作队都能连续施工，但个别施工段可能有空闲。

2. 组织示例

1）确定施工起点流向，分解施工过程。

2）确定施工顺序，划分施工段。

3）按相应的公式计算各施工过程在各个施工段上的流水节拍。

4）按“最大差法”确定各流水步距。

① 累加各施工过程的流水节拍，形成累加数据系列。

② 相邻两施工过程的累加数据系列错位相减。

③ 取差数最大者作为该两个施工过程的流水步距。

5）计算流水施工的计划工期［式（3-8)］。

6）绘制流水施工进度表。

例 3-5 某工程的流水节拍如表 3-3 所示，试计算流水步距和工期，绘制流水施工进度表。

表 3-3 某工程的流水节拍 单位：d

施工过程	施工段			
	①	②	③	④
A	2	4	3	2
B	3	3	2	2
C	4	2	3	2

解 （1）流水步距计算

因每一施工过程的流水节拍不相等，采用“最大差法”计算。第一步是将每个施工过程的流水节拍逐段累加；第二步是错位相减；第三步是取差数最大者作为流水步距。现计算如下。

1）求 $K_{A,B}$。由表3-3可得

$$\begin{array}{rrrrrr} & 2 & 6 & 9 & 11 & \\ - & & 3 & 6 & 8 & 10 \\ \hline & 2 & 3 & 3 & 3 & -10 \end{array}$$

则

$$K_{A,B}=3\text{ d}$$

2）求 $K_{B,C}$。由表3-3可得

$$\begin{array}{rrrrrr} & 3 & 6 & 8 & 10 & \\ - & & 4 & 6 & 9 & 11 \\ \hline & 3 & 2 & 2 & 1 & -11 \end{array}$$

则

$$K_{B,C}=3\text{ d}$$

（2）工期计算

$$T=\sum K_{i,i+1}+T_n=(3+3)+(4+2+3+2)=17(\text{d})$$

该工程的施工进度安排如图3-19所示。

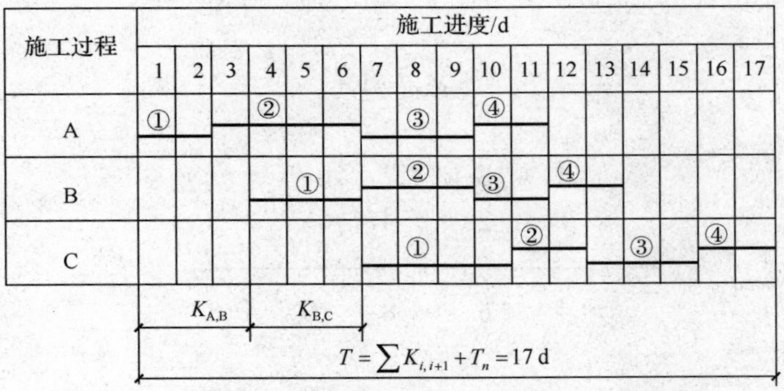

施工过程	施工进度/d																
	1	2	3	4	5	6	7	8	9	10	11	12	13	14	15	16	17
A	①			②				③		④							
B					①			②		③		④					
C								①			②			③		④	

$K_{A,B}$　$K_{B,C}$

$T=\sum K_{i,i+1}+T_n=17\text{ d}$

图3-19　该工程的施工进度安排

分别流水不像全等节拍或成倍节拍流水那样有一定的时间约束，在进度安排上比较灵活、自由，适用于各种不同结构性质和规模的工程施工组织，实际应用比较广泛。

例3-6　某工程由A，B，C，D等4个施工过程组成，施工顺序为A→B→C→D，各施工过程的流水节拍为 $t_A=2$ d，$t_B=4$ d，$t_C=4$ d，$t_D=2$ d。在劳动力相对固定的条件下，试确定流水施工方案。

解 本例从流水节拍的特点看，可组织异节拍专业流水，但因劳动力不能增加，无法做到等步距。为了保证专业工作队连续施工，按无节奏专业流水方式组织施工。

1）确定施工段数。为使专业工作队连续施工，取施工段数等于施工过程数，即

$$M=N=4$$

2）求累加数列。

A：	2	4	6	8
B：	4	8	12	16
C：	4	8	12	16
D：	2	4	6	8

3）确定流水步距。

① 求 $K_{A,B}$。

$$\begin{array}{rrrrrr} & 2 & 4 & 6 & 8 & \\ - & & 4 & 8 & 12 & 16 \\ \hline & 2 & 0 & -2 & -4 & -16 \end{array}$$

则

$$K_{A,B}=2\ \text{d}$$

② 求 $K_{B,C}$。

$$\begin{array}{rrrrrr} & 4 & 8 & 12 & 16 & \\ - & & 4 & 8 & 12 & 16 \\ \hline & 4 & 4 & 4 & 4 & -16 \end{array}$$

则

$$K_{B,C}=4\ \text{d}$$

③ 求 $K_{C,D}$。

$$\begin{array}{rrrrrr} & 4 & 8 & 12 & 16 & \\ - & & 2 & 4 & 6 & 8 \\ \hline & 4 & 6 & 8 & 10 & -8 \end{array}$$

则

$$K_{C,D}=10\ \text{d}$$

4）计算工期。由式（3-8）得

$$T=\sum K_{i,i+1}+T_n=(2+4+10)+2\times 4=24(\text{d})$$

5）绘制流水施工进度表，如图 3-20 所示。

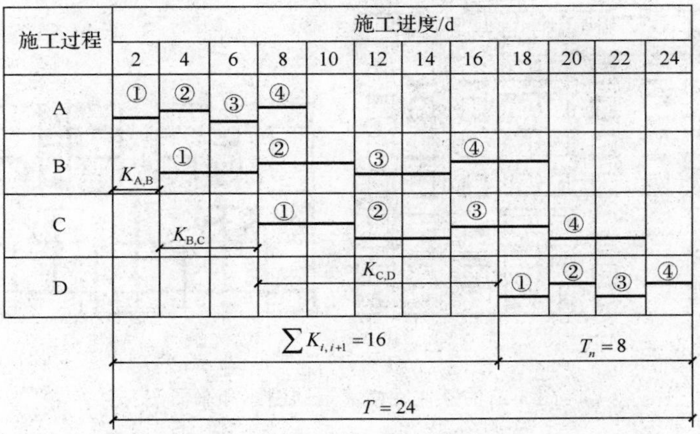

施工过程	施工进度/d											
	2	4	6	8	10	12	14	16	18	20	22	24
A	①	②	③	④								
B	$K_{A,B}$	①		②		③		④				
C		$K_{B,C}$		①		②		③		④		
D						$K_{C,D}$			①	②	③	④

$\sum K_{i,i+1}=16$　　$T_n=8$

$T=24$

图 3-20　流水施工进度表

从图 3-20 可知，当同一施工段上不同施工过程的流水节拍不相同，且互为整倍数关系时，如果不组织多个同工种专业工作队完成同一施工过程的任务，流水步距必不相等，只能用无节奏专业流水方式组织施工；如果以缩短流水节拍长的施工过程达到等步距流水，则要在满足增加劳动力的情况下，检查工作面是否满足要求；如果延长流水节拍短的施工过程，则工期要延长。

因此，对于采取何种流水施工组织方式，除要分析流水节拍的特点外，还要考虑工期要求和项目经理部自身的具体施工条件。

3.5 流水施工组织实例

流水施工是一种科学组织施工的方法，编制施工进度计划时常采用流水施工的方法，保证施工有较鲜明的节奏性、均衡性和连续性。下面用常见的工程实例来阐述流水施工的具体应用。

某 7 层砖混结构住宅项目，如图 3-21 所示。建筑面积为 6 150 m^2，建筑物长为 38.04 m，宽为 14 m，层高为 2.8 m，总高为 20.05 m。混凝土垫层，钢筋混凝土板式基础，上砌基础墙。主体工程为 240 标准砖墙承重，预制钢筋混凝土预应力多孔板楼（屋）盖；楼梯为现浇钢筋混凝土板式楼梯；每层设有钢筋混凝圈梁、塑钢窗、木门。地面为碎砖垫层细石混凝土面层，楼地面为普通水泥砂浆面层；屋面为 PVC 防水卷材防水层；外墙用水泥混合砂浆打底，防水外墙涂料罩面，内墙用石灰砂浆抹灰，用 PA106 内墙涂料刷面。其主要工程量内容如表 3-4 所示。

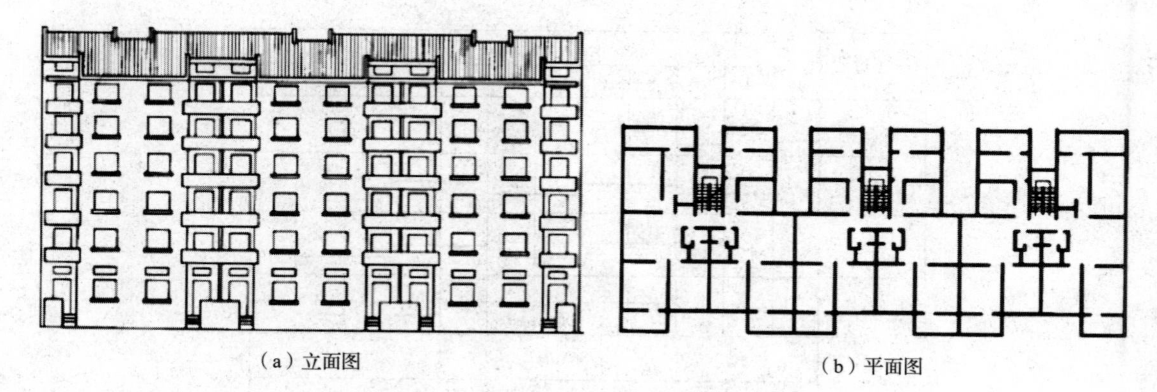

（a）立面图　　（b）平面图

图 3-21　某住宅楼建筑立面图和平面图

表 3-4　主要工程量一览表　　单位：m^3

序号	工程项目名称	工作量	用工日（或台班）
1	基础挖土	2 100	
2	砂石垫层+C10 混凝土垫层	1 300	
3	防水混凝土整板基础	186	
4	水泥砂浆砖基础	156.48	
5	回填土	670	
6	现浇基础圈梁、柱	48.64	
7	底层空心板架空层安装	32	
8	底层内外墙砌砖	125.46	
9	二层内外墙砌砖	116.67	
10	三层、四层、五层、六层内外墙砌砖	113.46×4	
11	七层内、外墙砌砖	114.23	
12	一至七层构造柱	42.34	
13	现浇圈梁、柱、梁板	215.37	
14	安装空心板	124.45	
15	屋面工程	337	
16	门窗安装	369	
17	楼地面工程	1 869.98	
18	顶棚抹灰	1 896.35	
19	内墙抹灰	5 564.13	
20	外墙抹灰	2 674.46	
21	油漆刷白	1 328	
22	其他		

对于砖混结构多层房屋的流水施工组织，一般可先考虑分部工程的流水施工，然后考虑各分部工程之间的相互搭接施工，本例中组织施工的方法如下。

3.5.1 基础工程

基础工程包括基槽挖土、砂石垫层+C10 混凝土垫层、绑扎钢筋、浇筑混凝土、砌筑基础墙和回填土 6 个施工过程。

因土方工程由专业施工队采用机械开挖，所以将其与其他施工过程分开考虑。

本工程基槽挖土采用 WY40 型反铲液压挖土机，其斗容量为 0.4 m^3，台班产量定额为 350 m^3/台班，可得

$$t_i=Q_i/(S_iR_iN_i)=2\,100/350\times1\times1=6\text{（台班）}$$

即若采用一台挖土机进行施工，则基槽挖土 6 d 可完成。上式中，Q_i=2 100 m^3；S_i=350 m^3/台班；R_i=1；N_i=1。

砂石垫层需用压路机碾压，考虑其施工的连续性，所以不宜划分流水施工段，宜全面积施工。可求得

$$\text{用工}=1\,300/1.43\approx909\text{（工日）}$$

砂石垫层需分层铺设、分层碾压，每层铺设厚度不得大于 20 cm。采用一个 30 人的工作队并借助机械施工，18 d 可完成。C10 混凝土垫层 1 d 可完成。

基础工程的其余 4 个施工过程（N_1=4）组织全等节拍流水。根据划分施工段的原则及其结构特点，以房屋的单元划分施工段，3 个单元划分为 3 个施工段（M_1=3）。主导施工过程是浇捣防水混凝土板式基础，共需 156 工日，采用一个 12 人的施工班组一班制施工，则每一施工段浇捣混凝土这一施工过程的持续时间为 156/(3×1×12)≈4(d)。为使各施工过程能相互紧凑搭接，其他施工过程在每个施工段上的施工持续时间也采用 4 d，即 t_1=4 d。因此基础工程的施工持续时间为

$$T_1=6+18+1+(3+4-1)\times4=49(\text{d})$$

3.5.2 主体工程

主体工程主要为砌筑砖墙、现浇混凝土圈梁、构造柱和预制构件吊装等施工过程。其中，主导施工过程为砌筑砖墙过程。为组织主导施工过程进行流水施工，在平面上按单元仍划分为 3 个施工段，每个施工段上砖墙的砌筑时间为 4 d（计算略），由于现浇钢筋混凝土圈梁的工程量较小，故组织混合施工班组进行施工，安装模板、绑扎钢筋、浇筑混凝土共用 1.5 d，圈梁养护用 0.5 d。因此，在现浇圈梁这一施工过程中，每一施工段上的工作持续时间为 2 d。构造柱和圈梁浇筑合并考虑。

待圈梁的模板拆除后，即可吊装空心楼板，每一施工段上所需时间为 2 d，此后上面各层均按底层流水顺序施工。对卫生间、厨房等现浇板应与圈梁同时施工，现浇楼梯应随墙的上升而逐层施工。

砌筑砖墙可和基础工程搭接 8 d。砖墙砌筑完成后，浇顶层圈梁、吊装楼板及楼板嵌缝还需花费 6 d 时间。

因此主体工程的施工持续时间为

$$T_2=7\times(8+2+2\times3)+6-8=110(\text{d})$$

3.5.3 屋面工程

屋面工程的主要工作有保温层、找平层施工，PVC 防水层的铺贴。通常，由于屋面工程耗费劳动量较少，且其顺序与装修工程相互制约，因此考虑工艺要求，一般屋面工程与装修工程平行施工即可，本工程提前装修工程 1 d 开工。

3.5.4 装修工程

装修工程包括门窗安装、顶棚抹灰、内外墙抹灰、楼地面抹灰、门窗油漆等施工过程，其中，内外墙抹灰是主导施工过程。

装修工程采用自上而下的施工顺序。结合装修工程的特点，把房屋的每层作为一个施工段，M=7。其中，门窗安装可随主体和装修工程的进行穿插进行，不必单独考虑其所占工期时间。剩余的为 4 个施工过程，N=4。其中，外墙抹灰在每个施工段上的持续时间为 5 d，楼地面工程在每个施工段上所需时间为 4 d，内墙抹灰每层所需时间为 8 d，门窗油漆刷白每层所需时间为 7 d。考虑装修工程特点，各工种搭配所需要的技术间歇时间为 8 d，则装修工程可组织成倍节拍专业流水。

其中

$$t_1 = 5，\ t_2 = 4，\ t_3 = 8，\ t_4 = 7$$

$$N = 4，\ M = 7$$

由于

$$t_1 > t_2，\ t_2 < t_3，\ t_3 > t_4$$

因此

$$K_1 = Mt_1 - (M-1)t_2 = 7 \times 5 - (7-1) \times 4 = 11(\text{d})$$

$$K_2 = t_2 = 4\ \text{d}$$

$$K_3 = Mt_3 - (M-1)t_4 = 7 \times 8 - (7-1) \times 7 = 14(\text{d})$$

工程持续时间为

$$T_4 = \sum K_i + T_N + \sum Z_i = 11 + 4 + 14 + 7 \times 7 + 8 - 1 = 85(\text{d})$$

楼梯粉刷及清理需 11 d。

本工程总工期为

$$T = \sum T_i = [6 + 18 + 1 + (3 + 4 - 1) \times 4] + [7 \times (8 + 2 + 6) + 6 - 8] + (11 + 4 + 14 + 7 \times 7 + 8 - 1) + 11 = 255(\text{d})$$

该工程流水施工进度计划安排如图 3-22 所示。

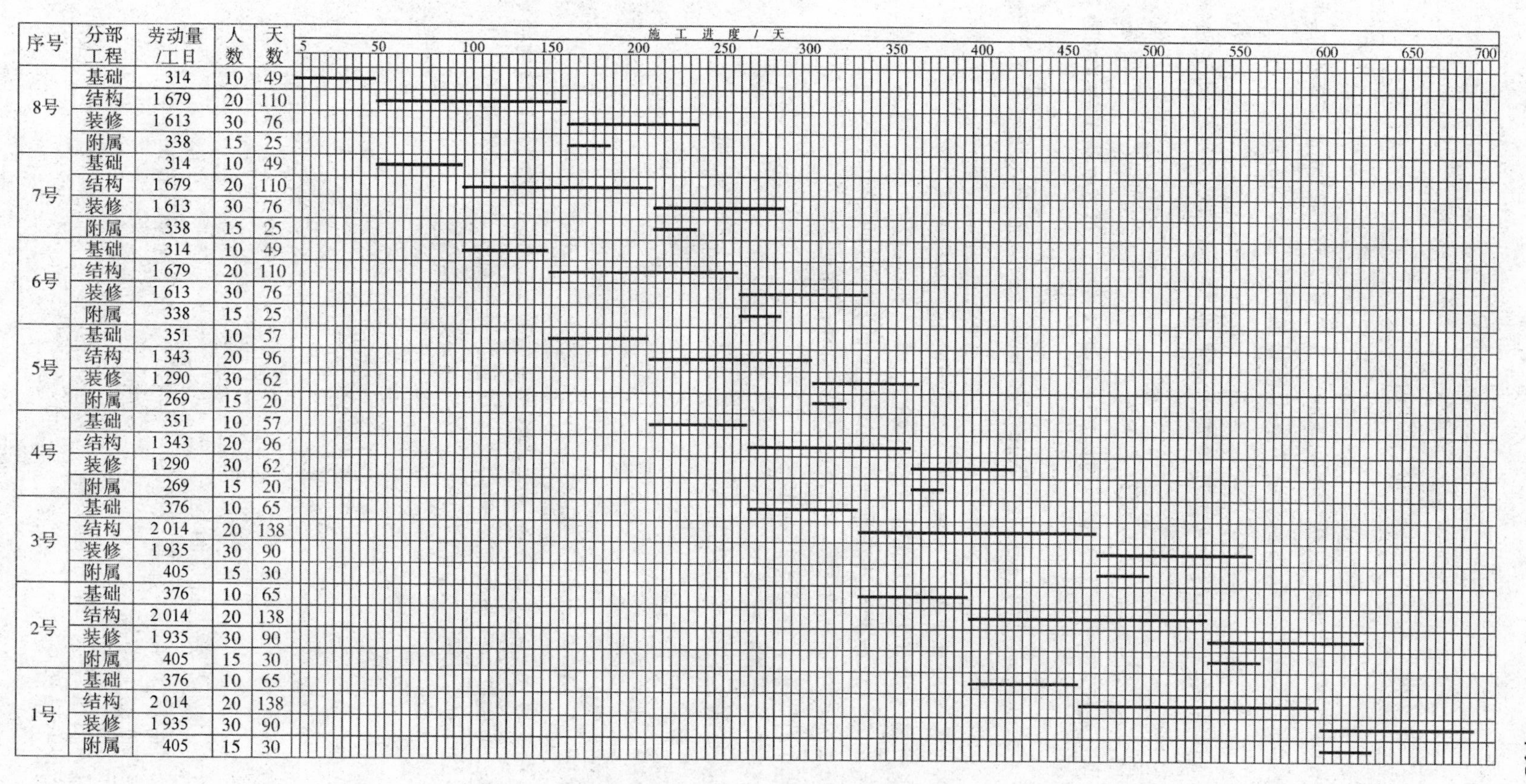

序号	分部工程	劳动量/工日	人数	天数
8号	基础	314	10	49
	结构	1 679	20	110
	装修	1 613	30	76
	附属	338	15	25
7号	基础	314	10	49
	结构	1 679	20	110
	装修	1 613	30	76
	附属	338	15	25
6号	基础	314	10	49
	结构	1 679	20	110
	装修	1 613	30	76
	附属	338	15	25
5号	基础	351	10	57
	结构	1 343	20	96
	装修	1 290	30	62
	附属	269	15	20
4号	基础	351	10	57
	结构	1 343	20	96
	装修	1 290	30	62
	附属	269	15	20
3号	基础	376	10	65
	结构	2 014	20	138
	装修	1 935	30	90
	附属	405	15	30
2号	基础	376	10	65
	结构	2 014	20	138
	装修	1 935	30	90
	附属	405	15	30
1号	基础	376	10	65
	结构	2 014	20	138
	装修	1 935	30	90
	附属	405	15	30

图3-22　某工程流水施工进度计划安排

工程应用案例

某分部工程由支模板、绑扎钢筋、浇筑混凝土 3 个施工过程组成，该工程在平面上划分为 4 个组织施工，各施工过程在各个施工段上的持续时间均为 5 d。

问题：

（1）根据该工程持续时间的特点，可按哪种流水施工方式组织施工？简述该流水施工方式的组织过程。

（2）该工程项目流水施工的工期应为多少？

（3）如工作面允许，每一段绑扎钢筋均提前一天进入施工，该流水施工的工期为多少？

答案：

（1）根据该工程持续时间的特点，可按全等节拍流水施工方式组织施工。组织过程如下。

1）将流水对象（项目）划分为若干个施工过程。

2）将流水对象（项目）划分若干个施工段。

3）组建专业工作队并确定其在每一个施工段上的持续时间。

4）各专业工作队依次连续在各施工段上完成同样的作业。

5）各专业工作队的工作适当搭接起来。

（2）工期计算。计算过程如下。

施工过程数目 $N=3$。

施工段数目 $M=4$。

流水节拍 $t=5\ \text{d}$。

流水步距 $K=5\ \text{d}$。

工期 $T=(M+N-1)\cdot K=(4+3-1)\times 5=30(\text{d})$。

（3）流水施工的特点之一就是各专业工作队连续作业，每一段绑扎钢筋均提前 1 d 进入施工，实际上是模板和钢筋两个相邻的施工过程在每一施工段上搭接施工 1 d 时间，因此，工期 $T=(M+N-1)\cdot K-Z_{\text{D}}=29(\text{d})$。

复习思考题

一、单项选择题

1. 下列不属于流水施工特点的是（　　）。

A．充分利用工作面，工期较短　　B．专业化施工，有利于提高生产率

C．工作队能连续施工　　D．资源强度大

2. 下列不属于全等节拍流水施工特点的是（　　）。

A．流水节拍彼此相等

B．流水步距彼此相等，且等于流水节拍

C．作业工作队数（n_1）等于施工过程数（n）

D．工作队不可避免地会存在窝工

3．在下列项目管理类型中，属于各方项目管理核心的是（　　）。

A．甲方项目管理　　B．设计方项目管理

C．施工方项目管理　　D．咨询方项目管理

4．下列参数中不属于空间参数的是（　　）。

A．工作面　　B．流水步距　　C．施工段　　D．施工层

5．某流水组的施工段 M=4，施工过程数 N=6，这组流水步距的个数应为（　　）。

A．6　　B．4　　C．5　　D．3

6．施工段划分的原则是各段劳动量相差幅度不宜超过（　　）。

A．5%　　B．15%　　C．10%　　D．20%

7．在施工段不变的条件下，流水步距大小直接影响（　　）。

A．工期的长短　　B．节拍的大小

C．施工过程的多少　　D．投入资源的多少

8．在编制进度计划时，通常考虑的施工过程为（　　）。

A．制备类施工过程　　B．运输类施工过程

C．外包类施工过程　　D．建造类施工过程

二、多项选择题

1．施工组织的基本方式是指（　　）。

A．依次施工　　B．平行施工　　C．流水施工

D．立体施工　　E．搭接施工

2．下列属于依次施工特点的是（　　）。

A．不能充分利用工作面进行施工，工期较长

B．若由一个工作队完成全部施工任务，则不能实现专业化生产，不利于提高劳动生产率和工程质量；若按工艺专业化原则成立施工班组，则各专业队不能连续施工，有间歇时间，劳动力和材料的使用也不均衡

C．单位时间内需要投入施工的资源数量较少，有利于资源供应的组织工作

D．施工现场的组织管理工作比较简单

E．充分利用了工作面，争取了施工时间，工期较短

3．下列属于平行施工组织方式特点的是（　　）。

A．不能充分利用工作面进行施工，工期较长

B．若由一个工作队完成全部施工任务，则不能实现专业化生产，不利于提高劳动生产率和工程质量；若按工艺专业化原则成立施工班组，则各专业队不能连续施工，有间歇时间，劳动力和材料的使用也不均衡

C．单位时间需要投入施工的资源数量成倍地增加，不利于资源供应的组织工作

D．施工现场的组织、管理工作比较复杂

E．充分利用了工作面，争取了施工时间，工期较短

4．下列属于流水施工组织方式特点的是（　　）。

A．科学地利用了工作面进行施工，工期比较合理

B．按工艺专业化原则成立的施工班组能保持连续作业，体现了生产的连续性

C．由于实施了专业化施工，有利于提高员工技术水平和劳动生产率，也有利于提高工程质量

D．单位时间需要投入施工的资源量较为均衡，有利于资源供应的组织工作

E．充分利用了工作面，争取了施工时间，工期较短

5．根据施工过程在工程中的作用不同，施工过程可分为（　　）。

A．制备类施工过程　　B．运输类施工过程

C．建造类施工过程　　D．外包类施工过程

E．自建施工过程

6．下列参数中属于工艺参数的是（　　）。

A．施工过程　　B．流水强度　　C．工作面

D．流水节拍　　E．流水步距

7．下列参数中属于空间参数的是（　　）。

A．施工过程　　B．施工段　　C．工作面

D．施工层　　E．流水步距

8．下列参数中属于时间参数的有（　　）。

A．间歇时间　　B．流水强度　　C．平行搭接时间

D．流水节拍　　E．流水步距

三、简答题

1．简述横道图的优缺点。

2．基本的施工生产组织方式有哪几种？

3．简述依次施工组织方式的特点。

4．简述平行施工组织方式的特点。

5．简述流水施工组织方式的特点。

6．划分施工段的基本要求有哪些？

7．简述全等节拍专业流水施工的特点。

8．简述成倍节拍专业流水施工的特点。

9．简述无节奏专业流水施工的特点。

四、计算题

1．某项目由 3 个施工过程组成，分别由 A，B，C 这 3 个专业工作队完成，在平面上划分成 4 个施工段，每个专业工作队在各施工段上的流水节拍如图 3-23 所示，试确定相邻专业工作队之间的流水步距，计算流水工期并绘制横道进度图。

施工过程	流水节拍			
	①	②	③	④
A	3	2	3	2
B	4	3	4	3
C	3	2	2	3

图3-23 计算题1图

2．某项目由3个施工过程组成，分别由A，B，C 3个专业工作队完成，在平面上划分成4个施工段，每个专业工作队在各施工段上的流水节拍如图3-24所示，试确定相邻专业工作队之间的流水步距，计算流水工期并绘制横道进度图。

施工过程	流水节拍			
	①	②	③	④
A	4	2	3	2
B	3	4	3	4
C	3	2	2	3

图3-24 计算题2图

3．根据图3-25所示的流水节拍，计算相应的流水步距和总工期，并绘制出流水施工横道图。

施工过程	流水节拍			
	①	②	③	④
A	5	3	4	2
B	4	2	4	2
C	6	3	5	7
D	2	4	4	2

图3-25 计算题3图

4．根据图3-26所示的流水节拍，计算相应的流水步距和总工期，并绘制出流水施工横道图。已知$Z_{A,B}=3$，$Z_{C,D}=1$。

施工过程	流水节拍			
	①	②	③	④
A	5	4	6	6
B	3	3	4	5
C	4	5	4	3
D	2	7	2	4

图3-26 计算题4图

单元 4 网络计划技术

学习要求

1. 掌握总工期及关键线路、工序时间参数、节点时间参数等；
2. 熟悉网络图的含义、绘图规则、网络图的编制步骤、网络计划的优化等；
3. 培养爱国精神，坚定文化自信，增强民族自豪感。

4.1 网络计划概述

工程网络计划技术产生于20世纪50年代末期，因其在理论上的正确性、技术上的先进性而迅速传遍世界。20世纪60年代末，我国著名数学家华罗庚在吸收国外网络计划技术的基础上，建立了“统筹法”科学体系。网络计划技术，以逻辑严密、主要矛盾突出、便于优化调整和电子计算机应用的特点，广泛应用于各个部门和领域，特别是工程建设行业。

4.1.1 网络计划的基本概念

网络计划技术是用网络图的形式来反映和表达计划的安排。网络图是一种表示整个计划中各项工作实施的先后顺序和所需时间，并表示工作流程的有向、有序的网状图形。

在建筑施工中，网络计划技术主要用来编制工程项目施工的进度计划，并通过对计划的优化、调整和控制，以达到缩短工期、降低成本、均衡资源的目标。

4.1.2 网络计划的分类

网络计划的种类有很多，可以从不同的角度进行分类，常用的分类方法如下。

1. 按节点和箭线所代表的含义不同分类

按节点和箭线所代表的含义不同，网络计划可分为双代号网络图和单代号网络图两大类。

（1）双代号网络图

以箭线及其两端节点的编号表示一项工作的网络图称为双代号网络图，即用两个节点一根箭线代表一项工作，工作名称写在箭线上面，工作持续时间写在箭线下面，在箭线前后的衔接处画上节点、编上号码，并以节点编号 i 和 j 代表一项工作名称，如图 4-1 所示。图 4-2 所示为双代号网络图工程的表示方法。

图 4-1　双代号网络图工作的表示方法　　图 4-2　双代号网络图工程的表示方法

（2）单代号网络图

以节点及其编号表示工作，以箭线表示工作之间的逻辑关系的网络图称为单代号网络图，即每一个节点表示一项工作，节点所表示的工作名称、持续时间和工作代号等标注在节点内，如图 4-3 所示。

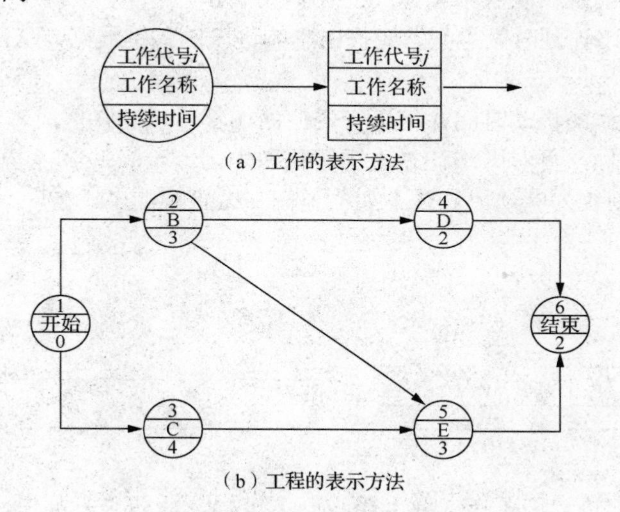

（a）工作的表示方法

（b）工程的表示方法

图 4-3　单代号网络图

2. 按网络计划的工程对象不同和使用范围大小分类

按网络计划的工程对象不同和使用范围大小，网络计划可分为局部网络计划、单位工程网络计划和综合网络计划。

（1）局部网络计划

以一个分部工作或施工段为对象编制的网络计划称为局部网络计划。

（2）单位工程网络计划

以一个单位工程为对象编制的网络计划称为单位工程网络计划。

（3）综合网络计划

以一个建设项目或建筑群为对象编制的网络计划称为综合网络计划。

3. 按网络计划的时间表达方式不同分类

按网络计划的时间表达方式不同，网络计划可分为时标网络计划和非时标网络计划。

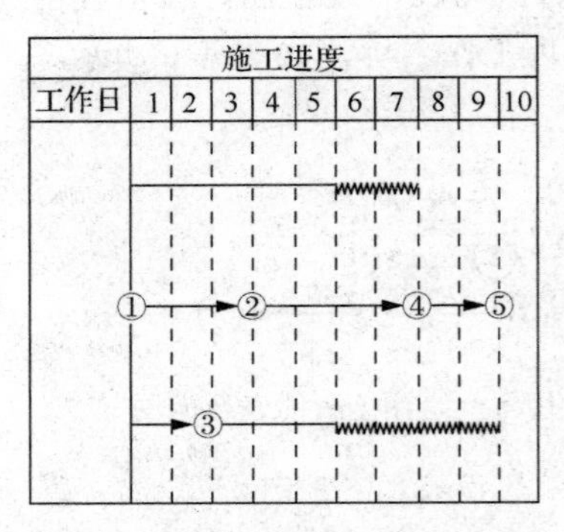

图 4-4 时标网络计划图

（1）时标网络计划

工作的持续时间以时间坐标为尺度绘制的网络计划称为时标网络计划，如图 4-4 所示。

（2）非时标网络计划

工作的持续时间以数字形式标注在箭线下面绘制的网络计划称为非时标网络计划。

4.1.3 网络计划技术的特点

长期以来，我国一直应用流水施工基本原理，采用横道图的形式来编制工程施工进度计划。这种表达方式简单直观，但也存在着一些不足。与横道图相比，网络计划有以下几个优点。

1）网络计划能明确反映各项工作间的逻辑关系。

2）通过计算网络计划时间参数，能找出影响进度的关键线路，从而抓住主要矛盾，保证工期。

3）利用某些工作的机动时间，可进行资源的调整，从而降低成本、均衡施工。

4）根据计划目标，可对网络计划进行调整和优化。

但网络图的绘制较为麻烦，表达不如横道图那么直观明了。

4.2 双代号网络图

双代号网络图的每一项工作（或工序、施工过程、活动等）都由一根箭线和两个节点表示，并在节点内编号，用箭尾节点和箭头节点编号作为这项工作的代号。由于工作均用两个代号标示，所以该表示方法通常称为双代号表示方法。用双代号表示方法，将一项计划的所有工作按其逻辑关系绘制而成的网状图形称为双代号网络图。

4.2.1 双代号网络图的组成要素

双代号网络图由箭线、节点、线路 3 个要素组成。

1. 箭线

在双代号网络图中，一根箭线表示一项工作（或工序、施工过程、活动等），如支设模板、绑扎钢筋、混凝土浇筑、混凝土养护等。

每一项工作都要消耗一定的时间和资源。只要消耗一定时间的施工过程都可作为一项工作，各工作用实箭线表示，如图 4-1 所示。其工作可以分为两种：第一种需要同时消耗时间和资源，如混凝土浇筑，既需要消耗时间，也需要消耗劳动力、水泥、砂石等资源；第二种仅仅需要消耗资源，如混凝土的养护、油漆的干燥等。

在双代号网络图中，为了正确表达施工过程的逻辑关系，有时必须使用一种虚箭线。这种虚箭线没有工作名称，不占用时间，不消耗资源，只解决工作之间的连接问题，称为虚工作，如图 4-5 所示。虚工作在双代号网络计划中起施工过程之间的逻辑连接或逻辑间断的作用。

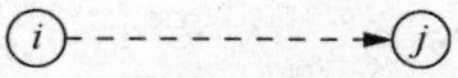

图 4-5　双代号网络图虚工作表示法

在双代号网络图中，就某一工作而言，紧靠其前面的工作称为紧前工作，紧靠其后面的工作称为紧后工作，该工作本身则称为本工作，与之平行的工作称为平行工作，如图 4-6 所示。本工作之前的所有工作称为先行工作，本工作之后的所有工作称为后续工作。

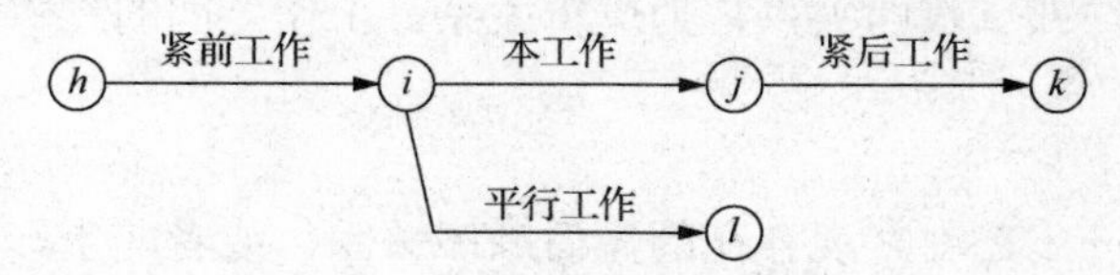

图 4-6　双代号网络图工作间关系

2. 节点

节点是双代号网络图中箭线之间的连接点，即工作结束与开始之间的交接之点。在双代号网络图中，节点既不占用时间，也不消耗资源，是个瞬间值，即它只表示工作的开始或结束的瞬间，起着承上启下的衔接作用。

节点一般用圆圈或其他形状的封闭图形表示，圆圈中编上整数号码。每项工作都可用箭尾和箭头的节点的两个编号（$i-j$）作为该工作的代号。节点的编号，一般应满足$i<j$的要求，即箭尾号码要小于箭头号码，节点的编号顺序应从小到大，可以不连续，但不允许重复。

网络图的第一个节点称为起始节点，表示一项计划（或工程）的开始。最后一个节点称为终点节点，表示一项计划（或工程）的结束。其他节点都称为中间节点，每个中间节点既是紧前工作的结束节点，又是紧后工作的开始节点。

3. 线路

从网络图的起始节点到终点节点，沿着箭线的指向所构成的若干条“通道”即为线路。一般网络图有多条线路，可依次用该线路上的节点代号来记述，其中持续时间最长的一条线路称为关键线路（至少有一条关键线路）。其余线路称为非关键线路。关键线路的计算工期即为该计划的计算工期，位于关键线路上的工作称为关键工作。如图 4-7 所示，在该网络图中共有两条线路，①→②→③→④→⑤线路的持续时间为 6 d，①→②→④→⑤线路的持续时间为 8 d，则①→②→④→⑤为关键线路。

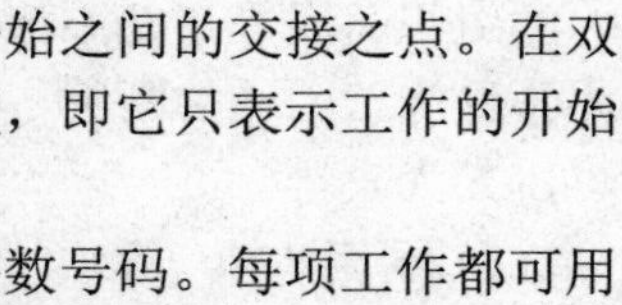

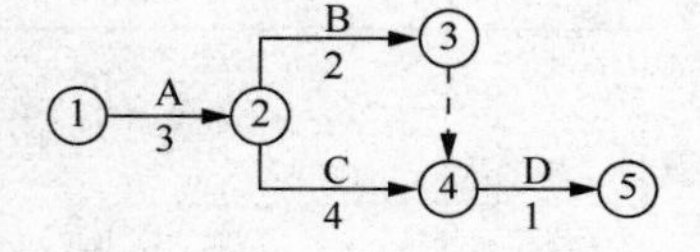

图 4-7　双代号网络图

在网络图中，关键线路要用双实线、粗箭线或彩色箭线表示。关键线路控制着工程计划的进度，决定着工程计划的工期。要注意关键线路并不是一成不变的。在一定条件下，关键线路和非关键线路可以互相转换，如关键线路上的工作持续时间缩短，或非关键线路上的工作持续时间增加，都有可能使关键线路与非关键线路发生转换。

非关键线路都有若干天机动时间，称为时差。非关键工作可以在时差允许范围内放慢施工进度，将部分人力、物力转移到关键工作上，以加快关键工作的进程；或者在时差允许范围内改变工作开始和结束时间，以达到均衡施工的目的。

4.2.2 双代号网络图的绘制

正确绘制网络图是网络计划应用的关键。因此，绘图时必须做到以下两点：首先，绘制的网络图必须正确表达工作之间的逻辑关系；其次，必须遵守双代号网络图的绘制规则。

1. 网络图的逻辑关系

工作之间相互制约或依赖的关系称为逻辑关系。工作之间的逻辑关系包括工艺关系和组织关系。

（1）工艺关系

工艺关系是指生产工艺上客观存在的先后顺序关系，或者非生产性工作之间由工作程序决定的先后顺序关系。例如，建筑工程施工时，先做基础，后做主体；先做结构，后做装修等。工艺关系是不能随便改变的。

（2）组织关系

组织关系是指在不违反工艺关系的前提下，人为安排的工作的先后顺序关系。这种关系不受施工工艺的限制，不由工程性质本身决定，在保证施工质量、安全和工期的前提下，可以人为安排。

在网络图中，各工作之间在逻辑关系上是变化多端的，双代号网络图中常用的逻辑关系及其相应的表示方法，如表 4-1 所示，工作名称均以字母来表示。

表 4-1 双代号网络图中常用的逻辑关系及相应的表示方法

序号	工作之间的逻辑关系	网络图中的表示方法
1	有 A，B 共 2 项工作，按照依次施工方式进行	 A B
2	有 A，B，C 共 3 项工作，同时开始	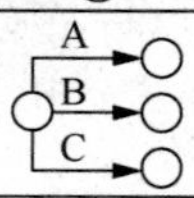 A B C
3	有 A，B，C 共 3 项工作，同时结束	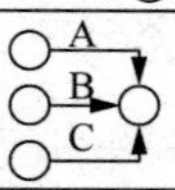 A B C
4	有 A，B，C 共 3 项工作，只有在 A 完成后，B，C 才能开始工作	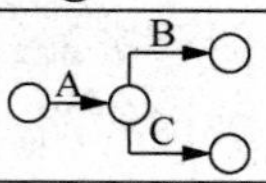 B A C
5	有 A，B，C 共 3 项工作，C 只有在 A，B 完成后才能开始工作	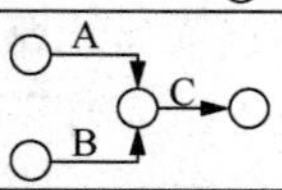 A C B
6	有 A，B，C，D 共 4 项工作，只有 A，B 完成后，C，D 才能开始工作	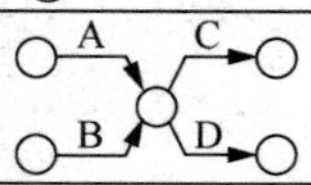 A C B D
7	有 A，B，C，D 共 4 项工作，只有 A 完成后，C，D 才能开始工作，B 完成后 D 才能开始工作	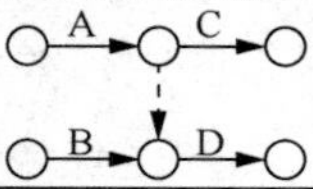 A C B D

续表

序号	工作之间的逻辑关系	网络图中的表示方法
8	有 A，B，C，D，E 共 5 项工作，只有 A，B 完成后 C 才能开始工作，B，D 完成后 E 才能开始工作	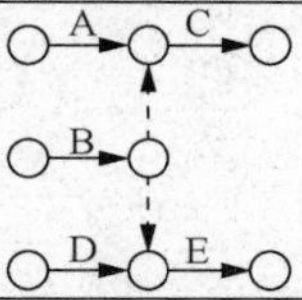
9	有 A，B，C，D，E 共 5 项工作，只有 A，B，C 完成后 D 才能开始工作，B，C 完成后 E 才能开始工作	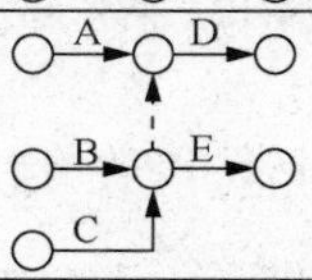
10	有 A，B，C 共 3 项工作，分 3 个施工段组织流水施工	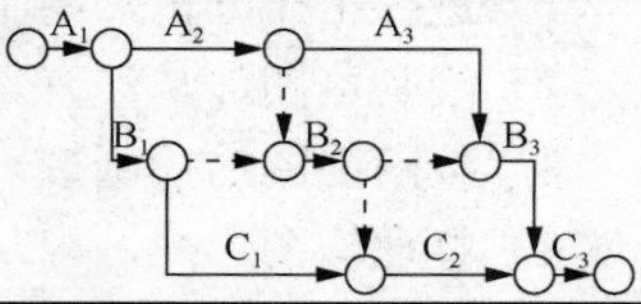

2. 网络图的绘制规则

在双代号网络图绘制过程中，除正确表达逻辑关系外，还必须遵守以下绘制规则。

1）在双代号网络图中严禁出现循环回路。循环回路是指从网络图中的某一个节点出发，顺着箭线方向又回到原来出发点的线路。如图 4-8 所示，②→③→④形成循环回路，由于其逻辑关系相互矛盾，此网络图表达必定是错误的。

2）在双代号网络图中，在节点间严禁出现带双向箭头或无箭头的连线，如图 4-9 所示。

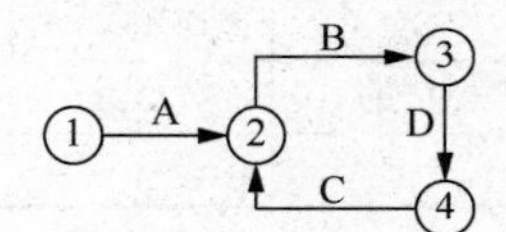

图 4-8　循环回路示意图

图 4-9　错误的画法

3）在双代号网络图中，不允许出现同样编号的节点或箭线，如图 4-10 所示。

4）在双代号网络图中，同一项工作不能出现两次。如图 4-11 所示，C 工作出现了两次，是错误的。

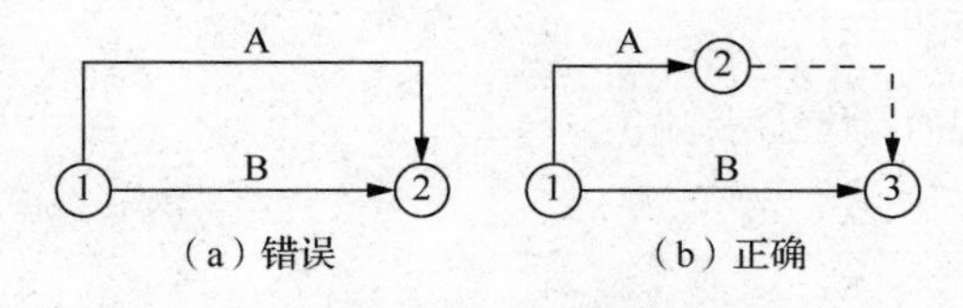

（a）错误　（b）正确

图 4-10　箭线绘制规则示意图

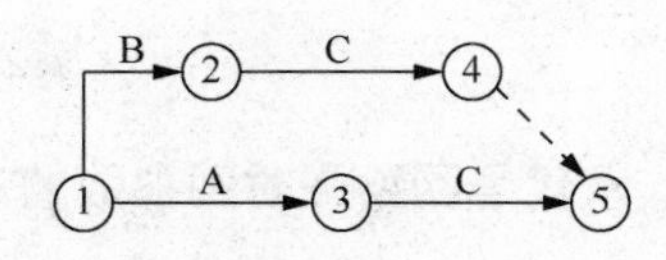

图 4-11　同一项工作出现两次

5）在一张网络图中，应只有一个起点节点和一个终点节点。图 4-12 中，有 1，3 两个起点节点，5，6 两个终点节点，此网络图表达是错误的。

6）绘制网络图时，箭线不宜交叉；当交叉不可避免时，可用过桥法或指向法，如图 4-13 所示。

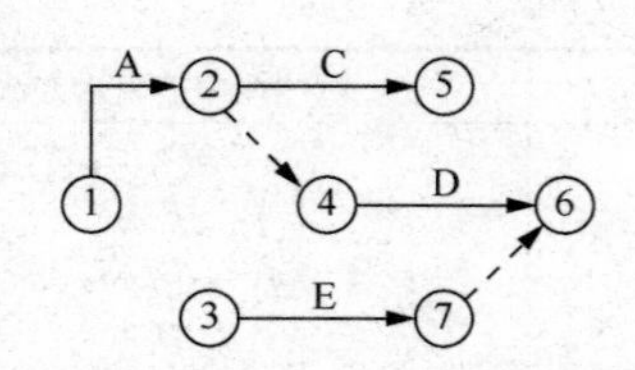

图 4-12 两个起点节点和终点节点

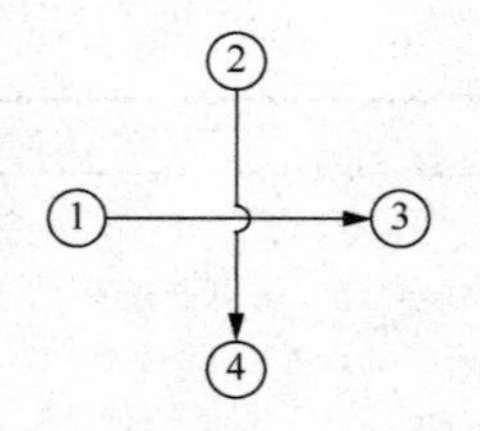

图 4-13 箭线交叉的处理方法

3. 网络图的绘制步骤

1）进行工作分析，绘制逻辑关系表。

2）绘制草图，从没有紧前工作的工作画起，从左到右把各工作组成网络图。

3）按网络图的绘制规则和逻辑关系检查、调整网络图。

4）整理构图形式，应从以下几个方面进行。

① 箭线宜用水平箭线和垂直箭线表示。

② 避免反向箭线。

③ 去除多余的虚工作，应保证去除后不影响逻辑关系的正确表达，不会出现同样编号的箭线。

5）给节点编号，编号原则是对于任一工作，其箭尾号码要小于箭头号码。

例 4-1 某工程工作之间的逻辑关系及持续时间如表 4-2 所示，试绘制双代号网络图。

表 4-2 工作逻辑关系及持续时间

工作	A	B	C	D	E	G	H	I
紧前工作			A	A，B	B	C，D	D，E	G，H
持续时间/d	2	4	10	4	6	3	4	2

解 按照绘制步骤，绘成双代号网络图，如图 4-14 所示。

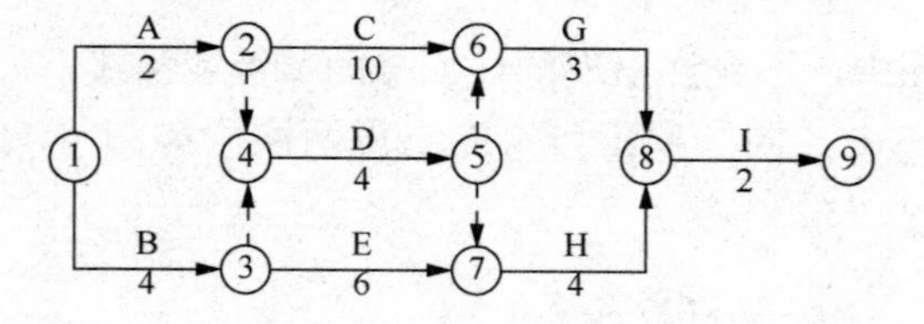

图 4-14 某工程的双代号网络图

4.2.3 双代号网络图时间参数的计算

计算网络计划时间参数的目的主要有 3 个：①确定关键线路和关键工作，便于在施工中抓住重点，把控关键线路的时间进度；②明确非关键工作在施工中有多大的机动性，便于挖掘潜力、统筹全局、部署资源；③确定总工期，有序安排工程进度。

1. 时间参数的概念及其符号

（1）工作持续时间（D_{i-j}）

工作持续时间（D_{i-j}）指一项工作从开始到完成的时间。

（2）工作的时间参数

1）工作最早开始时间（ES_{i-j}）是指在各紧前工作全部完成后，本工作有可能开始的最早时刻。工作 $i-j$ 的最早开始时间用 ES_{i-j} 表示。

2）工作最早完成时间（EF_{i-j}）是指在各紧前工作全部完成后，本工作有可能完成的最早时刻。工作 $i-j$ 的最早完成时间用 EF_{i-j} 表示。

3）工作最迟开始时间（LS_{i-j}）是指在不影响整个任务按期完成的前提下，本工作必须开始的最迟时刻。工作 $i-j$ 的最迟开始时间用 LS_{i-j} 表示。

4）工作最迟完成时间（LF_{i-j}）是指在不影响整个任务按期完成的前提下，本工作必须完成的最迟时刻。工作 $i-j$ 的最迟完成时间用 LF_{i-j} 表示。

5）总时差（TF_{i-j}）是指在不影响计划总工期的前提下，本工作可以利用的机动时间。工作 $i-j$ 的总时差用 TF_{i-j} 表示。一项工作可利用的总时差范围为从最早开始时间到最迟完成时间。

6）自由时差（FF_{i-j}）是指在不影响紧后工作最早开始时间的前提下，本工作可以利用的机动时间。工作 $i-j$ 的自由时差用 FF_{i-j} 表示。一项工作可利用的自由时差范围为从该工作最早开始时间到紧后工作最早开始时间。

（3）节点的时间参数

1）节点最早时间（ET_i）是指以该节点为开始节点的各项工作的最早开始时间。节点 i 的最早时间用 ET_i 表示。

2）节点最迟时间（LT_i）是指以该节点为完成节点的各项工作的最迟完成时间。节点 i 的最迟时间用 LT_i 表示。

2. 网络计划时间参数的计算方法

由于双代号网络图中节点时间参数与工作时间参数有着密切的联系，通常在图上直接计算，先计算出节点的时间参数，然后推算出工作的时间参数。现以图 4-15 所示为例，说明双代号网络图时间参数的计算方法。

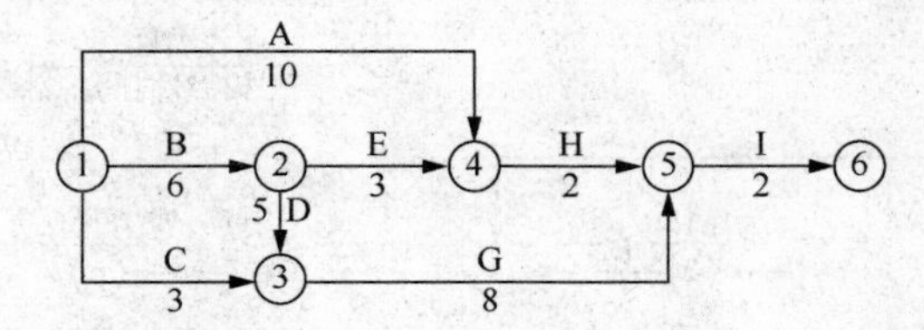

图 4-15　某双代号网络计划图

（1）节点时间参数的计算

1）计算各节点最早时间。自起点节点开始，顺着箭线方向逐点向后计算直至终点节点，即“顺着箭线方向相加，逢箭头相碰的节点取最大值”。

当网络计划没有规定开始时间，起点节点的最早时间为零，即

$$ET_1 = 0 \tag{4-1}$$

其他节点的最早时间为

$$ET_j = \max\{ET_i + D_{i-j}\} \tag{4-2}$$

网络计划的计算工期为

$$T_C = ET_i \tag{4-3}$$

当实际工程对工期无要求时，取计划工期等于计算工期，即

$$T_P = T_C \tag{4-4}$$

在如图 4-15 所示的网络计划中，各节点最早时间计算过程为

$$ET_1 = 0$$

$$ET_2 = ET_1 + D_{1-2} = 0 + 6 = 6$$

$$ET_3 = \max\{ET_1 + D_{1-3}, ET_2 + D_{2-3}\} = \max\{0+3, 6+5\} = 11$$

$$ET_4 = \max\{ET_1 + D_{1-4}, ET_2 + D_{2-4}\} = \max\{0+10, 6+3\} = 10$$

$$ET_5 = \max\{ET_3 + D_{3-5}, ET_4 + D_{4-5}\} = \max\{11+8, 10+2\} = 19$$

$$ET_6 = ET_5 + D_{5-6} = 19 + 2 = 21$$

2）计算各节点最迟时间。自终点节点开始，逆着箭线方向逐点向前计算直至起点节点，即“逆着箭线方向相减，逢箭尾相碰的节点取最小值”。

终点节点的最迟时间为

$$LT_n = ET_n（或计划工期T_P） \tag{4-5}$$

其他节点的最迟时间为

$$LT_i = \min\{LT_j - D_{i-j}\} \tag{4-6}$$

在如图 4-15 所示的网络计划中，各节点的最迟时间计算过程为

$$LT_6 = ET_6 = 21$$

$$LT_5 = LT_6 - D_{5-6} = 21 - 2 = 19$$

$$LT_4 = LT_5 - D_{4-5} = 19 - 2 = 17$$

$$LT_3 = LT_5 - D_{3-5} = 19 - 8 = 11$$

$$LT_2 = \min\{LT_3 - D_{2-3}, LT_4 - D_{2-4}\} = \min\{11-5, 17-3\} = 6$$

$$LT_1 = \min\{LT_2 - D_{1-2}, LT_3 - D_{1-3}, LT_4 - D_{1-4}\} = \min\{6-6, 11-3, 17-10\} = 0$$

将上述节点时间参数的计算结果标注在图上，如图 4-16 所示。

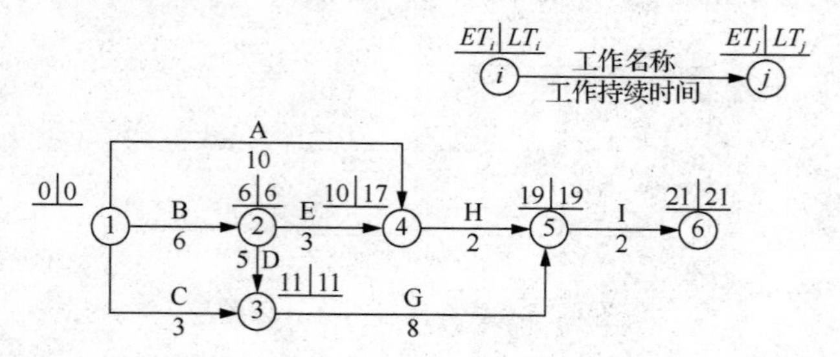

图 4-16　双代号网络计划节点时间参数计算结果

（2）工作时间参数的计算

1）计算各工作的最早开始时间。工作的最早开始时间等于该工作的开始节点的最早时间，即

$$ES_{i-j} = ET_i \tag{4-7}$$

2）计算各工作的最早完成时间。工作的最早完成时间等于该工作的最早开始时间加持

续时间或用节点参数计算，即

$$EF_{i-j}=ES_{i-j}+D_{i-j} \tag{4-8}$$

或

$$EF_{i-j}=ET_i+D_{i-j} \tag{4-9}$$

在如图 4-15 所示网络计划中，各工作的最早开始时间和最早完成时间计算过程为

工作 A：$ES_{1-4}=ET_1=0$，$EF_{1-4}=ES_{1-4}+D_{1-4}=0+10=10$。

工作 B：$ES_{1-2}=ET_1=0$，$EF_{1-2}=ES_{1-2}+D_{1-2}=0+6=6$。

工作 C：$ES_{1-3}=ET_1=0$，$EF_{1-3}=ES_{1-3}+D_{1-3}=0+3=3$。

工作 D：$ES_{2-3}=ET_2=6$，$EF_{2-3}=ES_{2-3}+D_{2-3}=6+5=11$。

工作 E：$ES_{2-4}=ET_2=6$，$EF_{2-4}=ES_{2-4}+D_{2-4}=6+3=9$。

工作 G：$ES_{3-5}=ET_3=11$，$EF_{3-5}=ES_{3-5}+D_{3-5}=11+8=19$。

工作 H：$ES_{4-5}=ET_4=10$，$EF_{4-5}=ES_{4-5}+D_{4-5}=10+2=12$。

工作 I：$ES_{5-6}=ET_5=19$，$EF_{5-6}=ES_{5-6}+D_{5-6}=19+2=21$。

3）计算各工作的最迟完成时间。工作的最迟完成时间等于该工作的完成节点的最迟时间，即

$$LF_{i-j}=LT_j \tag{4-10}$$

4）计算各工作的最迟开始时间。工作的最迟开始时间等于该工作的最迟完成时间减去持续时间或用节点参数计算，即

$$LS_{i-j}=LF_{i-j}-D_{i-j} \tag{4-11}$$

或

$$LS_{i-j}=LT_j-D_{i-j} \tag{4-12}$$

在如图 4-16 所示网络计划中，各工作的最迟完成时间和最迟开始时间计算过程为

工作 A：$LF_{1-4}=LT_4=17$，$LS_{1-4}=LF_{1-4}-D_{1-4}=17-10=7$。

工作 B：$LF_{1-2}=LT_2=6$，$LS_{1-2}=LF_{1-2}-D_{1-2}=6-6=0$。

工作 C：$LF_{1-3}=LT_3=11$，$LS_{1-3}=LF_{1-3}-D_{1-3}=11-3=8$。

工作 D：$LF_{2-3}=LT_3=11$，$LS_{2-3}=LF_{2-3}-D_{2-3}=11-5=6$。

工作 E：$LF_{2-4}=LT_4=17$，$LS_{2-4}=LF_{2-4}-D_{2-4}=17-3=14$。

工作 G：$LF_{3-5}=LT_5=19$，$LS_{3-5}=LF_{3-5}-D_{3-5}=19-8=11$。

工作 H：$LF_{4-5}=LT_5=19$，$LS_{4-5}=LF_{4-5}-D_{4-5}=19-2=17$。

工作 I：$LF_{5-6}=LT_6=21$，$LS_{5-6}=LF_{5-6}-D_{5-6}=21-2=19$。

5）计算总时差。工作总时差等于该工作最迟完成时间减去最早开始时间再减去持续时间或用节点参数计算，即

$$TF_{i-j}=LF_{i-j}-ES_{i-j}-D_{i-j} \tag{4-13}$$

或

$$TF_{i-j}=LT_j-ET_i-D_{i-j} \tag{4-14}$$

在如图 4-16 所示的网络计划中，各工作总时差计算过程为

工作 A：$TF_{1-4}=LF_{1-4}-ES_{1-4}-D_{1-4}=17-0-10=7$。

工作 B：$TF_{1-2}=LF_{1-2}-ES_{1-2}-D_{1-2}=6-0-6=0$。

工作 C：$TF_{1-3} = LF_{1-3} - ES_{1-3} - D_{1-3} = 11 - 0 - 3 = 8$。

工作 D：$TF_{2-3} = LF_{2-3} - ES_{2-3} - D_{2-3} = 11 - 6 - 5 = 0$。

工作 E：$TF_{2-4} = LF_{2-4} - ES_{2-4} - D_{2-4} = 17 - 6 - 3 = 8$。

工作 G：$TF_{3-5} = LF_{3-5} - ES_{3-5} - D_{3-5} = 19 - 11 - 8 = 0$。

工作 H：$TF_{4-5} = LF_{4-5} - ES_{4-5} - D_{4-5} = 19 - 10 - 2 = 7$。

工作 I：$TF_{5-6} = LF_{5-6} - ES_{5-6} - D_{5-6} = 21 - 19 - 2 = 0$。

6）计算自由时差。工作自由时差等于紧后工作最早开始时间减去该工作最早开始时间再减去持续时间或用节点参数计算，即

$$FF_{i-j} = ES_{j-k} - ES_{i-j} - D_{i-j} \quad (4\text{-}15)$$

或

$$FF_{i-j} = ET_j - ET_i - D_{i-j} \quad (4\text{-}16)$$

如图 4-16 所示网络计划中，各工作自由时差计算过程为

工作 A：$FF_{1-4} = ES_{4-5} - ES_{1-4} - D_{1-4} = 10 - 0 - 10 = 0$。

工作 B：$FF_{1-2} = ES_{2-4} - ES_{1-2} - D_{1-2} = 6 - 0 - 6 = 0$。

工作 C：$FF_{1-3} = ES_{3-5} - ES_{1-3} - D_{1-3} = 11 - 0 - 3 = 8$。

工作 D：$FF_{2-3} = ES_{3-5} - ES_{2-3} - D_{2-3} = 11 - 6 - 5 = 0$。

工作 E：$FF_{2-4} = ES_{4-5} - ES_{2-4} - D_{2-4} = 10 - 6 - 3 = 1$。

工作 G：$FF_{3-5} = ES_{5-6} - ES_{3-5} - D_{3-5} = 19 - 11 - 8 = 0$。

工作 H：$FF_{4-5} = ES_{5-6} - ES_{4-5} - D_{4-5} = 19 - 10 - 2 = 7$。

工作 I：$FF_{5-6} = ES_6 - ET_5 - D_{5-6} = 21 - 19 - 2 = 0$。

将上述工作时间参数的计算结果标注在图上，如图 4-17 所示。

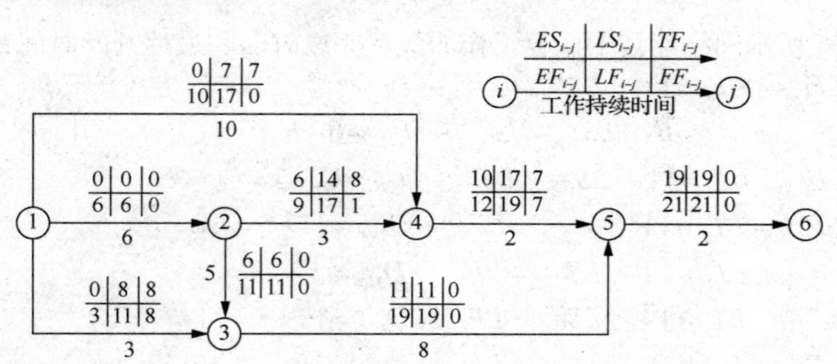

图 4-17　双代号网络计划时间参数的计算结果

3. 关于总时差和自由时差

1）通过计算式不难看出：由于 $LT_i \geqslant ET_i$，因此 $TF_{i-j} \geqslant EF_{i-j}$。

2）两者的关系。总时差是属于某线路上共有的机动时间，当该工作使用全部或部分总时差时，该线路上其他工作的总时差就会消失或减少，进行重新分配。

自由时差为某工作独立使用的机动时间，对后续工作没有影响，利用某项工作的自由时差，不会影响其紧后工作的最早开始时间。

3）总时差用途。

① 判别关键工作。总时差最小的工作为关键工作。

② 控制总工期。通过总时差可判别出关键工作和非关键工作，而非关键工作有一定的潜力可挖，可在时差范围内机动安排工作的开始时间或延长该工作的时间，从而抽调人力、物力等资源去支援关键线路上的关键工作，以保证关键线路上的工作按时或提前完成。

4. 关键工作和关键线路的确定

（1）关键工作的确定

网络计划中机动时间最少的工作为关键工作，所以工作总时差最小的工作为关键工作。在计划工期等于计算工期时，总时差为零的工作即关键工作。

（2）关键线路的确定

确定关键线路的方法如下。

1）算出所有线路的持续时间，其中，持续时间最长的线路为关键线路。这种方法的缺点是找齐所有线路的工作量大，不适用于实际工程。

2）总时差最小的工作为关键工作，将所有关键工作连起来即为关键线路，如图 4-17 所示。这种方法的缺点是计算各工作总时差的工作量较大。

3）节点标号法——一种快速确定关键线路的方法。应用这种方法，在计算节点最早时间的同时就“顺便”把关键线路找出来了，其具体步骤如下。

① 从起点节点向终点节点计算节点最早时间。

② 在计算节点最早时间的同时，每标注一个节点最早时间，都要把该节点的最早时间是由哪个节点计算而来的节点编号标在该节点上。

③ 自终点节点开始，从右向左，逆箭线方向，按所标节点编号可绘出一条（或几条）线路，该线路即关键线路。

例 4-2　将图 4-14 所示网络图用节点标号法确定其关键线路。

解　其计算结果如图 4-18 所示，关键线路为 1→2→6→8→9。

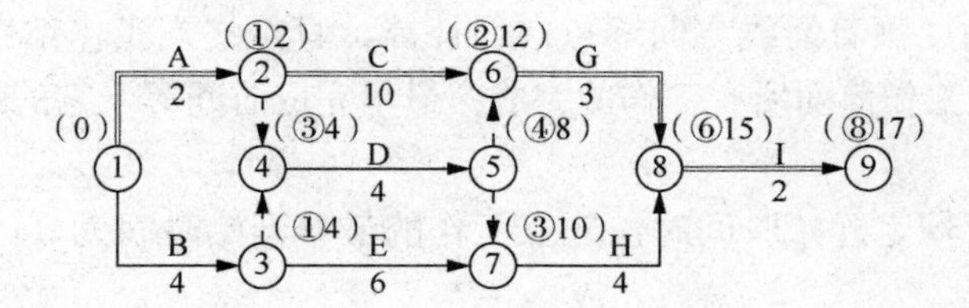

图 4-18　某双代号网络计划用节点标号法确定关键线路

4.3　单代号网络图

单代号网络图是网络计划的另一种表示方法。它是用一个圆圈或方框代表一项工作，将工作代号、工作名称和工作持续时间写在圆圈或方框里，箭线仅用来表示工作之间的顺序关系。用这种方法把一项计划的所有工作按其逻辑关系绘制而成的图形，称为单代号网络图。

4.3.1 单代号网络图的绘制

由于单代号网络图和双代号网络图所表示的计划内容是一致的，两者的区别仅在于绘图符号不同。因此，在双代号网络图中所说明的绘图规则，在绘制单代号网络图时也应遵守。另外，当网络图中有多个起点节点或多个终点节点时，应在网络图的起点和终点设置一项虚工作。

为了便于比较，按照表 4-2 所示逻辑关系绘制单代号网络图，如图 4-19 所示。

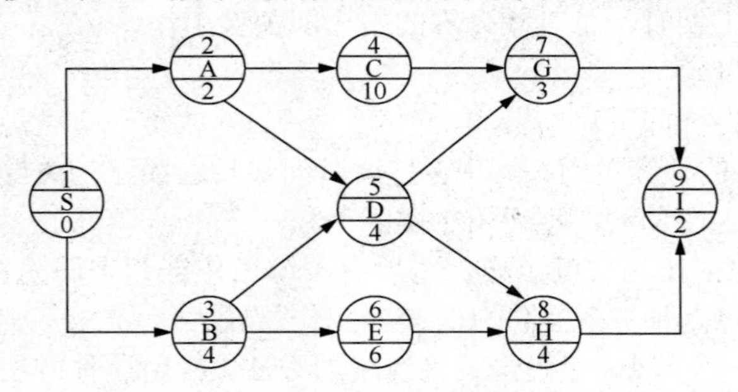

图 4-19 某工程单代号网络图

4.3.2 单代号网络图时间参数的计算

因为单代号网络图的节点表示工作，所以只需计算工作的时间参数。工作参数的含义与双代号网络图的相同，但计算步骤略有区别。下面以图 4-19 为例，说明时间参数的计算方法。

1. 计算各工作的最早开始时间（ES_i）和最早完成时间（EF_i）

自起点工作开始，顺着箭线方向逐点向后计算，直至终点工作结束。任一工作的最早开始时间，取决于该工作前面所有工作的完成；最早完成时间等于它的最早开始时间加上持续时间。

当网络计划没有规定开始时间时，起点工作的最早开始时间为零，即

$$ES_1 = 0 \tag{4-17}$$

$$EF_1 = D_1 \tag{4-18}$$

对于其他任何工作，计算公式为

$$ES_i = \max\{EF_h\} \tag{4-19}$$

$$EF_h = ES_i + D_i \tag{4-20}$$

式中：EF_h——工作 i 的各项紧前工作 h 的最早完成时间；

D_i——工作 i 的持续时间。

如图 4-19 所示的网络计划中，各工作的最早开始时间和最早完成时间计算过程为

$$ES_1 = 0,\quad EF_1 = 0$$

工作 A：$ES_2 = EF_1 = 0$，$EF_2 = ES_2 + D_2 = 0 + 2 = 2$。

工作 B：$ES_3 = EF_1 = 0$，$EF_3 = ES_3 + D_3 = 0 + 4 = 4$。

工作 C：$ES_4 = EF_2 = 2$，$EF_4 = ES_4 + D_4 = 2 + 10 = 12$。

工作 D：$ES_5 = \max\{EF_2, EF_3\} = \max\{2,4\} = 4$，$EF_5 = ES_5 + D_5 = 4 + 4 = 8$。

工作 E：$ES_6 = EF_3 = 4$，$EF_6 = ES_6 + D_6 = 4 + 6 = 10$。

工作 G：$ES_7 = \max\{EF_4, EF_5\} = \max\{12,8\} = 12$，$EF_7 = ES_7 + D_7 = 12 + 3 = 15$。

工作 H：$ES_8 = \max\{EF_5, EF_6\} = \max\{8,10\} = 10$，$EF_8 = ES_8 + D_8 = 10 + 4 = 14$。

工作 I：$ES_9 = \max\{EF_7, EF_8\} = \max\{15,14\} = 15$，$EF_9 = ES_9 + D_9 = 15 + 2 = 17$。

2. 计算相邻两工作间的时间间隔（$LAG_{i,j}$）

某工作 i 的最早完成时间与其紧后工作的最早开始时间的差，称为两工作间的时间间隔。两工作间的时间间隔用 $LAG_{i,j}$ 表示。

当终点节点为虚拟工作时，计算公式为

$$LAG_{i,j} = T_P - EF_i \tag{4-21}$$

式中：T_P——网络计划的计划工期。

其他节点的时间间隔为

$$LAG_{i,j} = ES_j - EF_i \tag{4-22}$$

在如图 4-19 所示的网络计划中，相邻两工作之间的时间间隔计算过程为

$$LAG_{7,9} = ES_9 - EF_7 = 15 - 15 = 0$$

$$LAG_{8,9} = ES_9 - EF_8 = 15 - 14 = 1$$

$$LAG_{4,7} = ES_7 - EF_4 = 12 - 12 = 0$$

$$LAG_{5,7} = ES_7 - EF_5 = 12 - 8 = 4$$

$$LAG_{5,8} = ES_8 - EF_5 = 10 - 8 = 2$$

$$LAG_{6,8} = ES_8 - EF_6 = 10 - 10 = 0$$

$$LAG_{2,4} = ES_4 - EF_2 = 2 - 2 = 0$$

$$LAG_{2,5} = ES_5 - EF_2 = 4 - 2 = 2$$

$$LAG_{3,5} = ES_5 - EF_3 = 4 - 4 = 0$$

$$LAG_{3,6} = ES_6 - EF_3 = 4 - 4 = 0$$

$$LAG_{1,3} = ES_3 - EF_1 = 0 - 0 = 0$$

$$LAG_{1,2} = ES_2 - EF_1 = 0 - 0 = 0$$

3. 计算自由时差（FF_i）

任一工作自由时差应取该工作与紧后诸工作时间间隔的最小值，即

$$FF_i = \min\{LAG_{i,j}\} \tag{4-23}$$

在如图 4-19 所示的网络计划中，各工作自由时差计算过程为

$$FF_2 = \min\{LAG_{2,4}, LAG_{2,5}\} = \min\{0,2\} = 0$$

$$FF_3 = \min\{LAG_{3,5}, LAG_{3,6}\} = \min\{0,0\} = 0$$

$$FF_4 = LAG_{4,7} = 0$$

$$FF_5 = \min\{LAG_{5,7}, LAG_{5,8}\} = \min\{4,2\} = 2$$

$$FF_6 = LAG_{6,8} = 0$$
$$FF_7 = LAG_{7,9} = 0$$
$$FF_8 = LAG_{8,9} = 1$$

4. 计算总时差（TF_i）

任一工作总时差可以用该工作与紧后工作时间间隔 $LAG_{i,j}$ 与紧后工作的总时差 TF_i 之和来表示，当有多项紧后工作时应取其中的最小值，即终点节点工作的总时差为

$$TF_n = T_P - EF_n \tag{4-24}$$

其他工作的总时差为

$$TF_i = \min\{TF_j + LAG_{i,j}\} \tag{4-25}$$

在如图 4-19 所示的网络计划中，各工作总时差计算过程为

$$TF_9 = T_9 - EF_9 = 17 - 17 = 0$$
$$TF_8 = TF_9 + LAG_{8,9} = 0 + 1 = 1$$
$$TF_7 = TF_9 + LAG_{7,9} = 0 + 0 = 0$$
$$TF_6 = TF_8 + LAG_{6,8} = 1 + 0 = 1$$
$$TF_5 = \min\{TF_5 + LAG_{5,8}, TF_7 + LAG_{5,7}\} = \min\{1+2, 0+4\} = 3$$
$$TF_4 = TF_7 + LAG_{4,7} = 0 + 0 = 0$$
$$TF_3 = \min\{TF_5 + LAG_{3,5}, TF_6 + LAG_{3,6}\} = \min\{3+0, 1+0\} = 1$$
$$TF_2 = \min\{TF_4 + LAG_{2,4}, TF_5 + LAG_{2,5}\} = \min\{0+0, 3+2\} = 0$$
$$TF_1 = \min\{TF_2 + LAG_{1,2}, TF_3 + LAG_{1,3}\} = \min\{0+0, 1+0\} = 0$$

5. 计算各工作的最迟开始时间（LS_i）和最迟完成时间（LF_i）

工作的最迟开始时间等于该工作的最早开始时间与总时差之和，最迟完成时间等于它的最迟开始时间加上持续时间，即

$$LS_i = ES_i + TF_i \tag{4-26}$$
$$LF_i = LS_i + D_i \tag{4-27}$$

在如图 4-19 所示的网络计划中，各工作的最迟开始时间和最迟完成时间计算过程为

$$LS_2 = ES_2 + TF_2 = 0 + 0 = 0，\quad LF_2 = LS_2 + D_2 = 0 + 2 = 2$$
$$LS_3 = ES_3 + TF_3 = 0 + 1 = 1，\quad LF_3 = LS_3 + D_3 = 1 + 4 = 5$$
$$LS_4 = ES_4 + TF_4 = 2 + 0 = 2，\quad LF_4 = LS_4 + D_4 = 2 + 10 = 12$$
$$LS_5 = ES_5 + TF_5 = 4 + 3 = 7，\quad LF_5 = LS_5 + D_5 = 7 + 4 = 11$$
$$LS_6 = ES_6 + TF_6 = 4 + 1 = 5，\quad LF_6 = LS_6 + D_6 = 5 + 6 = 11$$
$$LS_7 = ES_7 + TF_7 = 12 + 0 = 12，\quad LF_7 = LS_7 + D_7 = 12 + 3 = 15$$
$$LS_8 = ES_8 + TF_8 = 10 + 1 = 11，\quad LF_8 = LS_8 + D_8 = 11 + 4 = 15$$
$$LS_9 = ES_9 + TF_9 = 15 + 0 = 15，\quad LF_9 = LS_9 + D_9 = 15 + 2 = 17$$

将上例的工作时间参数的计算结果标注在图上，如图 4-20 所示，关键线路用双线标注。

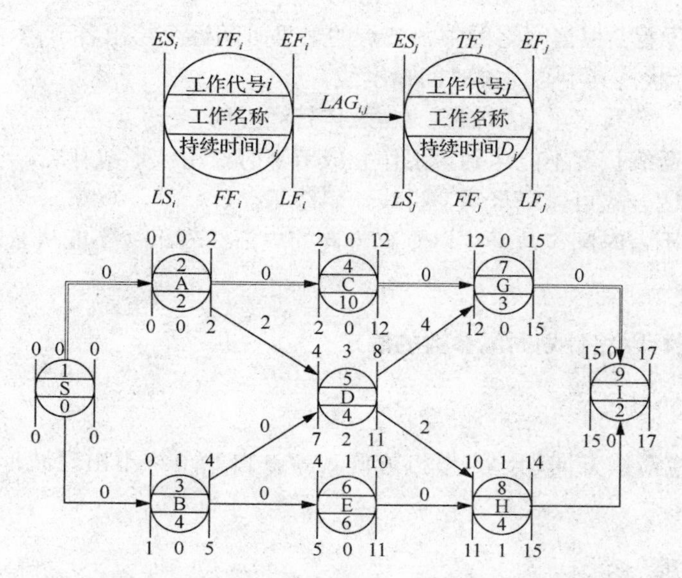

图 4-20　单代号网络计划时间参数的计算结果

4.4 双代号时标网络计划

4.4.1 双代号时标网络计划的概念及特点

1. 双代号时标网络计划的概念

双代号时标网络计划是以时间坐标为尺度编制的网络计划。应以实箭线表示工作，以虚箭线表示虚工作，以波形线表示工作的自由时差。时间坐标的时间单位应事先确定。符号在时间坐标上的水平投影位置需与时间参数相对应，节点中心必须对准相应的时标位置。虚工作必须以垂直方向的虚箭线表示，有自由时差时加波形线表示。

2. 双代号时标网络计划的特点

1）箭线长度与工作延续时间长度一致。

2）可直接在时标网络计划中统计出劳动力、材料等资源需要量，绘制资源动态曲线。

4.4.2 双代号时标网络计划的绘制

在绘制时标网络计划时，一般应先绘制无时标网络计划，即一般网络计划，然后先算后绘，具体计算步骤如下（以按节点最早时间来绘制时标网络计划为例）。

1）绘制一般双代号网络计划。

2）确定坐标限所代表的时间单位，计算节点最早时间。

3）确定节点位置。根据网络图中各节点的最早时间逐个绘出各节点，节点定位应参照一般网络计划的形状，其中心对准时间刻度线。

4）绘制箭线。箭线水平投影长度应与工作持续时间一致。

① 当某工作箭线长度不能达到该工作完成节点时，用波形线补之。

② 箭线的表达方式可以是直线、折线、斜线等。

③ 虚工作因不占时间，故必须以垂直方向的虚箭线表示（不能从右向左），有自由时差时加波形线表示。

4.4.3 双代号时标网络计划时间参数的确定

1. 关键线路的确定

自终点节点逆箭线方向朝起点节点方向观察，自始至终不出现波形线的线路为关键线路。

2. 工期的确定

时标网络计划的计算工期是其终点节点与起点节点所在位置的时标值之差。

3. 工作时间参数的判断

在时标网络计划中，6个工作时间参数的确定步骤如下。

（1）工作最早时间参数的确定

按节点最早时间绘制的时标网络计划，工作最早时间参数可直接从时标网络图上确定。

1）工作最早开始时间 ES_{i-j}。左端箭尾节点所对应的时标值。

2）最早完成时间 EF_{i-j}。若实箭线抵达箭头节点，则最早完成时间就是箭头节点时标值；若实箭线未抵达箭头节点，则其最早完成时间为实箭线右端末所对应的时标值。

（2）自由时差 FF_{i-j} 的确定

波形线的水平投影长度即该工作的自由时差。若箭线无波形部分，则自由时差为零。

（3）总时差 TF_{i-j} 的确定

自右向左进行，且符合下列规定：

以终点节点（$j=n$）为箭头节点的总时差应按计划工期 T_P 确定，即

$$TF_{i-j}=T_P-FF_{i-n} \tag{4-28}$$

其他工作总时差等于各紧后工作的总时差的最小值与本工作的自由时差之和，即

$$TF_{i-j}=\min\{TF_{j-k}\}+FF_{i-j} \tag{4-29}$$

（4）最迟时间参数的确定

最迟开始时间和最迟完成时间应按下式计算，即

$$LS_{i-j}=ES_{i-j}+TF_{i-j} \tag{4-30}$$

$$LF_{i-j}=EF_{i-j}+TF_{i-j} \tag{4-31}$$

例 4-3 按照表 4-2 所示逻辑关系绘成双代号时标网络计划并判读各工作时间参数。

解 1）按照逻辑关系绘成无时标双代号网络图，如图 4-14 所示。

2）计算节点最早时间，计算结果如图 4-21 所示。

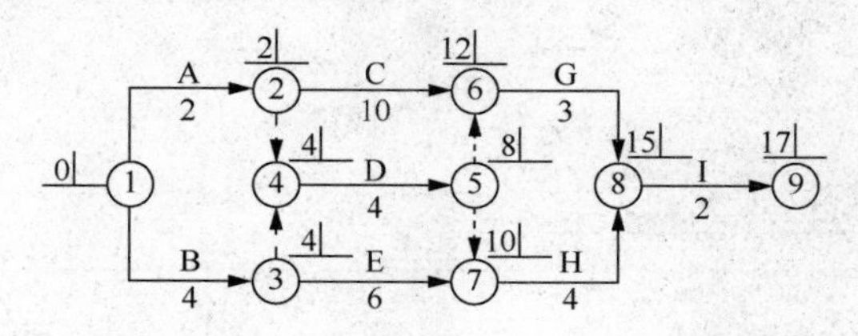

图 4-21　双代号网络计划节点最早时间的计算结果

3）先确定节点位置，再绘制箭杆，绘成双代号时标网络计划，如图 4-22 所示。

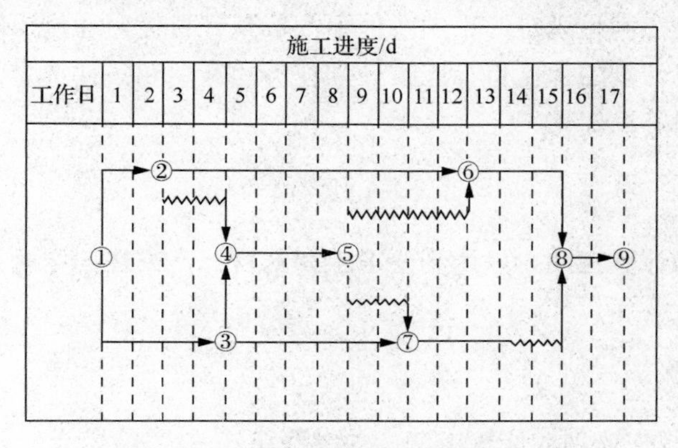

图 4-22　某工程双代号时标网络计划

从图 4-22 中可直接读出各工作的最早开始时间、最早完成时间、自由时差，关键线路为①→②→⑥→⑧→⑨。

对于关键工作，其总时差、自由时差都为零；对于非关键工作，可进一步计算其总时差为

$$TF_{7-8} = TF_{8-9} + FF_{7-8} = 0 + 1 = 1$$

$$TF_{5-6} = TF_{6-8} + FF_{5-6} = 0 + 4 = 4$$

$$TF_{5-7} = TF_{7-8} + FF_{5-7} = 1 + 2 = 3$$

$$TF_{4-5} = \min\{TF_{5-6}, TF_{5-7}\} + FF_{4-5} = \min\{4,3\} + 0 = 3 + 0 = 3$$

$$TF_{3-7} = TF_{7-8} + FF_{3-7} = 1 + 0 = 1$$

$$TF_{2-4} = TF_{4-5} + FF_{2-4} = 3 + 2 = 5$$

$$TF_{3-4} = TF_{4-5} + FF_{3-4} = 3 + 0 = 3$$

$$TF_{1-3} = \min\{TF_{3-4}, TF_{3-7}\} + FF_{1-3} = \min\{3,1\} + 0 = 1 + 0 = 1$$

对于①→②、①→③工作的最迟开始时间、最迟完成时间计算为

$$LS_{1-2} = ES_{1-2} + TF_{1-2} = 0 + 0 = 0$$

$$LF_{1-2} = EF_{1-2} + TF_{1-2} = 2 + 0 = 2$$

$$LS_{1-3} = ES_{1-3} + TF_{1-3} = 0 + 1 = 1$$

$$LF_{1-3} = EF_{1-3} + TF_{1-3} = 4 + 1 = 5$$

以此类推，可计算出各项工作的最迟开始时间、最迟完成时间。

4.5 网络计划优化

网络计划经绘制和计算后，可得出最初的方案。网络计划的最初方案只是一种可行的方案，不一定是合乎规定要求的方案或最优方案。因此，还必须进行网络计划优化。

网络计划优化是在满足既定约束的条件下，按某一目标，通过不断改进网络计划，以寻求满意方案。网络计划的优化目标应按计划任务的需要和条件选定，优化的内容包括工期优化、费用优化和资源优化。

4.5.1 工期优化

工期优化是压缩计算工期，以达到要求工期的目标，或在一定约束条件下使工期最短的过程。

1. 工期优化步骤

1）计算并找出网络计划的计算工期、关键线路及关键工作。

2）按要求工期计算应缩短的持续时间。

3）确定各关键工作能缩短的持续时间。

4）按上述因素选择关键工作压缩其持续时间，并重新计算网络计划的计算工期。

5）当计算工期仍然超过要求工期时，则重复以上步骤，直至计算工期满足要求。

6）当所有关键工作的持续时间都已达到所能缩短的极限，而工期仍不能满足要求时，应对原组织方案进行调整，或对要求工期重新审定。

2. 工期优化应考虑的因素

1）缩短工期应压缩关键工作。

2）作为要压缩时间的关键工作的选择原则如下。

① 缩短持续时间对质量和安全影响不大的工作。

② 有充足备用资源的工作。

③ 缩短持续时间所需增加的费用最少的工作。

3）关键工作压缩时间后仍应为关键工作。

4）当有多条关键线路存在时，要同时同步压缩。

3. 工期优化实例

例 4-4 如图 4-23 所示的网络计划，图中括号内的数据为工作最短持续时间，当指定工期为 140 d 时，如何调整？

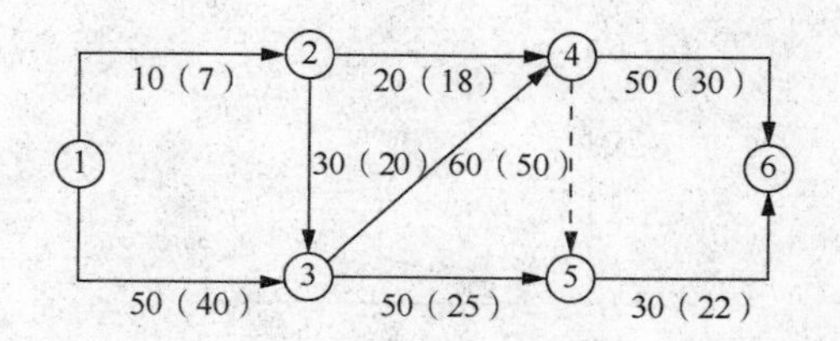

图 4-23　某工程网络计划图

解　1）用工作正常持续时间计算节点的最早时间，用节点标号法确定关键线路为①→③→④→⑥，关键工作为 1－3，3－4，4－6，如图 4-24 所示。

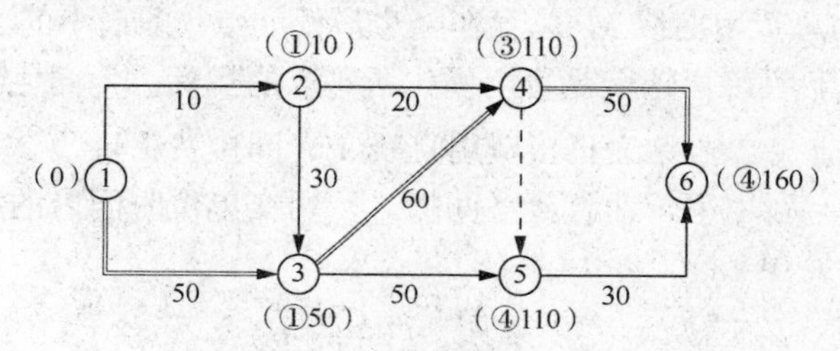

图 4-24　网络计划的关键线路

2）计算工期为 160 d，按指定工期要求应缩短 20 d。

3）关键工作 1－3 能缩短 10 d，关键工作 3－4 能缩短 10 d，关键工作 4－6 能缩短 20 d。因只需压缩 20 d，可压缩 1－3 工作 5 d，压缩 3－4 工作 5 d，压缩 4－6 工作 10 d。

4）重新计算网络计划工期，如图 4-25 所示，图中标出了关键线路，工期为 140 d。满足了工期要求。

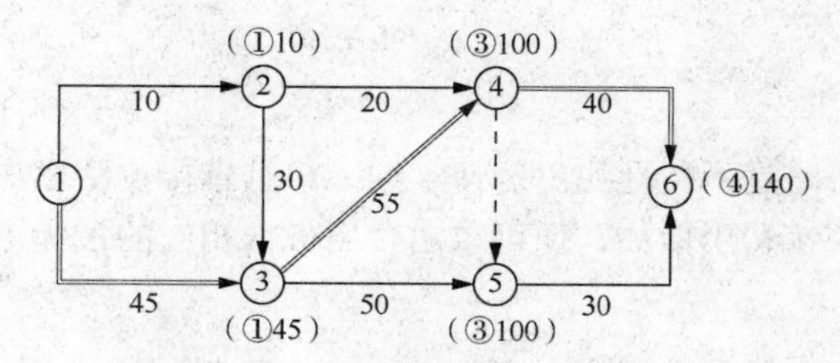

图 4-25　工期优化后的网络计划图

4.5.2　费用优化

费用优化又称时间成本优化，是寻求最低成本时的最优工期安排，或按要求工期寻求最低成本的计划安排过程。要达到上述优化目标，就必须首先研究时间和费用的关系。

1. 工期和费用的关系

工程费用包括直接费用和间接费用两部分。直接费用是直接投入工程中的成本，即在施工过程中耗费的人工费、材料费、机械设备费等构成工程实体的各项费用；而间接费用是间接投入工程中的成本，主要由管理费等构成。一般情况下，直接费用随工期的缩短而增加，间接费用随工期的缩短而减少，工期-费用曲线如图 4-26 所示。

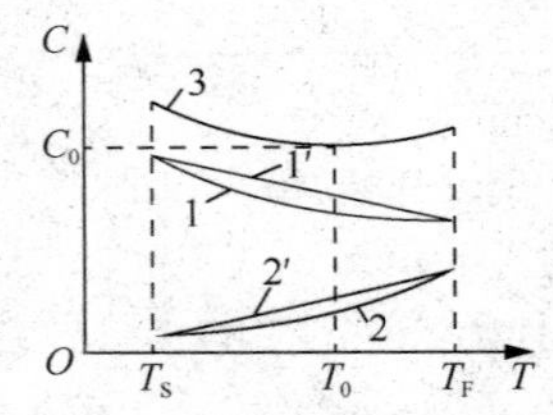

1—直接费用曲线；1′—直接费用直线；2—间接费用曲线；2′—间接费用直线；3—总费用曲线；
T_S—最短工期；T_0—最优工期；T_F—正常工期；C_0—最低总成本。

图 4-26　工期-费用曲线

对于图 4-26 中的总费用曲线 3，总存在一个最低的点，即最小的工程总成本 C_0，与此相对应的工期为最优工期 T_0，这就是费用优化所寻求的目标。为简化计算，通常把直接费用曲线 1、间接费用曲线 2 表达为直接费用直线 1′、间接费用直线 2′。这样可以通过直线斜率表达直接（间接）费用率，即直接（间接）费用在单位时间内的增加（减少）值。例如，工作的直接费用率 ΔC_{i-j} 为

$$\Delta C_{i-j}=\frac{CC_{i-j}-CN_{i-j}}{DN_{i-j}-DC_{i-j}} \tag{4-32}$$

式中：ΔC_{i-j} ——将工作持续时间缩短为最短持续时间后完成该工作所需的直接费用；

CN_{i-j} ——在正常条件下完成工作所需的直接费用；

DN_{i-j} ——工作 $i-j$ 的正常持续时间；

DC_{i-j} ——工作 $i-j$ 的最短持续时间；

CC_{i-j} ——工作 $i-j$ 持续时间最短时的直接费用率。

2. 费用优化的步骤

费用优化的基本思路是不断地找出能使工期缩短且直接费用增加最少的工作，缩短其持续时间，同时考虑间接费用增加，便可求出费用最低相应的最优工期和满足工期要求相应的最低费用。

费用优化可按下述步骤进行。

1）计算各工作的直接费用率 ΔC_{i-j} 和间接费用率 $\Delta C'$。

2）按工作的正常持续时间确定工期并找出关键线路。

3）当只有一条关键线路时，应找出直接费用率 ΔC_{i-j} 最小的一项关键工作，作为缩短持续时间的对象；当有多条关键线路时，应找出组合直接费用率 $\sum(\Delta C_{i-j})$ 最小的一组关键工作，作为缩短持续时间的对象。

4）对选定的压缩对象缩短其持续时间，缩短值 ΔT 必须符合两个原则：一是不能压缩成非关键工作；二是缩短后其持续时间不小于最短持续时间。

5）计算时间缩短后总费用的变化 C_i

$$C_i=\sum\{\Delta C_{i-j}\cdot\Delta T\}-\Delta C'\cdot\Delta T \tag{4-33}$$

6）当 $C_i\leqslant 0$，重复上述步骤 3）～5），一直计算到 $C_i>0$，即总费用不能降低为止，费用优化即可完成。

3. 费用优化实例

例 4-5　如图 4-27 所示的网络计划，箭线下方括号外为正常持续时间，括号内为最短持续时间，箭线上方为直接费用率，当指定工期为 140 d 时，请进行合理压缩，使费用增加最少。

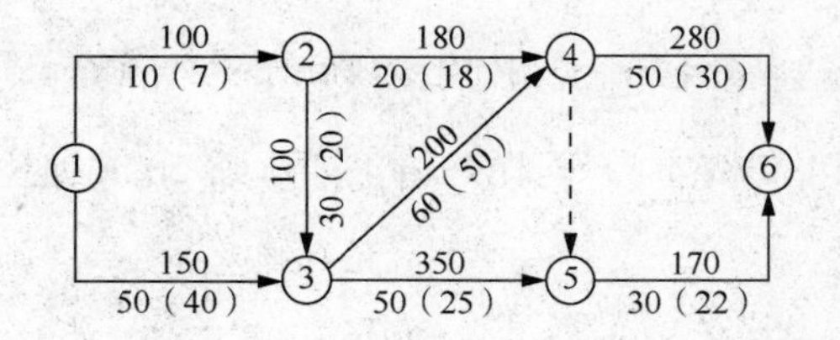

图 4-27　某工程网络计划

解　1）用工作正常持续时间计算节点的最早时间，用节点标号法确定关键线路为①→③→④→⑥，如图 4-28 所示。

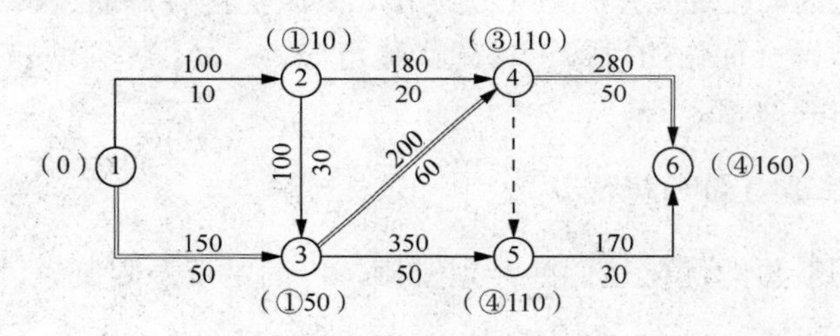

图 4-28　网络计划的关键线路

2）比较关键工作 1－3，3－4，4－6 的直接费用率，工作 1－3 的直接费用率最低，故压缩工作 1－3，$\Delta C_{1-3}=150$，压缩时间 $\Delta t=50-40=10(\text{d})$。增加的直接费用 $\Delta S_1=150\times10=$ 1 500（元）。

3）重新计算网络计划的时间参数，此时有两条关键线路：①→③→④→⑥和①→②→③→④→⑥。图 4-29 所示为第一次压缩后的网络计划。

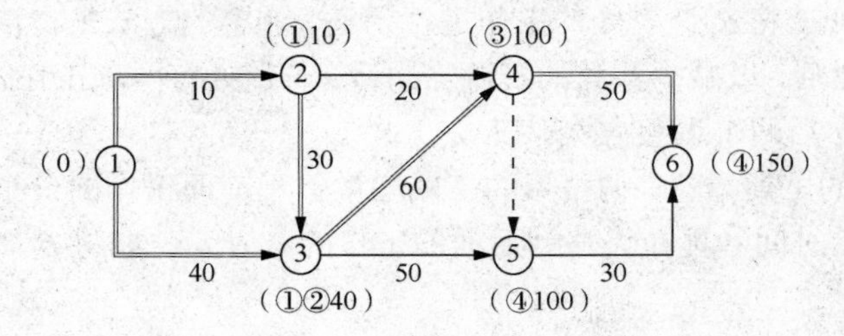

图 4-29　第一次压缩后的网络计划

4）因工作 1－3 已无可压缩时间，不能将工作 1－2 或工作 2－3 与其组合压缩，故在工作 3－4 和工作 4－6 中，选择直接费用率最低的工作 3－4 进行压缩，$\Delta C_{3-4}=200$，压缩时间 $\Delta t=60-50=10(\text{d})$，增加的直接费用 $\Delta S_2=200\times10=2\,000$（元）。

5）此时，工期已压缩至 140 d，且增加的费用最少，调整后的网络计划如图 4-30 所示。

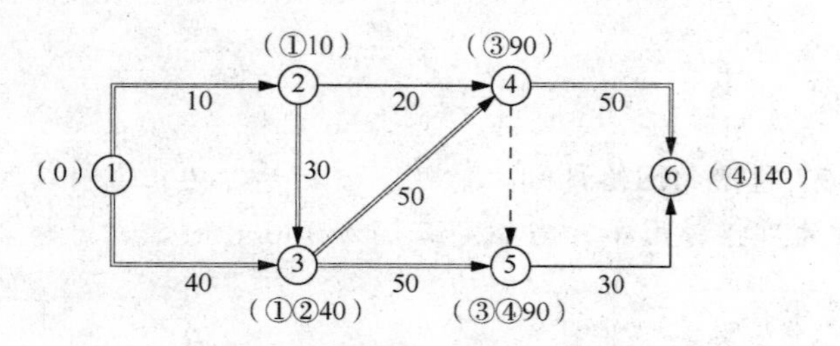

图 4-30　费用优化完成后的网络计划

综上所述，比较例 4-4 和例 4-5，同样是将工期压缩 20 d，但当优化目标不同时，所选择的优化方案是不同的。

4.5.3　资源优化

所谓资源，是指完成工程项目所需的人力、材料、机械设备和资金等的统称。一般情况下，这些资源也是有一定限量的。在编制网络计划时必须对资源进行统筹安排，保证资源需要量在其限量之内，且资源需要量尽量均衡。资源优化就是通过调整工作之间的安排，使资源按时间的分布符合优化的目标。资源优化可分为“资源有限—工期最短”和“工期固定—资源均衡”两类问题。

1. 资源有限—工期最短的优化

资源有限—工期最短的优化是调整计划安排，以满足资源限制条件，并使工期拖延最少的过程。

（1）资源有限—工期最短的优化步骤

1）按节点最早时间参数绘制双代号时标网络图，根据各个工作在每个时间单位的资源需要量，统计出每个时间单位内的资源需要量 R_t。

2）从网络计划开始的第一天起，从左至右计算资源需用量 R_t，并检查其是否超过资源限量 R_a。若检查至网络计划最后一天都有 $R_t \leqslant R_a$，则该网络计划符合优化要求；若发现 $R_t > R_a$，则停止检查并进行调整。

3）调整网络计划。将 $R_t > R_a$ 处的工作进行调整。调整的方法是将该处的一项工作移到该处的另一项工作之后，以减少该处的资源需用量。若该处有两项工作 α，β，则有将 α 移到 β 后和将 β 移到 α 后两个调整方案。

4）计算调整后的工期增量。调整后的工期增量等于前面工作的最早完成时间减去移到后面工作的最早开始时间，再减去移到后面的工作的总时差。如将 β 移到 α 后，则其工期增量为

$$\Delta T_{\alpha,\beta} = EF_{\alpha} - ES_{\beta} - TF_{\beta} \tag{4-34}$$

5）重复以上步骤，直至所有时间单位内的资源需要量都不超过资源限量，资源优化即可完成。

（2）资源有限—工期最短优化实例

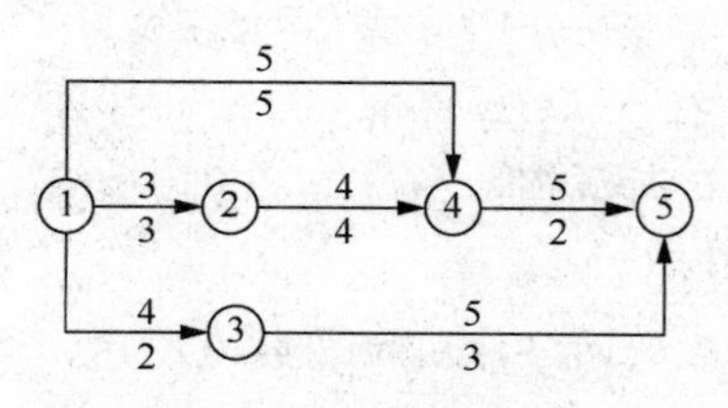

图 4-31　初始网络计划

例 4-6　已知网络计划如图 4-31 所示，箭线下方数据为该工作持续时间，箭线上方数据为工作的每天资源需要量，假定资源限量为 13。试对该网络计划进行资源有限—

工期最短的优化。

解　1）按节点最早时间绘制双代号时标网络图，统计出每个时间单位内的资源需要量，计算出工作的总时差（标在括号内），如图 4-32 所示。

2）从图 4-32 可知，$R_4 = 14 > 13$，必须进行调整，共有 6 种方案。

方案 1：将①→④移到②→④后，$\Delta T_{2-4,1-4} = EF_{2-4} - ES_{1-4} - TF_{1-4} = 7-0-2=5$。

方案 2：将②→④移到①→④后，$\Delta T_{1-4,2-4} = EF_{1-4} - ES_{2-4} - TF_{2-4} = 5-3-0=2$。

方案 3：将③→⑤移到②→④后，$\Delta T_{2-4,3-5} = EF_{2-4} - ES_{3-5} - TF_{3-5} = 7-2-4=1$。

方案 4：将②→④移到③→⑤后，$\Delta T_{3-5,2-4} = EF_{3-5} - ES_{2-4} - TF_{2-4} = 5-3-0=2$。

方案 5：将①→④移到③→⑤后，$\Delta T_{3-5,1-4} = EF_{3-5} - ES_{1-4} - TF_{1-4} = 5-0-2=3$。

方案 6：将③→⑤移到①→④后，$\Delta T_{1-4,3-5} = EF_{1-4} - ES_{3-5} - TF_{3-5} = 5-2-4=-1$。

$\Delta T_{1-4,3-5} = -1$ 最小，故采取方案 6，如图 4-33 所示。

从图 4-33 中可知，每天资源需要量均小于资源限量 13，即资源优化完成。

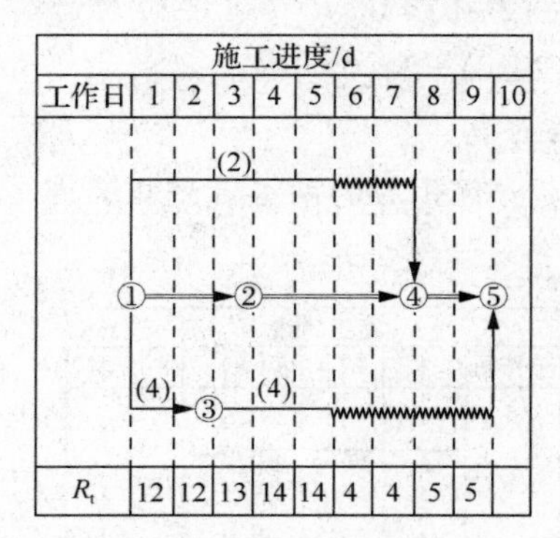

图 4-32　初始时标网络计划

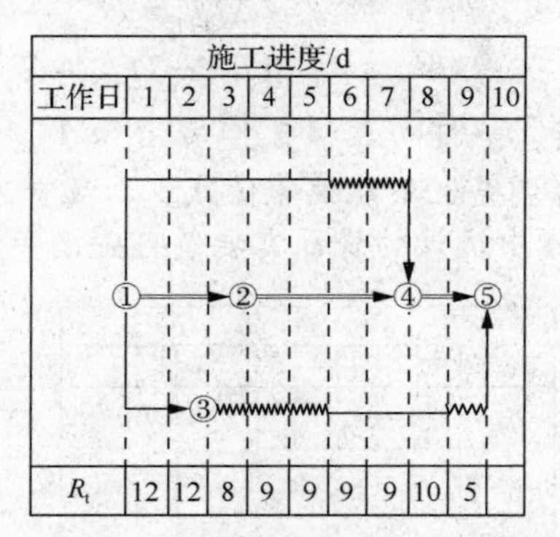

图 4-33　优化完成后的时标网络计划

2. 工期固定—资源均衡的优化

工期固定—资源均衡的优化是指在工期保持不变的条件下，使资源需要量尽可能分布均衡的过程，也就是在资源需要量曲线上尽可能不出现短期高峰或长期低谷的情况，力求使每天资源需要量接近于平均值。

工期固定—资源均衡优化的方法有多种，这里仅介绍削高峰法，即利用非关键工作的机动时间，在工期固定的条件下，使得资源峰值尽可能减小。

（1）工期固定—资源均衡的优化步骤

1）按节点最早时间参数绘制双代号时标网络图，根据各个工作在每个时间单位的资源需要量，统计出每个时间单位内的资源需要量 R_t。

2）找出资源高峰时段的最后时刻 T_h，计算非关键工作。如果向右移到 T_h 处开始，还剩下的机动时间为

$$\Delta T_{i-j} = TF_{i-j} - (T_h - ES_{i-j}) \tag{4-35}$$

当 $\Delta T_{i-j} \geqslant 0$ 时，则说明该工作可以向右移出高峰时段，使得峰值减小，并且不影响工期。当有多个工作 $\Delta T_{i-j} \geqslant 0$ 时，应将 ΔT_{i-j} 值最大的工作向右移出高峰时段。

3）绘制出调整后的时标网络计划。

4）重复上述步骤2）～3），直至高峰时段的峰值不能再减少，资源优化即可完成。

（2）工期固定—资源均衡优化实例

例 4-7 已知网络计划如图 4-31 所示，箭线下方数据为该工作的持续时间，箭线上方数据为工作的每天资源需要量，试对该网络计划进行工期固定—资源均衡的优化。

解 1）按节点最早时间绘制双代号时标网络图，统计出每个时间单位内的资源需要量，计算出工作的总时差（标在括号内），如图 4-32 所示。

2）从图 4-32 中统计的资源需要量可知，$R_{max}=14$，$t_5=5$。

$$\Delta T_{1-4}=TF_{1-4}-(T_5-ES_{1-4})=2-(5-0)=-3<0$$

$$\Delta T_{3-5}=TF_{3-5}-(T_5-ES_{3-5})=4-(5-2)=1>0$$

因 $\Delta T_{3-5}=1>0$，故将③→⑤向右移 3 d，如图 4-33 所示。

3）从图 4-34 中统计的资源需要量可知，$R_{max}=12$，$t_2=2$。

$$\Delta T_{1-4}=TF_{1-4}-(T_2-ES_{1-4})=2-(2-0)=0$$

$$\Delta T_{1-3}=TF_{1-3}-(T_2-ES_{1-3})=4-(2-0)=2>0$$

若将①→③向右移 2 d，如图 4-35 所示，并未使峰值减少。

因再调整也不能使峰值减少，故资源优化完成，资源优化后的网络计划应为图 4-34，从图 4-34 中统计的资源需要量可知，$R_{max}=12$，$T_2=2$。

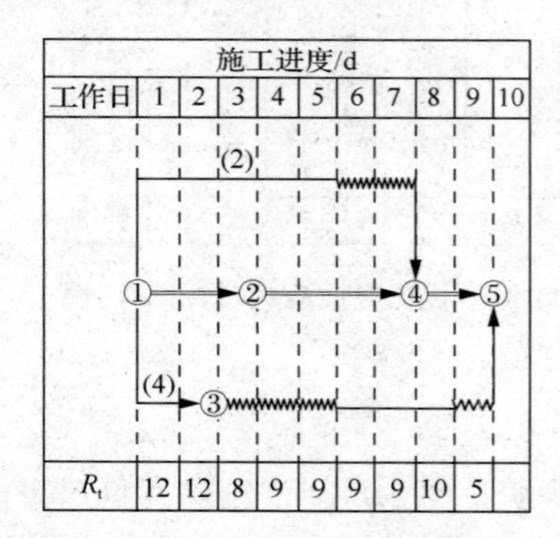

图 4-34 第一次削峰后的时标网络计划

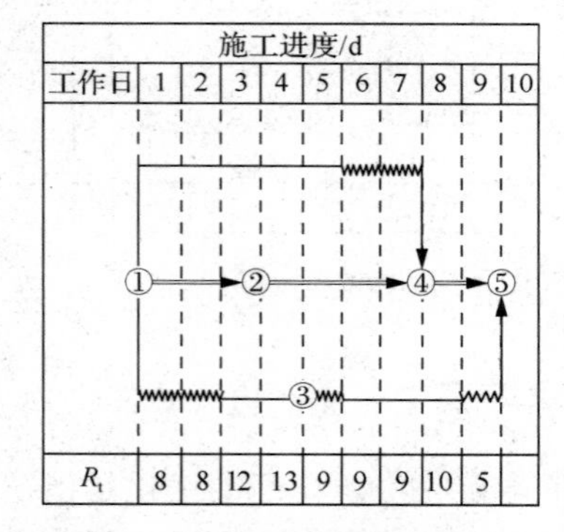

图 4-35 第二次削峰后的时标网络计划

4.6 双代号网络计划在建筑施工中的应用

4.6.1 双代号网络计划的编制步骤

网络计划是用网络图代替横道图在施工方案已确定的基础上来安排施工进度的计划。网络计划根据工程对象的不同分为分部工程进度网络计划、单位工程进度网络计划和群体工程网络计划。无论是哪种网络计划，其编制步骤一般如下。

1）熟悉图纸，对工程对象进行分析，选择施工方案和施工方法。

2）根据网络图的用途决定工作项目划分的粗细程度，确定工作项目名称。

3）确定各工作之间合理的施工顺序，绘制逻辑关系表。在确定各工作之间的逻辑关系时，既要考虑它们之间的工艺关系，又要考虑它们之间的组织关系。

4）根据各工作之间的逻辑关系绘制网络图。

5）计算时间参数，确定关键工作、关键线路及非关键工作的机动时间。

6）根据实际情况调整计划，制定最优的计划方案。

4.6.2　双代号网络计划的排列方法

在绘制网络计划时，为达到形象化、条理化的目的，使网络计划中各工作之间在工艺及组织上的逻辑关系表达更为清晰，常采用如下排列方法。

1．按施工流水段排列

按施工流水段排列是把同一施工段的作业排列在同一水平线上，能够反映出建筑工程分段施工的特点，突出表示工作面的利用情况，这是建筑工地习惯使用的一种表达方式。某框架结构的主体工程标准层按施工流水段排列的网络计划如图 4-36 所示。

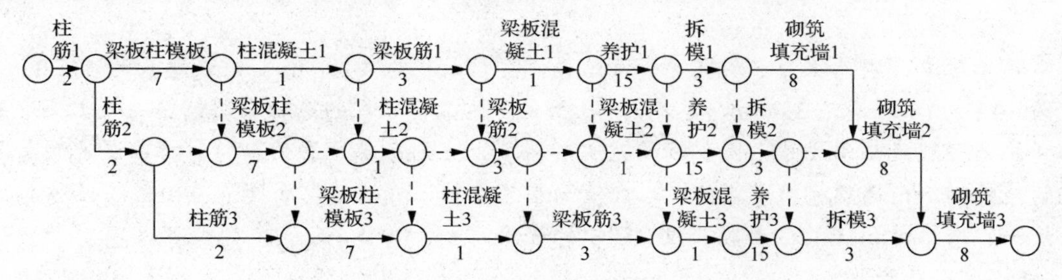

图 4-36　按施工流水段排列的网络计划

2．按工种排列

按工种排列是把相同工种的工作排列在同一条水平线上，能够突出不同工种的工作情况，这是建筑工地习惯使用的一种表达方式。某基础工程按工种排列的网络计划如图 4-37 所示。

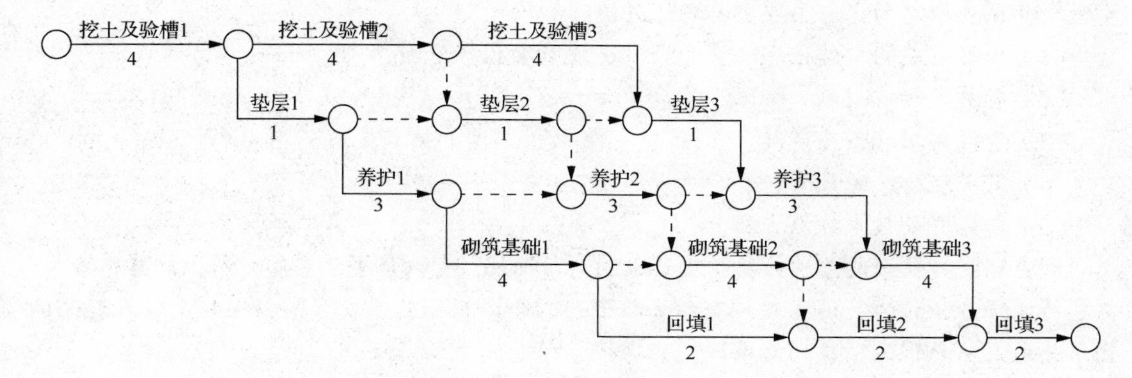

图 4-37　按工种排列的网络计划

3. 按楼层排列

在分段施工中，当若干项工作沿着建筑物的楼层展开时，其网络计划一般都可以按楼层排列。某内装修工程，每层为一段，按楼层由上到下进行的网络计划如图 4-38 所示。

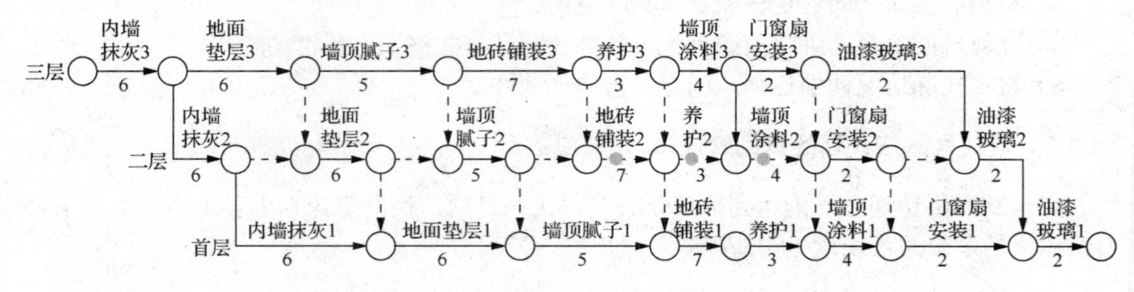

图 4-38　按楼层排列的网络计划

工程应用案例

某单位办公楼工程为 5 层现浇框架结构，建筑面积为 4 200 m^2。建筑总长为 39.20 m，宽为 14.80 m，层高为 3.00 m，总高为 16.20 m。该工程项目的基础采用钢筋混凝土条形基础，主体为现浇框架结构，围护墙为空心砖砌筑，室内底层地面为缸砖，标准层地面面层均为地板砖，内墙顶棚为中级抹灰，内墙面层为涂料，外墙镶贴面砖，屋面用柔性防水。

一、网络计划技术在土木工程管理中的应用程序

（一）准备阶段

1. 确定网络计划目标

在编制网络计划时，首先应根据需要选择确定网络计划的目标。常见的有时间目标、时间—资源目标、时间—成本目标等网络计划目标。

2. 调查研究

为了使网络计划科学而切合实际，计划编制人员应通过调查研究拥有足够的、准确的资料。其调查研究的内容主要包括以下几点。

（1）项目有关的工作任务、实施条件、设计数据等资料。

（2）有关定额、规程、标准、制度等。

（3）资源需求和供应情况。

（4）有关经验、统计资料和历史资料。

（5）其他有关技术经济资料。

调查研究可使用的方法：实际观察、测量与询问；会议调查；查阅资料；计算机检索；信息传递；分析预测。通过对调查的资料进行综合分析研究，就可掌握项目全貌及其间的相互关系，从而预测项目的发展，变化规律。

3. 工作方案设计

在计划目标已确定和调查研究的基础上，即可进行工作方案设计，其主要内容包括以

下几点。

（1）确定施工（生产）顺序。

（2）确定施工（生产）方法。

（3）选择需用的机械设备。

（4）确定重要的技术政策或组织原则。

（5）对施工中的关键问题的技术和组织措施的制定。

（6）确定采用网络图的类型。

4. 在进行工作方案设计时，应遵循的基本要求

（1）尽可能减少不必要的步骤，在工序分析的基础上，寻求最佳程序。

（2）工艺应达到技术要求，并保证质量和安全。

（3）尽量采用先进技术和先进经验。

（4）组织管理分工合理、职责明确，充分调动全员的积极性。

（5）有利于提高劳动生产率，缩短工期，降低成本和提高经济效益。

（二）绘制网络图

1. 项目分解

根据网络计划的管理要求和编制需要，确定项目分解的粗细程度，将项目分解为网络计划的基本组成单元——工作。

2. 逻辑关系分析

逻辑关系分析就是确定各项工作开始的顺序、相互依赖和相互制约关系。它是绘制网络图的基础。在逻辑关系分析时，主要应分析清楚工艺关系和组织关系两类逻辑关系，列出项目分解和逻辑关系表。

3. 绘制网络图

根据所选定的网络计划类型及项目分解和逻辑关系表，即可进行网络图的绘制；具体方法详见后续单元的内容。

（三）时间参数计算

按照网络计划的类型不同，根据相应的方法，即可计算出所绘网络图的各项时间参数，并确定出工期、关键工作、关键线路。

（四）编制可行性网络计划

1. 检查与调整

对上述网络计划时间参数计算完成后，应检查工期是否符合要求，资源配置是否符合资源供应条件，成本控制是否符合要求。如果工期不满足要求，则应采取适当措施压缩关键工作的持续时间，如仍不能满足要求时，则须通过改变工作方案的组织关系进行调整；当资源强度超过供应可能时，则应调整非关键工作使资源降低。在总时差允许范围内，在工艺允许前提下，灵活安排非关键工作，如延长其持续时间、改变开始及完成时间或间断进行等。

2. 编制可行网络计划

对网络计划进行检查与调整之后，必须计算时间参数。根据调整后的网络图和时间参

数，重新绘制网络计划——可行网络计划。

可行网络计划一般需进行优化，方可编制正式网络计划，当无优化要求时，可行网络计划即可作为正式网络计划。

（五）网络计划的实施

1. 网络计划的贯彻

正式网络计划报请有关部门审批后，即可组织实施。一般应组织宣讲，进行必要的培训，建立相应的组织保证体系，将网络计划中的每一项工作落实到责任单位。作业性网络计划必须落实到责任者，并制定相应的保证计划实施的具体措施。

2. 计划执行中的检查和数据采集

为了对网络计划的执行进行控制，必须建立健全相应的检查制度和执行数据采集报告制度。建立有关数据库，定期、不定期或随机地对网络计划执行情况进行有关信息数据的检查，其检查的主要内容包括关键工作的进度，非关键工作的进度及时差利用；工作逻辑关系的变化情况；资源状况；成本状况；存在的其他问题。对检查结果和收集反馈的有关数据进行分析，抓住关键，及时制定对策。对网络计划在执行中发生的偏差，应及时予以调整，从而保证计划的顺利实施。计划调整的内容常见的有工作持续时间的调整；工作项目的调整；资源强度的调整，成本控制。

其调整工作可按以下步骤进行。

（1）根据计划执行中检查记录和收集反馈的有关数据的分析结果，确定调整对象和目标。

（2）选择适当调整方法，设计调整方案。

（3）对调整方案进行评价和决策。

（4）确定调整后，付诸实施新的网络计划。

（六）网络计划的总结分析

为了不断积累经验，提高计划管理水平，应在网络计划完成后，及时进行总结分析，并应形成制度。总结分析资料应连同网络计划一起，作为档案资料保存。通常，总结分析包括以下内容。

（1）各项目标的完成情况，包括时间目标、资源目标、成本目标等。

（2）计划工作中的问题及原因分析。

（3）计划工作中的经验总结分析。

（4）提高计划工作水平的措施总结等。

二、施工劳动量计算

某 5 层办公楼工程的基础、主体结构工程均分为 3 个段组织流水施工，屋面工程不分段，内装修工程按每层划分为一个流水段，外装修工程按自上而下一次性完成。其劳动量如表 4-3 所示。

表 4-3　某单位办公楼工程劳动量一览表

序号	分部分项名称	劳动量/工日	工作持续天数/d	每天工作班数/班	每班工人数/人
一、基础工程					
1	基础挖土	300	15	1	20
2	基础垫层	45	3	1	15
3	基础现浇混凝土	567	18	1	30
4	基础墙（素混凝土）	90	6	1	15
5	基础及地坪回填土	120	6	1	20
二、主体工程					
1	柱筋	178	4.5	1	8
2	柱、梁、板模板（含梯）	2 085	21	1	20
3	柱混凝土	445	3	1.5	20
4	梁板筋（含梯）	450	7.5	1	12
5	梁板混凝土（含梯）	1 125	3	3	20
6	砌墙（窗柜）	2 596	25.5	1	25
7	拆模	671	10.5		20
8	搭架子	360			6
三、屋面工程					
1	屋面防水	105	7.5	1	15
2	屋面隔热	240	12	1	20
四、装饰工程					
1	外墙粉刷	450	15	1	30
2	安装门窗扇	60	5	1	12
3	顶棚粉刷	300	10	1	30
4	内墙粉刷	600	20	1	30
5	楼地面、楼梯、扶手粉刷	450	15	1	30
6	涂料	50	5	1	10
7	油漆、玻璃	75	7.5	1	10
8	水电安装			1	
9	拆脚手架、拆井架		3	1	10
10	扫尾		2	1	6

三、绘制工程的网络计划

绘制该办公楼工程的网络计划，如图 4-39 所示。

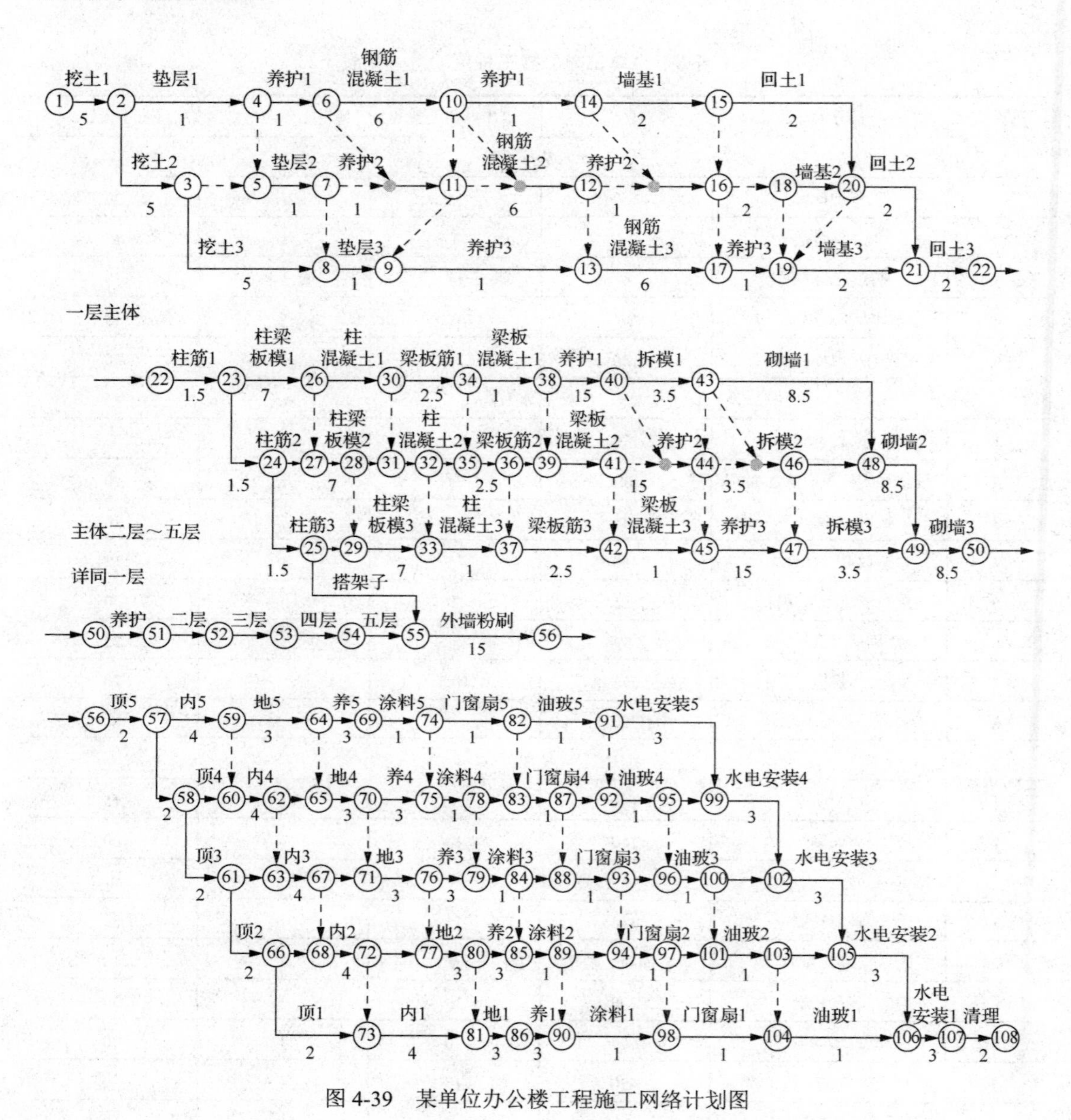

图 4-39　某单位办公楼工程施工网络计划图

复习思考题

一、单项选择题

1．以下选项中不属于网络计划特点的是（　　）。

A．能够清楚地表达各工作之间的相互依存和相互制约的关系

B．通过计算，可以找出网络计划的关键线路

C．可计算出非关键工作所拥有的机动时间

D．表达形式简单明了

2．能起逻辑连接和逻辑断路作用的是（　　）。

A．节点　　B．实箭线　　C．虚箭线　　D．箭线+节点

3．双代号网络图中，表示前面施工过程结束和后面施工过程开始瞬间的是（　　）。

A．节点　　B．实箭线　　C．虚箭线　　D．箭线+节点

4．在网络计划中，工作的总时差是指在不影响（　　）的前提下，该工作可以利用的机动时间。

A．紧后工作的最早开始时间　　B．工作持续时间

C．紧后工作的最迟开始时间　　D．紧后工作的最早完成时间

5．非关键线路组成一般要求（　　）。

A．关键工作，非关键工作共同组成

B．至少有一项或一项以上非关键工作

C．全部非关键工作

D．全部关键工作

6．在双代号网络计划中，工作 M 的最迟完成时间为第 25 天，其持续时间为 6 d，该工作有 3 项紧前工作，它们的最早完成时间分别为第 10 天、第 12 天和第 13 天，则工作 M 的总时差为（　　）。

A．6　　B．9　　C．12　　D．5

7．在双代号网络计划中，工作 M 的最迟完成时间为第 20 天，其持续时间为 5 d，该工作有 3 项紧前工作，它们的最早完成时间分别为第 10 天、第 12 天和第 13 天，则工作 M 的总时差为（　　）。

A．1　　B．2　　C．5　　D．10

8．在双代号网络计划中，工作 M 的最迟开始时间为第 20 天，该工作有 3 项紧前工作，它们的最早完成时间分别为第 15 天、第 16 天和第 17 天，则工作 M 的总时差为（　　）。

A．1　　B．2　　C．3　　D．5

9．在双代号网络计划中，工作 M 的最迟完成时间为第 25 天，其持续时间为 5 d，该工作有两项紧前工作，它们的最早完成时间分别为第 15 天和第 18 天，则工作 M 的总时差为（　　）。

A．1　　B．2　　C．5　　D．10

10．计划工期等于计算工期，则（　　）。

A．自由时差就等于总时差　　B．自由时差大于总时差

C．自由时差小于总时差　　D．自由时差不会超过总时差

11．网络计划的自由时差是指在此时间范围内，不影响其紧后工作的（　　）。

A．最迟开始时间　　B．最短工期

C．最早开始时间　　D．最迟完成时间

二、多项选择题

1．双代号网络图的基本组成要素包括（　　）。

A．箭线　　B．箭头　　C．节点

D．线路　　　　E．代号

2．绘制网络计划时应分析的逻辑关系包括（　　）。

A．工艺关系　　B．组织关系　　C．平行关系

D．搭接关系　　E．等候关系

3．下列参数中表示时刻的参数有（　　）。

A．最早开始时间　　B．最迟开始时间

C．最早完成时间　　D．最迟完成时间

E．总时差

4．下列参数中表示时段的参数有（　　）。

A．最早开始时间　　B．最迟开始时间

C．最早完成时间　　D．自由时差

E．总时差

5．下列关于关键工作和关键线路的表述正确的有（　　）。

A．关键线路只有一条

B．非关键线路全部由非关键工作组成

C．非关键线路上至少包括一个非关键工作

D．关键线路上的工作全部为关键工作

E．关键线路不一定唯一

三、简答题

1．简述绘制双代号网络图的基本规则。

2．简述虚箭线在双代号网络图中的应用用途。

四、计算题

表 4-4 给出了某项目各项工作之间的关系、工作持续时间。

（1）绘制双代号网络计划图。

（2）用图上计算法计算时间参数（*ES*，*EF*，*LS*，*LF*，*TF*，*FF*）。

（3）用双线表示关键路线，标出工期。

表 4-4　某项目各项工作之间的关系、工作持续时间

作业代号	紧前作业	作业时间
A		2
B	A	3
C	A	4
D	B	3
E	BC	7
F	D	3
G	D	4
H	GE	7
I	E	6

单元5 施工组织总设计

学习要求

1. 熟悉施工组织总设计的作用、编制依据和程序；
2. 掌握施工部署和施工方案、施工总进度计划、施工总平面图；
3. 了解资源总需要量计划的编制；
4. 树立全局意识、责任意识，培养灵活解决问题的能力。

5.1 施工组织总设计的作用、编制依据和程序

1. 施工组织总设计的作用

1）为施工企业编制施工计划和单位工程施工组织设计提供依据。
2）为组织劳动力、技术和物资资源提供依据。
3）对整个建设项目的施工作出全面的部署。
4）为施工准备工作提供条件。
5）为建设单位主管机关或施工单位主管机关编制基本建设计划提供依据。
6）助力施工企业实现企业科学管理，保证最优完成施工任务提供条件。

2. 施工组织总设计的编制依据

1）可行性研究报告、设计说明书、初步设计及施工图设计资料。

2）国家或上级的指示和工程合同等文件。例如，要求交付使用的期限，推广新结构、新技术及有关的先进技术经济指标等。

3）有关定额和指标，如概算定额、预算定额、万元指标或类似建筑所需消耗的劳动力、材料和工期等指标。

4）施工中可能配备的人力、机具装备，以及施工准备工作中所取得的有关建设地区的自然条件和技术经济条件等资料，如有关气象、地质、水文、资源供应、运输能力等。

5）有关规范、建设政策法令、类似工程项目建设的经验资料。

3. 施工组织总设计的编制程序

施工组织总设计的编制程序如图 5-1 所示。

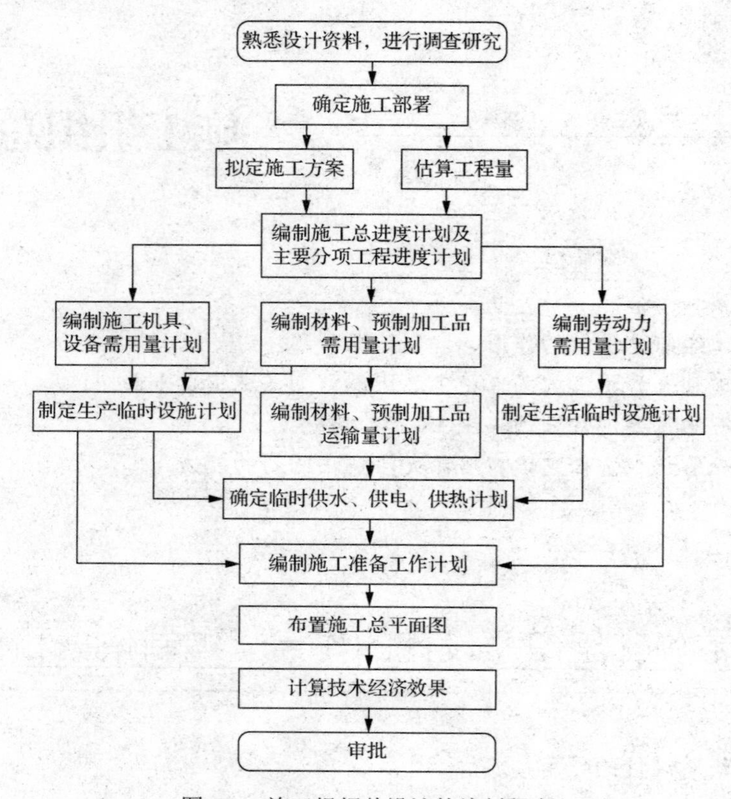

图 5-1 施工组织总设计的编制程序

5.2 工程概况

工程概况是对建设项目进行概括性的说明，是对拟建建设项目或建筑群所作的简单扼要、重点突出的文字介绍。

1. 建设项目内容

建设项目主要包括：工程项目、工程性质、建设地点、建设规模、总期限、分期分批投入使用的工程项目和工期、总占地面积、建筑面积、主要工种工程量；设备安装及其吨数；总投资、建筑安装工作量、工厂区和居住区的工作量；建筑结构类型、新技术的复杂程度。

2. 建设地区特征

建设地区特征主要包括：建设地区的自然条件和技术经济条件，如气象、水文、地质情况；能为该建设项目服务的施工单位、人力、机具、设备情况；工程的材料来源、供应情况；建筑构件的生产能力、交通情况及当地能提供给工程施工用的人力、水、电、建筑物情况。

3. 施工条件

施工项目对施工企业的要求，选定施工企业时，对其施工能力、技术装备水平、管理水平、主要材料、特殊物资供应情况、市场竞争能力和各项技术经济指标的完成情况等进行分析。

5.3 施工部署和施工方案

施工部署是对整个建设项目的施工全局作出的统筹规划和全局安排，主要解决影响建设项目全局的重大战略问题。施工部署和施工方案分别为施工组织设计的核心；施工部署和施工方案直接影响建设项目的进度、质量和成本 3 个目标的顺利实现，一般应考虑的主要内容有工程开展程序的确定、主要施工方案的拟定、施工任务的划分与组织安排。

1. 工程开展程序的确定

1）在保证工期的前提下，实行分期分批施工。实行分期分批建设，应统筹安排各类项目施工，保证重点，确保工程项目按期投产，既可使各具体项目迅速建成，尽早投入使用，又可在全局上实现施工的连续性和均衡性，降低工程成本。对于大中型民用建筑应分期分批建成，以便尽快让一批建筑物投入使用，发挥投资效益。

2）要考虑季节对施工的影响。例如，大规模土方工程和深基础工程施工，最好避开雨期。

3）在安排施工程序时应注意使已完工程的生产或使用与在建工程的施工互不妨碍，使生产、施工两不误。安排住宅区的施工程序时，除考虑住房外，还应考虑幼儿园、学校、商店和其他生活与公共设施的建设，以便交付使用后能保证居民的正常生活。

4）规划好为施工服务的工程项目，不仅有利于顺利完成建筑施工任务，而且也直接影响工程施工的技术经济效果。因此，要规划好施工现场的水、电、道路和场地平整的施工；在尽量利用当地条件和永久性建筑物为施工服务的情况下，合理安排施工和生活用的临时建筑物的建设；科学地规划预制构件厂和其他加工厂的数量和规模。

5）在安排工程顺序时，应按先地下后地上、先深后浅、先干线后支线的原则进行安排。例如，地下管线与筑路工程的开展程序，应先铺管线后修筑道路。

2. 施工方案的拟定

施工方案主要包括施工方法、施工顺序、机械设备选用和技术组织措施等内容。这些内容，在单位工程施工组织设计中已作了详细论述，而在施工组织总设计中的施工方案的拟定与其要求的内容和深度是不同的，它只需原则性地提出方案性的问题，如采用何种施工方法、构件吊装采用何种机械等。

对施工方法的确定要兼顾工艺技术的先进性和经济上的合理性；对施工机械的选择，应使主导机械的性能既能满足工程的需要，又能发挥其效能，在各个工程上能够实现综合流水作业，减少其拆、装、运的次数；对于辅助配套机械，其性能应与主导施工机械相适应，以充分发挥主导施工机械的工作效率。

3. 施工任务的划分与组织安排

实现建设顺序的规划，必须明确划分参与本建设项目的各施工单位和职能部门的任务，确定综合和专业化组织的相互配合；划分施工阶段，明确各单位分期分批的主攻项目和穿插项目，做出战役组织的决定。

5.4 施工总进度计划

根据建设项目的综合计划要求和施工条件，以拟建工程的投产和交付使用时间为目标，按照合理的施工顺序和日程安排的工程施工计划，称为施工总进度计划。

施工总进度计划的编制是根据施工部署对各项工程的施工做出时间上的安排。施工总进度计划的作用在于确定各单位工程、准备工程和全工地性工程的施工期限及其开竣工日期，确定各项工程施工的衔接关系，从而确定建筑工地上的劳动力、材料、半成品、成品的需要量和调配情况，附属生产企业的生产能力，建筑职工居住房屋的面积，仓库和堆场的面积，供水、供电和其他动力的数量等。

施工进度计划是施工组织设计中的主要内容，也是现场施工管理的中心内容。如果施工进度计划编制得不合理，将导致人力、物力的运用不均衡，延误工期，甚至还会影响工程质量和施工安全。因此，正确地编制施工总进度计划是保证各项工程及整个建设项目按期交付使用、充分发挥投资效果、降低建筑工程成本的重要条件。

施工总进度计划根据合理安排施工顺序，保证在劳动力、物资、资金消耗量最少的情况下，按期完成施工任务；并且采用合理的施工组织方法，使建设项目施工连续、均衡。施工总进度计划的编制步骤如下。

1. 计算各单位工程及全工地性工程的工程量

按初步设计（或扩大初步设计）图纸并根据定额手册或有关资料计算工程量。可根据下列定额、资料选取一种进行计算。

1）数万元、数十万元投资工程量、劳动力及材料消耗扩大指标。在这种定额中，规定了某一种结构类型建筑，每万元或每十万元投资中劳动力、主要材料等消耗数量。对照设计图纸中的结构类型，即可求得拟建工程分项需要的劳动力和主要材料消耗数量。

2）概算指标或扩大结构定额。这两种定额都是在预算定额基础上的进一步扩大。概算指标是以建筑物每100 m^3体积为单位；扩大结构定额则以每100 m^2建筑面积为单位。查定额时，首先查阅与本建筑物结构类型、跨度、高度相类似的部分，然后查出这种建筑物按定额单位所需的劳动力和各项主要建筑材料的消耗数量，从而便可求得拟计算建筑物所需的劳动力和材料的消耗数量。

3）标准设计或已建成的类似建筑物。在缺乏上述几种定额的情况下，可采用标准设计或已建成的类似建筑物实际所消耗的劳动力及材料，加以类推，按比例估算。但是和拟建工程完全相同的已建工程是比较少见的，因此在采用已建成工程的资料时，可根据设计图纸与预算定额予以折算调整。这种折算调整后的消耗指标都是各单位多年积累的经验数字，在实际工作中常采用这种方法计算。

除房屋外，还必须计算主要的全工地性工程的工程量，如平整场地的工程量，铁路、道路和地下管线的长度等，这些工程量可以根据建筑总平面图来计算。

将按上述方法计算出的工程量填入统一的工程量汇总表中。

2. 确定各单位工程的施工期限

建筑物的施工期限，随着各施工单位的机械化程度、施工技术和施工管理的水平、劳动力和材料供应情况等的不同，有很大差别。因此。应根据各施工单位的具体条件，并考虑建筑物的类型、结构特征、体积大小和现场环境等因素加以确定。此外，也可参考有关的工期定额来确定各单位工程的施工期限。工期定额是根据我国有关部门多年来的建设经验，在调查统计的基础上，经分析对比后制定的，是签订承发包合同和确定工期目标的依据。

3. 确定各单位工程的开工、竣工时间和相互衔接关系

在施工部署中已确定了总的施工程序、各生产系统的控制期限及搭接时间，但对每一单位工程具体开工时间、完工时间，尚未确定。通过对各主要建筑物的工期进行分析，确定各主要建筑物的施工期限之后，即可进一步安排各建筑物的搭接施工时间。安排各建筑物的开竣工时间和衔接关系时，应考虑以下因素。

1）保证重点，兼顾一般。在安排进度时，要分清主次，抓住重点，同一时期开工的项目不宜过多，以免分散有限的人力、物力。根据施工总体方案的要求分期分批安排施工项目。

2）力求做到连续、均衡地施工。安排进度时，应考虑在工程项目之间组织大流水施工，从而使各工种施工人员、施工机械在全工地内连续施工，同时使劳动力、施工机具和物资消耗量在全工地上达到均衡，避免出现突出的高峰和低谷，以利于劳动力的调度和原材料供应。另外，宜确定适量的调剂工程项目（如办公楼、宿舍、附属或辅助车间等），穿插在主要项目的流水中，以便保证在重点工程项目的前提下更好地实现均衡施工。

3）全面考虑各种条件限制。在确定各工程项目的施工顺序时，还应考虑各种客观条件的限制，如施工企业的施工力量，各种原材料、构件、设备的到货情况，设计单位提供图

纸的时间，各年度建设投资数量等。充分估计这些情况，以使每个施工项目的施工准备、土建施工、设备安装和试生产的时间能合理衔接。同时，由于建筑施工受季节、环境影响较大，因此经常会对某些项目的施工时间提出具体要求，以便安排施工的时间和顺序。

4. *编制施工总进度计划*

首先根据各施工项目的工期与搭接时间，编制初步进度计划；其次按照流水施工与综合平衡的要求，调整进度计划；最后绘制施工总进度计划，如表 5-1 所示。

表 5-1　施工总进度计划

<table>
<tr><th rowspan="3">序号</th><th rowspan="3">工程名称</th><th colspan="2" rowspan="2">建筑指标</th><th rowspan="3">设备安装指标</th><th rowspan="3">工程造价</th><th rowspan="3">施工天数</th><th colspan="8">进度计划</th></tr>
<tr><th colspan="4">第一年（月）</th><th colspan="4">第二年（季）</th></tr>
<tr><th>单位</th><th>数量</th><th>Ⅰ</th><th>Ⅱ</th><th>Ⅲ</th><th>Ⅳ</th><th>Ⅰ</th><th>Ⅱ</th><th>Ⅲ</th><th>Ⅳ</th></tr>
<tr><td></td><td></td><td></td><td></td><td></td><td></td><td></td><td></td><td></td><td></td><td></td><td></td><td></td><td></td><td></td></tr>
</table>

施工总进度计划的主要作用是控制每个建筑物或构筑物工期的范围，因此计划不宜制定得过细。

5.5 资源需要量计划

施工总进度计划编制完成后，以其为依据编制下列各种资源需要量计划。

1. *劳动力需要量计划*

劳动力需要量计划是规划临时设施和组织劳动力进场的基本依据。它是按照总进度计划中确定的各项工程主要工种工程量，先查概（预）算定额或有关资料求出各项工程主要工种的劳动力需要量，再将各项工程所需的主要工种的劳动力需要量进行汇总，最后得出整个建筑工程劳动力需要量计划。按总进度计划，在纵坐标方向将各个建筑同工种的人数叠加起来形成某工种劳动力需要量曲线图。建设项目土建施工劳动力需要量汇总表如表 5-2 所示。

表 5-2　建设项目土建施工劳动力需要量汇总表

<table>
<tr><th rowspan="3">序号</th><th rowspan="3">工种名称</th><th rowspan="3">劳动量/工日</th><th colspan="7">工业建筑及全工地性工程</th><th colspan="2">居住建筑</th><th rowspan="3">仓库、加工厂等临时建筑</th><th colspan="4" rowspan="2">20××年</th><th colspan="4" rowspan="2">20××年</th></tr>
<tr><th colspan="3">工业建筑</th><th rowspan="2">铁道</th><th rowspan="2">铁路</th><th rowspan="2">上下水道</th><th rowspan="2">电气工程</th><th rowspan="2">永久性</th><th rowspan="2">临时性</th></tr>
<tr><th>主厂房</th><th>辅助</th><th>附属</th><th>一</th><th>二</th><th>三</th><th>四</th><th>一</th><th>二</th><th>三</th><th>四</th></tr>
<tr><td></td><td></td><td></td><td></td><td></td><td></td><td></td><td></td><td></td><td></td><td></td><td></td><td></td><td></td><td></td><td></td><td></td><td></td><td></td><td></td><td></td></tr>
</table>

2. 构件、半成品及主要建筑材料需要量计划

根据工种工程量汇总表所列各建筑物的工程量，查万元定额或概算指标等有关资料，便可得出各建筑物所需的建筑材料、半成品和构件的需要量。然后根据总进度计划表，大致估计出某些建筑材料在某季度内的需要量，从而编制出建筑材料、半成品和构件的需要量计划。表 5-3 所示为建设项目土建工程所需构件、半成品及主要建筑材料需要量计划表。有了各种物资需要量计划，材料部门及有关加工厂便可据此准备所需的建筑材料、半成品和构件，并及时组织供应。

表 5-3　构件、半成品及主要建筑材料需要量计划表

序号	类别	构件、半成品及主要材料名称	单位	总计	运输线路	上下水工程	电气工程	工业建筑		居住建筑		其他临建工程	需要量计划							
								主要	辅助	永久性	临时性		20××年				20××年			
													一	二	三	四	一	二	三	四
	构件及半成品	钢筋、混凝土及钢筋混凝土，木结构、梁、楼板、屋架等工程钢结构模板，灰浆																		
	主要建筑材料	石灰砖，水泥，圆木，钢材，碎石																		

3. 主要机具需要量计划

主要机具需要量可按照施工部署、主要建筑物施工方案的要求，根据工程量和机械产量定额计算得出。至于辅助机械，可根据万元定额或概算指标求得。施工机具、需要量计划除为组织机械供应需要外，还可作为施工用电量、选择变压器容量等的计算依据。表 5-4 为施工机具需要量汇总表。

表 5-4　施工机具需要量汇总表

序号	机具设备名称	规格型号	电动机功率	数量				购置价格/千元	使用时间	备注
				单位	需用	现有	不足			

5.6 临时设施工程

在工程开工之前，对施工现场各种生产条件的组织和筹划是施工组织设计的基本任务，其涉及面非常广泛，需要解决的问题十分复杂，主要有生产加工企业的组织、工地仓库的组织、办公及生活临时设施的组织、工地供水组织和工地供电组织。

5.6.1 生产加工企业的组织

为了提高建筑工业化水平，简化现场施工工艺，缩短施工时间，必须安排好与建筑施工相配套的各类生产、加工附属企业，保证施工机械物资的供应。若工程所在地已具有某些能为工程提供服务的企业，且生产加工能力满足工程建设需要，则不必再自行组织这方面的业务；若当地原有企业生产能力不足，则可追加部分投资，采取合资、联营等形式，充分利用社会资源，按经济法则运行。

建筑生产企业的类型主要有混凝土搅拌站、砂浆搅拌站、钢筋混凝土构件预制厂、钢筋加工厂、木材加工厂、金属结构加工厂、施工机械维修厂，必要时还需组织地方材料的开采和加工企业等。

建筑土地生产企业的组织主要是根据工程所在地区的实际情况与工程施工的需要，首先确定需要设置的企业类型；然后分别就各个不同企业逐一确定其生产规模、产品的品种、生产工艺、厂房的建筑面积、结构形式和厂址的布置，以及确定原材料和产品的储存、运输和装卸等问题。

建筑工地生产企业所需设备的数量要根据工程施工对某种产品的加工量来确定。在求得对某种产品所需的日加工量后，即可根据生产工艺所要求的设备类型和其日生产率确定所需的各种设备数量。

建筑工地生产企业面积的大小，取决于设备的尺寸、工艺过程、建筑设计及安保与防火等的要求。通常可参考有关经验指标等资料加以确定。

建筑工地生产企业的厂房结构形式应根据地区条件和使用年限而定。

确定建筑工地附属生产企业所需的面积后，可根据建筑总平面图对各生产企业进行布置。其布置的内容应包括原料仓库、厂房、成品仓库、内外运输系统及管理用房等。布置的原则应保证生产流水线在整个企业内不发生逆流现象，并尽可能减少运输线路的交叉；生产企业的位置应设在便于原料运进和成品运出的地方；在满足运输要求的条件下，使工地的运输费最少。布置时，必须遵守有关技术规范及定额的要求和规定（包括卫生、防火、劳动保护及安全技术）。

5.6.2　工地仓库的组织

1. 工地仓库类型和结构

建筑工程施工中所用仓库如下。

1）转运仓库。设在火车站、码头等货物转运地点的仓库，作为转运之用，对物资进行短时间的储存。

2）中心仓库。用以储存整个企业、大型施工现场材料之用；根据情况不同可设在工地内，也可设在工地外。

3）现场仓库。为某一工程服务的仓库。

4）加工厂仓库。专供某加工厂储存原材料和已加工的半成品构件的仓库。

工地仓库结构按保管材料的方法不同可分为露天仓库、库棚和封闭库房。

2. 建筑材料储备量的确定

建筑工地仓库中材料储备的数量，既应保证工程连续施工的需要，又要避免储备量过大，造成材料积压，使仓库面积扩大而投资增加。因此，应结合具体情况确定适当的材料储备量。一般对于施工场地狭小、运输方便的工地，可少储存一些材料；对于加工周期长、运输不便、受季节影响的材料可多储存些。

对经常或连续使用的材料，如砖、瓦、砂、石、水泥、钢材等可按储备期计算，计算公式如下：

$$P = T_c \frac{Q_i K_i}{T} \tag{5-1}$$

式中：P——材料的储备量，m^3 或 t；

T_c——储备期定额，d；

Q_i——材料、半成品等总的需要量，m^3 或 t；

T——有关项目的施工总工作日，d；

K_i——材料使用不均衡系数。

计算仓库工程材料用量的有关系数如表 5-5 所示。

表 5-5　计算仓库工程材料用量的有关系数

序号	材料名称	单位	储备天数/d	储备期定额/d	堆置高度/m	仓库类型
1	钢材	t	40～50	1.5	1.0	
	工槽钢	t	40～50	0.8～0.9	0.5	露天
	角钢	t	40～50	1.2～1.8	1.2	露天
	钢筋（直筋）	t	40～50	1.8～2.4	1.2	露天
	钢筋（盘条）	t	40～50	0.8～1.2	1.0	棚或库约占 20%
	钢板	t	40～50	0.4～2.7	1.0	露天
	钢管 ϕ200 mm 以上	t	40～50	0.5～0.6	1.2	露天
	钢管 ϕ200 mm 以下	t	40～50	0.7～1.0	2.0	露天
	钢轨	t	20～30	2.3	1.0	露天
	铁皮	t	40～50	2.4	1.0	库或棚
2	生铁	t	40～50	5	1.4	露天
3	铸铁管	t	20～30	0.6～0.8	1.2	露天
4	散热器片	t	40～50	0.5	1.5	露天或棚

续表

序号	材料名称	单位	储备天数/d	储备期定额/d	堆置高度/m	仓库类型
5	水暖零件	t	20～30	0.7	1.4	库或棚
6	五金	t	20～30	1.0	2.2	库
7	钢丝绳	t	40～50	0.7	1.0	库
8	电线电缆	t	40～50	0.3	2.0	库或棚
9	木材	m^3	40～50	0.8	2.0	露天
	原木	m^3	40～50	0.9	2.0	露天
	成材	m^3	30～40	0.7	3.0	露天
	枕木	m^3	20～30	1.0	2.0	露天
	灰板条	千根	20～30	5	2.0	棚
10	水泥	t	30～40	1.4	1.5	库
11	生石灰（块）	t	20～30	1～1.5	1.5	棚
	生石灰（袋装）	t	10～20	1～1.5	1.5	棚
	石膏	t	10～20	1.2～1.7	2.0	棚
12	砂、石子人工堆置	m^3	10～30	1.2	1.5	露天
	砂、石子机械堆置	m^3	10～30	2.4	3.0	露天
13	块石	m^3	10～20	1.0	1.2	露天
14	红砖	千块	10～30	0.5	1.5	露天
15	耐火砖	t	20～30	2.5	1.8	棚
16	黏土瓦、水泥瓦	千块	10～30	0.25	1.5	露天
17	石棉瓦	张	10～30	25	1.0	露天
18	水泥管、陶土管	t	20～30	0.5	1.5	露天
19	玻璃	箱	20～30	6～10	0.8	库或棚
20	卷材	卷	20～30	15～24	2.0	库
21	沥青	t	20～30	0.8	1.2	露天
22	液体燃料润滑油	t	20～30	0.3	0.9	库
23	电石	t	20～30	0.3	1.2	库
24	炸药	t	10～30		1.0	库
25	雷管	t	10～30		1.0	库
26	煤	t	10～30	1.4	1.5	露天
27	炉渣	m^3	10～30	1.2	1.5	露天
28	钢筋混凝土构件板	m^3	3～7	0.14～0.24	2.0	露天
	梁、柱	m^3	3～7	0.12～0.18	1.2	露天
29	钢筋骨架	t	3～7	0.12～0.18	—	露天
30	金属结构	t	3～7	0.16～0.24	—	露天
31	铁件	t	10～20	0.9～1.5	1.5	露天或棚
32	钢门窗	t	10～20	0.65	2.0	棚
33	木门窗	m^3	3～7	30	2.0	棚
34	木屋架	m^3	3～7	0.3		露天
35	模板	m^3	3～7	0.7	—	露天
36	大型砌块	m^3	3～7	0.9	1.5	露天
37	轻型混凝土制品	m^3	3～7	1.1	2.0	露天
38	水、电及卫生设备	t	20～30	0.35	1.0	棚、库各约占 1/4
39	工艺设备	t	30～40	0.6～0.8	—	露天各约占 1/2
40	给中劳保用品	件		250	2.0	库

注：储备天数根据材料来源、运输条件等确定。一般就地供应的材料取表中之低值，外地供应采用铁路运输或水运者取高值。现场加工企业供应的成品、半成品的储备天数取低值，工程处的独立核算加工企业供应者取高值。

3. 仓库面积的确定

确定某一种建筑材料的仓库面积，与该种建筑材料需储备的天数、材料的需要量及仓库每平方米能储存定额等因素有关。而储备天数又与材料的供应情况、运输能力及气候等条件有关。因此，应结合具体情况确定最经济的仓库面积。

确定仓库面积时，必须将有效面积和辅助面积同时加以考虑。所谓有效面积，是材料本身占有的净面积，它是根据每平方米仓库面积的存放定额来决定的。辅助面积包括仓库中的走道及装卸作业所必需的面积。采用荷重计算法来计算仓库总面积。荷重计算法是指根据仓库总存储量，以及仓库有效面积上的单位面积承重能力来确定仓库面积的方法。计算公式为

$$S=\frac{QT}{T_0 q\alpha} \tag{5-2}$$

式中：S——仓库总面积，m^2；

Q——全年入库货物量，t；

T——货物平均储存期，d；

T_0——一年中工作的天数，d；

q——有效面积上的平均承重，t/m^2；

α——仓库面积利用系数。

5.6.3 办公及生活临时设施的组织

工程建设期间，必须为施工人员修建一定数量供行政管理与生活福利用的建筑。这类建筑有以下几种。

1）行政管理和辅助生产用房。包括办公室、传达室、消防站、汽车库及修理车间等。

2）居住用房。包括职工宿舍、招待所等。

3）生活福利用房。包括浴室、理发室、食堂、商店、邮局、银行、学校、托儿所等。

对行政管理与生活福利用临时建筑物的组织工作，一般有以下几个内容。

1）计算施工期间使用这些临时建筑物的人数。

2）确定临时建筑物的修建项目及其建筑面积。

3）选择临时建筑物的结构形式。

4）临时建筑物位置的布置。

在确定临时建筑物的数量前，先要确定使用这些房屋的人数。

在人数确定后，可计算临时建筑物所需的面积， 计算公式为

$$S=NP \tag{5-3}$$

式中：S——建筑面积，m^2；

N——人数，人；

P——建筑面积指标（表5-6）。

尽量利用建设单位的生活基地和施工现场及其附近的既有建筑物，或提前修建可以利用的其他永久性建筑物为施工服务。对不足的部分再考虑修建一些临时建筑物。临时建筑物要按节约、适用、装拆方便的原则进行设计。要考虑当地的气候条件、施工工期的长短

来确定建筑物的结构形式。有时，大型工业建设项目的施工年限较长，若采取分期分批施工和边建设边生产，则基建进展到一定时期，建设单位的生产工人就可陆续进厂。因此，利用永久性的生活基地为土建施工长期服务的可能性很小。所以，建设项目的建设年限在3～5年以上的工地，需要设置半永久性或永久性的基建生活基地。当基建工程完成后，基建队伍转移时，可以移交给建设单位或地方房管部门。表5-6所示为行政、生活福利临时设施建筑面积参考指标。

表5-6　行政、生活福利临时设施建筑面积参考指标　　单位：m^2/人

序号	临时房屋名称	指标使用方法	参考指标
一	办公室	按使用人数	3～4
二	宿舍		
	单层通铺	按高峰年（季）平均人数	2.5～3.0
	双层床	（扣除不在工地住人数）	2.0～2.5
	单层床	（扣除不在工地住人数）	3.5～4.0
三	家属宿舍		16～25 m^2/户
四	食堂	按高峰年平均人数	0.5～0.8
五	食堂兼礼堂	按高峰年平均人数	0.6～0.9
六	其他合计	按高峰年平均人数	0.5～0.6
	医务所	按高峰年平均人数	0.05～0.07
	浴室	按高峰年平均人数	0.07～0.1
	理发室	按高峰年平均人数	0.01～0.03
	俱乐部	按高峰年平均人数	0.1
	小卖部	按高峰年平均人数	0.03
	招待所	按高峰年平均人数	0.06
	托儿所	按高峰年平均人数	0.03～0.06
	子弟校	按高峰年平均人数	0.06～0.08
	其他公用	按高峰年平均人数	0.05～0.10
七	现场小型设施		
	小型开水房	按高峰年平均人数	10～40
	厕所	按工地平均人数	0.02～0.07
	工人休息室	按工地平均人数	0.15

5.6.4　建筑工地临时供水组织

为了满足建筑工地在生产、生活及消防等方面的用水需要，在建筑工地内应设置临时供水系统。

由于修建临时供水设施要消耗较多的投资，因此，在考虑工地供水系统时，必须充分利用永久性供水设施为施工服务。最好先建成永久性供水系统的主要构筑物，此时在工地仅需敷设某些局部的补充管网，即可满足供水需求。当永久性供水设施不能满足工地要求时，才设置临时供水设施。

建筑工地组织供水一般包括的主要内容：计算整个工地及各个地段的用水量；选择供

水水源；选择临时供水系统的配置方案；设计临时供水管网；设计各种供水构筑物和机械设备。

1．供水量的确定

建筑工地的用水，包括生产（一般生产用水和施工机械用水）、生活和消防用水 3 个方面。其计算方法如下：

1）工程施工用水量 q_1 为

$$q_1 = K_1 \sum \frac{Q_1 N_1}{T_1 C} \frac{K_2}{8 \times 3\,600} \tag{5-4}$$

式中：q_1——施工用水量，L/s；

Q_1——最大年（季）度工程量（以实物计量单位表示）；

N_1——施工用水定额（表 5-7）；

K_1——未预计的施工用水系数（1.05～1.15）；

T_1——年（季）度有效工作日，d；

K_2——用水不均衡系数（表 5-8）；

C——每日工作班次，班。

表 5-7　施工用水参考定额（N_1）

序号	用水对象	单位	耗水量	备注
1	现浇混凝土的全部用水	L/m^3	1 700～2 400	
2	搅拌普通混凝土	L/m^3	250	
3	搅拌轻质混凝土	L/m^3	300～350	
4	搅拌泡沫混凝土	L/m^3	300～400	
5	搅拌热混凝土	L/m^3	300～350	
6	混凝土养护（自然养护）	L/m^3	200～400	
7	混凝土养护（蒸汽养护）	L/m^3	500～700	
8	冲洗模板	L/m^2	5	
9	搅拌机清洗	L/台班	600	
10	人工冲洗石子	L/m^3	1 000	
11	机械冲洗石子	L/m^3	600	
12	洗砂	L/m^3	1 000	
13	砌砖工程的全部用水	L/m^3	150～250	
14	砌石工程的全部用水	L/m^3	50～80	
15	抹灰工程的全部用水	L/m^3	30	
16	耐火砖砌体工程	L/m^3	100～150	包括砂浆搅拌
17	浇砖	L/千块	200～250	
18	浇硅酸盐砌块	L/m^3	300～350	
19	抹面	L/m^2	4～6	包括调制用水
20	楼地面	L/m^2	190	
21	搅拌砂浆	L/m^3	300	

续表

序号	用水对象	单位	耗水量	备注
22	石灰消化	L/t	3 000	
23	上水管道工程	L/m	98	
24	下水管道工程	L/m	1 130	
25	工业管道工程	L/m	35	

表 5-8　施工机械用水不均衡系数（K）

编号	用水名称	系数
K_2	现场施工用水、附属生产企业用水	1.5，1.25
K_3	施工机械、运输机械、动力设备	2.00，1.05～1.10
K_4	施工现场生活用水	1.30～1.50
K_5	生活区生活用水	2.00～2.50

2）施工机械用水量q_2为

$$q_2 = K_1 \sum Q_2 N_2 \frac{K_3}{8 \times 3\,600} \tag{5-5}$$

式中：q_2——施工机械用水量，L/s；

K_1——未预计的施工用水系数（1.05～1.15）；

Q_2——同种机械台数，台；

N_2——施工机械用水定额（表 5-9）；

K_3——施工机械用水不均衡系数（表 5-8）。

表 5-9　施工机械用水参考定额（N_2）

序号	用水机械名称	单位	耗水量	备注
1	内燃挖土机	L/（台班·m^3）	200～300	以斗容量立方米计
2	内燃起重机	L/（台班·t）	15～18	以起重吨数计
3	蒸汽起重机	L/（台班·t）	300～400	以起重吨数计
4	蒸汽打桩机	L/（台班·t）	1 000～1 200	以锤重吨数计
5	蒸汽压路机	L/（台班·t）	100～200	以压路机吨数计
6	内燃压路机	L/（台班·t）	12～15	以压路机吨数计
7	拖拉机	L/（昼夜·台）	200～300	
8	汽车	L/（昼夜·台）	400～700	
9	标准轨蒸汽机车	L/（昼夜·台）	10 000～20 000	
10	窄轨蒸汽机车	L/（昼夜·台）	4 000～7 000	
11	空气压缩机	L/［台班·（m^3/min）］	40～80	以空气压缩机排气量 m^3/min 计
12	内燃机动力装置	L/（台班·马力）	120～300	直流水
13	内燃机动力装置	L/（台班·马力）	25～40	循环水
14	锅驼机	L/（台班·马力）	80～160	不利用凝结水
15	锅炉	L/（h·t）	1 000	以小时蒸发量计
16	锅炉	L/（h·m^2）	15～30	以受热面积计

注：1 马力=735W。

3）施工现场生活用水量 q_3 为

$$q_3 = \frac{P_1 N_3 K_4}{C \times 8 \times 3\,600} \tag{5-6}$$

式中：q_3——施工现场生活用水量，L/s；

P_1——施工现场高峰期生活人数，人；

N_3——施工现场生活用水定额，视当地气候、工程而定，一般为 20～60L/（人·班）；

K_4——施工现场生活用水不均衡系数（表 5-8）；

C——每天工作班次，班。

4）生活区生活用水量 q_4 为

$$q_4 = \frac{P_2 N_4 K_5}{24 \times 3\,600} \tag{5-7}$$

式中：q_4——生活区生活用水量，L/s；

P_2——生活区居民人数，人；

N_4——生活区昼夜全部用水定额（表 5-10）；

K_5——生活区用水不均衡系数（表 5-8）。

表 5-10　生活区昼夜全部用水定额（N_4）

序号	用水对象	单位	耗水量	备注
1	工地全部生活用水	L/（人·日）	100～120	
2	生活用水（盥洗生活饮用）	L/（人·日）	25～30	
3	食堂	L/（人·日）	15～20	
4	浴室（淋浴）	L/（人·次）	50	
5	淋浴带大池	L/（人·次）	30～50	
6	洗衣房	L/人	30～35	
7	理发室	L/（人·次）	15	
8	学校	L/（人·日）	12～15	
9	幼儿园/托儿所	L/（人·日）	75～90	
10	医院	L/（病床·日）	100～150	

5）消防用水量 q_5 可由表 5-11 中查出。

表 5-11　施工现场消防用水量

序号	用水名称	火灾同时发生次数	单位	用水量
1	居民消防用水 5 000 人以内 10 000 人以内 25 000 人以内	 1 2 3	 L/s L/s L/s	 10 10～15 15～20
2	施工现场消防用水 施工现场在 25 hm^2 以内 每增加 25 hm^2 递增	1	L/s	 10～15 5

6）总用水量 Q。由于生活用水是经常性的，施工用水是间断性的，而消防用水又是偶然性的，因此，工地的总用水量 Q 并不是全部计算结果的总和，而按以下公式计算：

① 当$q_1+q_2+q_3+q_4 \leqslant q_5$时，则

$$Q=q_5+\frac{1}{2}(q_1+q_2+q_3+q_4) \tag{5-8}$$

② 当$q_1+q_2+q_3+q_4>q_5$时，则

$$Q=q_1+q_2+q_3+q_4 \tag{5-9}$$

③ 当工地面积小于0.05 km²，并且$q_1+q_2+q_3+q_4<q_5$时，则

$$Q=q_5 \tag{5-10}$$

最后计算的总用水量，还应增加10%，以补偿不可避免的水管渗漏损失。

2. 选择水源

建筑工地临时供水水源有供水管道和天然水源两种。应尽可能利用现场附近已有供水管道，只有在工地附近没有现成的供水管道或现成给水管道无法使用及给水管道供水量难以满足使用要求时，才使用江河、水库、泉水、井水等天然水源。应根据下列情况确定水源。

1）利用现成的城市给水或工业给水系统。此时需注意其供水能力能否满足最大用水量，如果不能满足，则可利用一部分作为生活用水，而生产用水则利用地面水或地下水，这样可减少或不建临时给水系统。

2）在新开辟地区没有现成的给水系统时，应尽量先修建永久性的给水系统，至少是供水的外部中心设施，如水泵站、净化站、升压站及主要干线等。但应注意某些类型的工业企业，在部分车间投产后，可能耗水量很大，不易同时满足施工用水和部分车间生产用水。因此，必须事先做出充分的估计，采取措施，以免影响施工用水。

3）当没有现成的给水系统，而永久性给水系统又不能提前完成时，必须设立临时性给水系统。但是，临时给水系统的设计也应注意与永久性给水系统相适应，如管网的布置可以利用永久性给水系统。

3. 确定供水系统

临时供水系统可由取水设施、净水设施、储水构筑物（水塔或蓄水池）、输水管和配水管线综合而成。

1）确定取水设施。取水设施一般由进水装置、进水管和水泵组成。取水口距河底（或井底）一般为0.25～0.9 m，与冰层下表面的距离不得小于0.25 m。给水工程所用水泵有离心泵、隔膜和活塞泵3种。所选用的水泵应具有足够的抽水能力和扬程。水泵应具有的扬程计算公式为

$$\begin{cases} H_\mathrm{p}=(Z_\mathrm{t}-Z_\mathrm{p})+H_\mathrm{t}+a+h+h_\mathrm{s} \\ h=h_1+h_2 \\ h_1=iL \end{cases} \tag{5-11}$$

式中：H_p——水泵所需扬程，m；

Z_t——水塔处的地面标高，m；

Z_p——泵轴中线的标高，m；

H_t——水塔高度，m；

a——水塔的水箱高度，m；

h——从泵站到水塔间的水头损失，m；

h_1——沿程水头损失，m；

h_2——局部水头损失，m；

i——单位管长水头损失，mm/m；

h_s——水泵的吸水高度，m；

L——水管长度，m。

将水直接送到用户时，其扬程计算公式为

$$H_p = (Z_y - Z_p) + H_y + h + h_s \tag{5-12}$$

式中：Z_y——供水对象的最大标高，m；

H_y——供水对象最大标高处必须具有的自由水头，一般为 8～10 m；

h——水头损失，m。

2）确定储水构筑物。储水构筑物一般有水池、水塔或水箱。在临时供水时，如水泵房不能连续抽水，则需设置储水构筑物。其容量以每小时消防用水决定，但不得少于 10 m^3。储水构筑物（水塔）高度与水范围、供水对象位置及水塔本身的位置有关，计算公式为

$$H_p = (Z_y - Z_p) + H_y + h \tag{5-13}$$

式中符号意义同式（5-12）。

3）确定供水管径。在计算出工地的总需水量后，可计算供水管径，计算公式为

$$D = \sqrt{\frac{4Q}{\pi v \times 1\,000}} \tag{5-14}$$

式中：D——配水管内径，mm；

Q——用水量，L/s；

v——管网中水的流速，m/s（表 5-12）。

表 5-12　临时水管经济流速

项次	管径/mm	流速/（m·s）	
		正常时间	消防时间
1	支管 D<100	2	
2	生产消防管道 D=100～300	1.3	>3.0
3	生产消防管道 D>300	1.5～1.7	2.5
4	生产用水管道 D>300	1.5～2.5	3.0

4）选择管材。临时给水管道，根据管道尺寸和压力大小进行选择，一般干管为钢管或铸铁管，支管为钢管。

5.6.5　建筑工地供电业务组织

建筑工地供电组织包括计算用电总量、选择电源、确定变压器、确定导线截面面积并布置配电线路。

1. 工地用电量计算

施工现场用电量大体上可分为动力用电和照明用电两类。在计算用电量时，应考虑以

下几点。

1）全工地使用的电力机械设备、电气工具和照明的用电功率。

2）施工总进度计划中，施工高峰期同时用电的机械设备最大数量。

3）各种电力机械设备的利用情况。

总用电量计算公式为

$$P=(1.05\sim1.1)\left(K_1\frac{\sum P_1}{\cos\varphi}+K_2\sum P_2+K_3\sum P_3+K_4\sum P_4\right) \tag{5-15}$$

式中：P——供电设备总需要容量，kW；

P_1——电动机额定功率，kW；

P_2——电焊机额定容量，kW；

P_3——室内照明容量，kW；

P_4——室外照明容量，kW；

$\cos\varphi$——电动机的平均功率因数（施工现场最高为 0.75～0.78，一般为 0.65～0.75）；

K_1，K_2，K_3，K_4——需要系数（表 5-13）。

表 5-13　需要系数（K_1，K_2，K_3，K_4）

用电名称	数量/台	需要系数		备注
		K	数值	
电动机	3～10 11～30 30 以上	K_1	0.7 0.6 0.5	若施工中需要用电热，应将其用电量计算进去，为使计算接近实际，式中各项用电根据不同性质分别计算
加工厂动力设备			0.5	
电焊机	3～10 10 以上	K_2	0.6 0.5	
室内照明		K_3	0.8	
室外照明		K_4	1.0	

2. 电源选择

工地临时用电电源通常有以下几种情况。

1）完全由工地附近的电力系统供给。

2）工地附近的电力系统只能供给一部分，需在工地增设临时电站以补不足。

3）工地位于新开辟的地区，没有电力系统，电力完全由临时电站供给。

3. 变压器的确定

变压器功率可由下式计算

$$W=K\frac{\sum P}{\cos\varphi} \tag{5-16}$$

式中：W——变压器输出功率，kW；

K——功率损失系数，取 1.05；

$\sum P$——变压器服务范围内的总用电量，kW；

$\cos\varphi$——功率因数，一般为 0.75。

根据计算所得的容量，可从变压器产品目录中选用相近的变压器。

导线截面的确定。导线的截面先根据电流强度进行选择，再根据电压损失及力学强度进行校核。

1）按机械强度选择。导线必须具有足够的机械强度，以防导线因一般机械损伤而被折断。可按不同用途和敷设方式（参考有关资料）确定导线机械强度所容许的最小截面。

2）按允许电流选择。三相四线制线路上的电流计算公式为

$$I = \frac{P}{\sqrt{3}V\cos\varphi} \tag{5-17}$$

二线制线路上的电流计算公式为

$$I = \frac{P}{V\cos\varphi} \tag{5-18}$$

式中：I——电流值，A；

P——功率，W；

V——电压，V；

$\cos\varphi$——功率因数，临时管网取 0.75。

生产厂家根据导线的容许温升，确定了各类导线在不同敷设条件下的持续容许电流值，选择导线时，导线中的电流不能超过此值。

当按允许电压降确定时，导线上引起的电压降必须限制在一定限度内。配电导线的面积为

$$S = \frac{\sum PL}{C\varepsilon} \tag{5-19}$$

式中：S——导线截面面积，mm^2；

P——负荷电功率或线路输送的电功率，kW；

L——电路距离，m；

C——系数，视导线材料、送电电压及配电方式而定；

ε——容许的相对电压降（线路的电压损失百分比），照明电路中容许电压降不应超过 2.5%～5%。

5.7　施工总平面图

施工总平面图就是拟建工业建设项目或民用建筑群的施工场地总布置图，是施工部署在空间上的反映，主要解决建筑群施工所需各项设施和永久建筑相互间的合理布局。

施工总平面图是将已建的和拟建的永久性房屋和构筑物，以及施工时所需设置的附属生产企业、仓库、生活福利与行政管理用临时建筑物——临时给水排水系统、电力网、通

信网、蒸汽和压缩空气管线、临时运输道路等在平面图上进行规划和布置。施工总平面图的范围除包括建设项目所占有的地段外，还应包括施工时所必须使用的工地附近的某些地区。

对于规模巨大的建设项目，其建设工期往往很长，建筑施工的情况是一个变化的过程，随着工程的进展，建筑工地的面貌将不断改变。因此，宜按不同阶段分别绘制若干施工平面图。或者，根据工地的变化情况，及时对施工总平面图进行调整，以便符合不同时期的要求。

应根据工地大小及布置内容来确定图幅大小和绘图比例。图幅一般可选用1～2号图，比例一般采用1∶1 000或1∶2 000。

5.7.1 施工总平面图的设计原则和依据

施工总平面图的设计原则和依据如下。

1）在保证施工顺利进行的前提下，尽量不占、少占或缓占土地。

2）在满足施工要求的条件下，最大限度地降低工地的运输费，材料和半成品等仓库尽量靠近使用地点，保证使用方便，减少二次搬运。

3）尽量降低临时工程的修建费用。为此，要充分利用各种永久性建筑物为施工服务。对需要拆除的既有建筑物也应酌情加以利用，暂缓拆除。此外，要注意尽量缩短各种临时管线的长度。

4）要满足防火与技术安全的要求。为此，应将各种临建设施，尤其是易燃物仓库、加工厂（站）等布置在合理的位置上。设置消防站或必要的消防设施。临时建筑物与在建工程及临时建筑物之间的距离应符合防火要求。为保证生产上的安全，在规划道路时应尽量避免交叉。

5）要便于工人生产与生活，临时设施布置不能影响正式工程的施工，还应使工人在工地的往返时间尽可能地短，因此应正确合理地布置生活福利方面的临时设施。

5.7.2 施工总平面图的设计资料

施工总平面图的设计资料包括以下内容。

1）厂址位置图、区域规划图、厂区地形图、厂区测量报告、厂区总平面图、厂区竖向布置图及厂区主要地下设施布置图等。

2）全厂建设总工期、工程分期情况与要求。

3）施工部署和主要建筑物施工方案。

4）建筑施工总进度计划。

5）大宗材料、半成品、构件和设备的供应计划及其现场储备周期，材料、半成品、构件和设备的供货与运输方式。

6）各类临建设施的项目、数量和外围尺寸等。

5.7.3 施工总平面图的设计步骤

设计全工地性施工总平面图的步骤，主要取决于大宗材料、构件、设备等的场外、场内运输方式，一般可按下列顺序进行。

1. 研究大批量材料、半成品和零件的供应情况及运输方式

当大批材料由铁路运入工地时，应先解决铁路由何处引入及可能引到何处的方案。标准宽轨铁路的特点是转弯半径大，坡度限制严格，引入时应注意铁路的转弯半径和竖向设计；若大批材料是由水路或公路运入工地的，对于水路因河流是固定的，就可以考虑在码头附近布置生产企业或转运仓库；对于公路，因其可以灵活布置，就应该先解决仓库及生产企业的位置。使其尽可能布置在最合理最经济的地方，然后来布置通向场外的汽车路线。

2. 决定仓库位置

当有铁路线时，仓库的位置可以沿着铁路线布置，此时要注意是否有足够的卸货前线，如果不能取得足够的卸货前线，则必须考虑设备转运站（或转运仓库），以便临时卸下材料，然后转运到工程对象仓库中。当布置沿铁路线的仓库时，仓库的位置最好设在靠近工地同侧，以免将来在使用材料时，内部运输越过铁路线。同时还应注意，不宜在坡道与弯道上卸货。需要经常进行装卸作业的材料仓库，应该布置在支线尽头或专用线上，以免妨碍其他工作。仓库位于平坦、宽敞、交通便利之处，且满足安全技术和防火要求。

3. 加工厂的布置

对加工厂位置的主要要求是零件及半成品由生产企业运到需要地点的运输费用最少，并且应保证生产企业有较好的工作条件，使其生产与建筑安装工程的施工不致互相干扰，并要考虑其将来的扩建和发展。在布置加工厂时，主要集中设置在工地边缘，而且多数情况均与材料的来源和运输方式有密切关系。

4. 内部运输道路的布置

工地内部运输道路是联系各加工厂、仓库同各施工对象之间的通道。当选定加工厂和仓库的位置后应着手研究物流图；根据运输量的不同分为主要道路和次要道路，然后进行道路的规划。为节约修筑临时道路的费用，以及使车辆行驶安全、方便，应尽量利用拟建的永久性道路，或先修永久性道路路基并铺设简易路面。主要道路应按环形线路布置；次要道路可布置成单行线，但应设置回车场，要尽量避免与铁路交叉。

5. 各种临时设施的位置

全工地行政管理用的总办公室应设在工地入口处，以便接待外来人员；而施工人员办公室则应尽可能靠近施工对象；工人用的生活福利设施，如商店、小卖部、俱乐部等应设在工人聚集较多的地方或工人出入必经之处。食堂可以布置在工地内部，应视具体情况而定。还应适当设立浴室、商店、食堂及文化体育设施。

6. 临时水电管网的布置

根据工程所在地的水电供应情况，分别考虑不同的布置方案。首先，利用已有水源、电源时，从外面接入工地，主要管网沿主干道布置，然后与各单位工程沟通；其次，当无法利用当地的水源和电源时，应自行设计临时发电设备、开发地上和地下水源，并设立输

送管网。临时水池、水塔应设在地势较高处，临时给水排水干管和输电干线应沿主要干道布置，最好形成环形线路。

7. 安全防火设施的布置

根据防火规定，应设立消防站，其位置应在易燃建筑物（木材仓库等）附近，必须有畅通的出口和消防车道（应在布置运输道路时同时考虑），其宽度不得小于6 m，与拟建房屋的距离不得大于25 m，也不得小于5 m，沿着道路应设置消火栓，其间距不得大于120 m，消火栓与邻近道路边的距离不得大于2 m。

工程应用案例

某住宅小区，建筑面积为21.3万m^2，最高建筑为33层（女儿墙距室外地坪95.6 m），根据施工总进度计划确定出施工高峰和用水高峰在第三季度，主要工程量和施工人数如下：日最大混凝土浇筑量为2 000 m^3，施工现场高峰人数为1 300人，临时用房3 850 m^2，临时用房的临时室外消防用水量如表5-14所示，在建工程的临时室外消防用水量如表5-15所示，在建工程的临时室内消防用水量如表5-16所示。施工现场处于市政消火栓150 m保护范围内，且市政消火栓的数量满足室外消防用水量要求。

问题：

（1）计算现场总用水量。

（2）计算需要多大管径的埋地给水管。

表5-14 临时用房的临时室外消防用水量

临时用房的建筑面积之和	火灾延续时间/h	消火栓用水量/（L/s）	每支水枪最小流量/（L/s）
1 000 m^2<面积≤5 000 m^2	1	10	5
面积>5 000 m^2	1	15	5

表5-15 在建工程的临时室外消防用水量

在建工程（单体）体积	火灾延续时间/h	消火栓用水量/（L/s）	每支水枪最小流量/（L/s）
1 000 m^3<体积≤3 000 m^3	1	10	5
体积>3 000 m^3	2	15	5

表5-16 在建工程的临时室内消防用水量

建筑高度、在建工程体积（单体）	火灾延续时间/h	消火栓用水量/（L/s）	每支水枪最小流量/（L/s）
24 m<建筑高度≤50 m 或3 000 m^3<体积≤5 000 m^3	1	10	5
建筑高度>50 m或体积>5 000 m^3	1	15	5

答案:

(1)现场总用水量。

1)施工工程用水量计算。

$$q_1 = K_1 \times \frac{\sum Q_1 N_1 K_2}{8 \times 3\,600} = 1.05 \times \frac{2\,000 \times 350 \times 1.5}{8 \times 3\,600} \approx 38.3(\text{L/s})$$

式中:q_1——施工用水量;

K_1——预计的施工用水系数,取 1.05;

Q_1——日工程量;

N_1——浇筑混凝土施工用水定额,取 350/m^3(采用预拌混凝土,只考虑养护用水);

K_2——用水不均衡系数,取 1.5。

2)施工机械用水量计算。

本工程没有使用用水机械,不考虑施工机械用水,故 q_2=0(L/s)。

3)施工现场生活用水量计算。

$$q_3 = \frac{P_2 N_2 K_2}{8 \times 3\,600} = \frac{1\,300 \times 60 \times 1.5}{8 \times 3\,600} \approx 4(\text{L/s})$$

式中:q_3——施工现场生活用水量;

P_2——施工现场人数,此处取施工现场高峰人数 1 300 人;

N_2——浇筑混凝土施工用水定额,取 60 L/人。

4)生活区生活用水量计算。

该施工现场没有规模生活住宅小区,不考虑该项用水,故 q_4=0(L/s)。

5)消防用水量计算。

根据本工程背景,建筑面积为 21.3 万 m^2,最高建筑为 33 层(女儿墙距室外地坪 95.6 m),临时用房 3 850 m^2,查表 5-14 ~ 表 5-16 得

$$q_5 = 15 + 15 = 30(\text{L/s})$$

6)总用水量计算。

$$q_1 + q_2 + q_3 + q_4 = 38.3 + 0 + 4 + 0 = 42.3(\text{L/s})$$

$$42.3\text{L/s} > q_5 = 30(\text{L/s})$$

42.3 L/s 满足消防用水。

由于要补偿不可避免的水管渗漏损失,即

$$Q = 1.1 \times 42.3 \approx 46.5(\text{L/s})$$

因此,现场总用水量为 46.5 L/s。

(2)管径计算。

$$D=\sqrt{\frac{4Q}{\pi v\times 1\,000}}$$
$$=\sqrt{\frac{4\times 46.5}{\pi\times 1.5\times 1\,000}}$$
$$\approx 0.198\,7(\mathrm{m})$$

式中：v——管网中水的流速，此处取 1.5 m/s。

因此，选择 D=200 mm 的埋地给水管。

复习思考题

一、单项选择题

1．单位工程施工平面图设计第一步应考虑的内容为（　　）。

A．起重机械布置

B．搅拌站、加工厂、仓库、材料、构件堆场的布置

C．运输道路的修筑

D．供水设施的布置

2．编制施工组织设计时，下列（　　）不是生产过程安排所追求的经济特性。

A．连续性　　B．均衡性　　C．环境适应性　　D．协调性

3．下列不属于施工组织总设计编制作用的是（　　）。

A．从全局出发，为整个项目的施工阶段做出全面的战略部署

B．为做好施工准备工作，保证资源供应提供依据

C．改善环境来适应系统

D．确定设计方案施工的可行性和经济合理性

4．施工总平面图设计步骤中的第一步应当是（　　）。

A．场外交通的引入　　B．布置仓库

C．布置场内运输道路　　D．布置临时房屋

5．下列活动中不属于施工组织准备的是（　　）。

A．建立拟建工程项目的领导机构　　B．建立精干的施工队组

C．组织审查施工图　　D．建立健全各项管理制度

二、多项选择题

1．下列属于施工组织设计要求技术经济效果的是（　　）。

A．连续性　　B．均衡性　　C．协调性

D．单件性　　E．关联性

2．施工部署的主要内容应包括（　　）。

A．施工任务划分与组织安排　　B．主要施工准备工作计划

C．主要工程项目施工方案的制定　　D．工程开展顺序的确定

E．平面图绘制

3．下列关于单位工程施工平面图的设计要求描述正确的有（　　）。

A．布置紧凑，占地要省，不占或少占农田

B．短运输，少搬运。二次搬运要减到最少

C．临时工程要在满足需要的前提下，少用资金

D．利于生产、生活、安全、消防、环保，符合国家法规要求

E．要封闭布置

4．以下关于施工机械选择的描述正确的有（　　）。

A．首先选择主导工程的施工机械

B．各种辅助机械应与主导机械的生产能力协调配套

C．同一工地上，应力求建筑机械的种类和型号尽可能少一些，以利于机械管理

D．机械选择应考虑充分发挥施工单位现有机械的能力

E．选择的设备应当尽可能先进

三、简答题

1．施工组织总设计的主要内容有哪些？

2．单位工程施工组织设计编制的主要内容有哪些？

3．甲建筑公司为工程总承包商，承接了某市冶金机械厂的施工任务，该项目有铸造车间、机加工车间、检测中心等多个工业建筑和办公楼等配套工程，经建设单位同意，车间等工业建筑由甲公司施工，将办公楼土建装修分包给乙建筑公司，为了确保按合同工期完成施工任务，甲公司和乙公司均编制了施工进度计划。

问题：

（1）甲、乙公司应当分别编制哪些施工进度计划？施工进度计划的编制步骤是什么？

（2）乙公司编制施工进度计划的依据是什么？

（3）编制施工进度计划常用的表达方式有哪两种？

单位工程施工组织设计

学习要求

1. 熟悉单位工程施工组织设计的基本概念、编制依据与原则、编制程序与内容；
2. 掌握单位工程施工程序及施工顺序、施工起点及流向确定方法；
3. 掌握施工方法、施工机械选择及各项技术组织措施的制定方法；
4. 掌握单位工程施工进度计划及资源需要量计划的编制方法；
5. 掌握单位工程施工平面图的设计方法；
6. 树立成本意识、标准意识，培养团结协作的团队意识。

单位工程施工组织设计是以单位（子单位）为主要对象编制的施工组织设计，对单位（子单位）工程的施工过程起指导和制约作用，是建筑施工企业组织和指导单位工程施工全过程各项活动的技术经济文件。它是基层施工单位编制季度、月度、旬施工作业计划，分部分项工程作业设计及劳动力、材料、预制构件、施工机具等供应计划的主要依据，也是建筑施工企业加强生产管理的一项重要工作。本单元主要介绍单位工程施工组织设计的编制内容和方法。

6.1 单位工程施工组织设计概述

单位工程施工组织设计一般由施工单位的工程项目主管工程师负责编制，并根据工程项目的大小，报公司总工程师审批或备案。它必须在工程开工前编制完成，以作为工程施工技术资料准备的重要内容和关键成果，并应经该工程监理单位的总监理工程师批准方可实施。

6.1.1 单位工程施工组织设计的编制依据

单位工程施工组织设计的编制依据如下。

1）主管部门的批示文件及有关要求。其主要有上级机关对工程的有关指示和要求，建设单位对施工的要求，施工合同中的有关规定等。

2）经过会审的施工图。其包括单位工程的全套施工图纸、图纸会审纪要及有关标准图。

3）施工企业年度施工计划。其主要有本工程开、竣工日期，以及与其他项目穿插施工的要求等。

4）施工组织总设计。本工程是整个建设项目中的一个项目，应把施工组织总设计作为编制依据。

5）工程预算文件及有关定额。应有详细的分部分项工程量，必要时应有分层、分段、分部位的工程量，使用的预算定额和施工定额。

6）建设单位对工程施工可能提供的条件。其主要有供水、供电、供热的情况及可借用作为临时办公、仓库、宿舍的施工用房等。

7）施工条件。其主要有地形、地质、水文、气象、交通运输以及供水、供电、供气等情况。

8）施工现场的勘察资料。其主要有高程、地形、地质、水文、气象、交通运输、现场障碍物等情况及工程地质勘察报告、地形图、测量控制网。

9）有关的规范、规程和标准。其主要有《建筑工程施工质量验收统一标准》（GB 50300—2013）等14项建筑工程施工质量验收规范。

10）有关的参考资料及施工组织设计实例。

6.1.2　单位工程施工组织设计的编制程序

单位工程施工组织设计的编制程序，是指单位工程施工组织设计各个组成部分形成的先后次序及相互之间的制约关系，如图 6-1 所示。

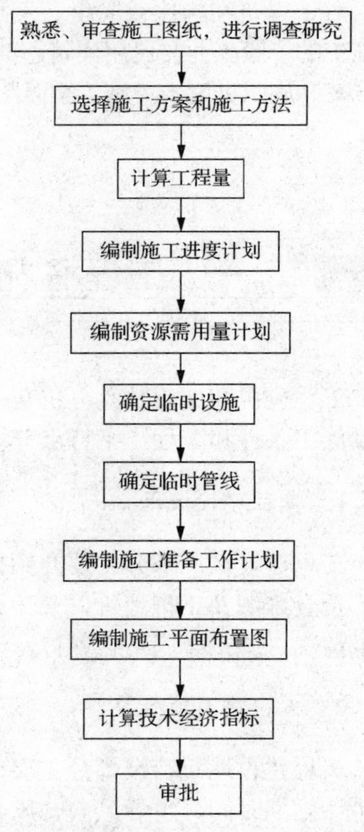

图 6-1　单位工程施工组织设计的编制程序

6.1.3　单位工程施工组织设计的内容

根据工程的性质、规模、结构特点、技术复杂难易程度和施工条件等，单位工程施工组织设计编制内容的深度和广度也不尽相同。但一般来说应包括下述主要内容。

1. 工程概况及施工特点分析

工程概况及施工特点分析主要包括工程建设概况、设计概况、施工特点分析和施工条件等内容，详见 6.2 节。

2. 施工部署与主要施工方案

施工部署与主要施工方案主要包括确定各分部分项工程的施工顺序、施工方法和选择适用的施工机械，制定主要技术组织措施，详见 6.3 节。

3. 单位工程施工进度计划表

单位工程施工进度计划表主要包括确定各分部分项工程名称，计算工程量，计算劳动量和机械台班量，计算工作延续时间，确定施工班组人数及安排施工进度，编制资源需用量与施工准备工作计划及劳动力、主要材料、预制构件、施工机具需要量计划等内容，详见6.4节、6.5节。

4. 单位工程施工平面图

单位工程施工平面图主要包括确定起重垂直运输机械、搅拌站、临时设施、材料及预制构件堆场布置，运输道路布置，临时供水、供电管线的布置等内容，详见6.6节。

5. 主要技术经济指标

主要技术经济指标包括工期指标、工程质量指标、安全指标、降低成本指标等内容。

对于建筑结构比较简单、工程规模比较小、技术要求比较低，且采用传统施工方法组织施工的一般工业与民用建筑，其施工组织设计可以编制得简单一些，其内容一般只包括施工方案、施工进度表、施工平面图，辅以扼要的文字说明，简称为“一案一表一图”。

6.2 工程概况和施工特点分析

工程概况和施工特点分析包括工程建设概况，工程建设地点特征，建筑、结构设计概况，施工条件和工程施工特点分析等内容。

1. 工程建设概况

工程建设概况部分主要介绍拟建工程的建设单位、工程名称、性质、用途和建设的目的，资金来源及工程造价，开工日期、竣工日期，设计单位、施工单位、监理单位，施工图纸情况，施工合同是否签订，上级有关文件或要求，以及组织施工的指导思想等。

2. 工程建设地点特征

工程建设地点特征部分主要介绍拟建工程的地理位置、地形、地貌、地质、水文、气候、冬雨期时间、主导风向、风力和抗震设防烈度等。

3. 建筑、结构设计概况

建筑、结构设计概况部分主要根据施工图纸，结合调查资料，简练地概括工程全貌，综合分析，突出重点问题。对新结构、新材料、新技术、新工艺及施工的难点进行重点说明。

建筑设计概况主要介绍拟建工程的建筑面积、平面形状和平面组合情况、层数、层高、总高、总长、总宽等尺寸及室内外装修的情况。

结构设计概况主要介绍基础的形式、埋置深度、设备基础的形式、主体结构的类型，墙、柱、梁、板的材料及截面尺寸，预制构件的类型及安装位置，楼梯构造及形式等。

4. 施工条件

施工条件部分主要介绍“三通一平”的情况，当地的交通运输条件，资源生产及供应情况，施工现场大小及周围环境情况，预制构件生产及供应情况，施工单位机械、设备、劳动力的落实情况，内部承包方式、劳动组织形式及施工管理水平，现场临时设施、供水、供电问题的解决。

5. 工程施工特点分析

工程施工特点分析部分主要介绍拟建工程施工特点和施工中关键问题、难点所在，以便突出重点、抓住关键，使施工顺利进行，提高施工单位的经济效益和管理水平。

6.3 施工部署与主要施工方案

施工部署是对项目实施过程作出的统筹规划和全面安排，包括项目施工主要目标、施工顺序及空间组织安排等。施工方案是以分部（分项）工程或专项工程为主要对象编制的施工技术与组织方案，用以具体指导其施工过程。

施工部署及主要施工方案的选择是单位工程施工组织设计中的重要环节，是决定整个工程全局的关键。主要施工方案选择得恰当与否，将直接影响单位工程的施工效率、进度安排、施工质量、施工安全、工期长短。因此，工程管理人员必须在若干个初步方案的基础上进行认真分析比较，力求选择出一个最经济、最合理的施工方案。

施工部署着重解决以下几个方面的问题。

1）工程施工目标。根据施工合同、招标文件及本单位对工程管理目标的要求确定工程施工目标，包括进度、质量、安全、环境和成本等目标。各项目标应满足施工组织总设计中定的总体目标。

2）施工进度安排和空间组织应符合下列规定。

① 工程主要施工内容及其进度安排应明确说明，施工顺序应符合工序逻辑关系。

② 施工流水段应结合工程具体情况分阶段进行划分。单位工程施工阶段的划分一般包括地基基础、主体结构、装修装饰和机电设备安装4个阶段。

3）对于工程施工的重点和难点进行分析，包括组织管理和施工技术两方面。

4）工程管理的组织机构形式应符合施工组织总设计的要求，并确定项目经理部的工作岗位设置及其职责划分。

5）对于工程施工中开发和使用的新技术、新工艺作出部署，对新材料和新设备的使用提出技术及管理要求。

6）对主要分包工程施工单位的选择要求及管理方式进行简要说明。

6.3.1 施工顺序的确定

1. 确定施工顺序应遵循的基本原则和基本要求

确定合理的施工顺序是选择施工方案首先应考虑的问题。施工顺序是指工程开工后各分部分项工程施工的先后次序。确定施工顺序既是为了按照客观的施工规律组织施工，也是为了解决工种之间的合理搭接等问题，在保证工程质量和施工安全的前提下，充分利用空间，以达到缩短工期的目的。

在实际工程施工中，施工顺序可以有多种。不仅不同类型建筑物的建造过程有着不同的施工顺序，而且在同一类型的建筑工程施工中，甚至同一幢建筑的施工，也会有不同的施工顺序。因此，本节的基本任务就是如何在众多的施工顺序中，选择出既符合客观规律，又经济合理的施工顺序。

（1）确定施工顺序应遵循的基本原则

1）先地下后地上。本原则指的是在地上工程开始之前，须把管道、线路等地下设施、土方工程和基础工程全部完成或基本完成。坚固耐用的建筑需要有一个坚实的基础，从工艺的角度考虑，也必须先地下后地上，地下工程施工时应做到先深后浅，这样可以避免对地上部分施工产生干扰，从而影响工程质量。

2）先主体后围护。本原则指的是在框架结构建筑和装配式单层工业厂房施工中，先进行主体结构施工，后完成围护工程。同时，框架主体结构与围护工程在总的施工顺序上要合理搭接，一般来说，多层建筑以少搭接为宜，而高层建筑则应尽量搭接施工，以缩短施工工期；而装配式单层工业厂房主体结构与围护工程一般不搭接施工。

3）先结构后装修。本原则是对一般情况而言的，有时为了缩短施工工期，也可以有部分合理的搭接。

4）先土建后设备。本原则指的是不论是民用建筑还是工业建筑，一般来说，土建施工应先于水、暖、煤、卫、电等建筑设备的施工。但它们之间更多的是穿插配合关系，尤其在装修阶段，要从保证施工质量、降低成本的角度，处理好相互之间的关系。

以上原则并不是一成不变的，在特殊情况下，如在冬期施工之前，应尽可能完成土建和围护工程，以利于施工中的防寒和室内作业的开展，从而达到改善工人的劳动环境、缩短工期的目的。又如，对于大板建筑施工，大板承重结构部分和某些装饰部分宜在加工厂同时完成。因此，随着我国施工技术的发展、企业经营管理水平的提高，以上原则也在进一步完善之中。

（2）确定施工顺序的基本要求

1）必须符合施工工艺的要求。建筑物在建造过程中，各分部分项工程之间存在着一定的工艺顺序关系，它随着建筑物结构和构造的不同而变化，应在分析建筑物各分部分项工程之间的工艺关系的基础上确定施工顺序。例如，基础工程未做完，其上部结构就不能进行，垫层需在土方开挖后才能施工；采用砌体结构时，下层的墙体砌筑完成后方能施工上层楼面；但在框架结构工程中，墙体作为围护或隔断，则可安排在框架施工全部或部分完成后进行。

2）必须与施工方法协调一致。例如，在装配式单层工业厂房施工中，若采用分件吊装法，则施工顺序是先吊装柱、再吊装梁、最后吊装各个节间的屋架及屋面板等；若采用综合吊装法，则施工顺序为一个节间全部构件吊装完成后，再依次吊装下一个节间，直至构件吊装完。

3）必须考虑施工组织的要求。例如，有地下室的高层建筑，其地下室地面工程可以安排在地下室顶板施工前进行，也可以安排在地下室顶板施工后进行。从施工组织方面考虑，前者施工较方便，上部空间宽敞，可以利用吊装机械直接将地面施工用的材料运送到地下室；而后者，地面材料的运输和施工比较困难。

4）必须考虑施工质量的要求。在安排施工顺序时，要以保证和提高工程质量为前提，影响工程质量时，要重新安排施工顺序或采取必要的技术措施。例如，屋面防水层施工，特别是柔性防水层的施工，必须等找平层干燥后才能进行，否则将影响防水工程的质量。

5）必须考虑当地的气候条件。例如，在冬期和雨期施工之前，应尽量先做基础工程、室外工程、门窗玻璃工程，为地上和室内工程施工创造条件。这样有利于改善工人的劳动环境，有利于保证工程质量。

6）必须考虑安全施工的要求。在立体交叉、平行搭接施工时，一定要注意安全问题。例如，在主体结构施工时，水、暖、煤、卫、电的安装与构件、模板、钢筋等的吊装和安装不能在同一个工作面上，必要时采取一定的安全保护措施。

2. 多层砌体结构民用房屋的施工顺序

多层砌体结构民用房屋的施工，按照房屋结构各部位不同的施工特点，可分为基础工程、主体工程、屋面及装修工程 3 个施工阶段，如图 6-2 所示。

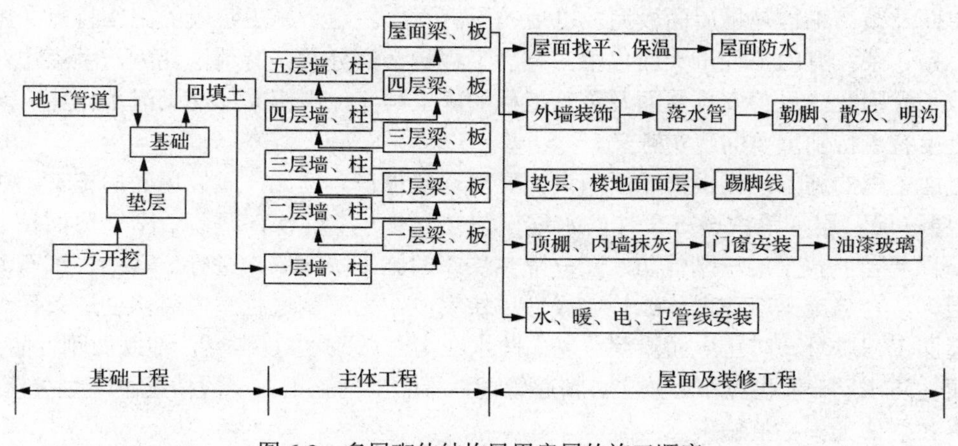

图 6-2　多层砌体结构民用房屋的施工顺序

（1）基础工程施工顺序

基础工程是指室内地面以下的工程。其施工顺序比较容易确定，一般是土方开挖→垫层→基础→回填土。具体内容视工程设计而定。如有桩基础工程，应另列桩基础工程。如有地下室，则施工过程和施工顺序一般是挖土方→垫层→地下室底板→地下室墙、柱结构→地下室顶板→防水层及保护层→回填土。但由于地下室结构、构造不同，有些施工内容应有一定的配合和交叉。

在基础工程施工阶段，挖土方与做垫层这两道工序，在施工安排上要紧凑，时间间隔不宜太长，必要时可将挖土方与做垫层合并为一个施工过程。在施工中，可以采取集中人力，分段流水进行施工，以避免基槽（坑）土方开挖后，因垫层施工未能及时进行，使基槽（坑）浸水或受冻害，从而使地基承载力下降，造成工程质量事故或引起工程量、劳动力、机械等资源的增加。同时还应注意混凝土垫层施工后必须有一定的技术间歇时间，使之具有一定的强度后再进行下一道工序的施工。各种管沟的挖土、铺设等施工过程，应尽可能与基础工程施工配合，采取平行搭接施工。回填土一般在基础工程完工后一次性分层、对称夯填，以避免基础受到浸泡并为后一道工序施工创造条件。当回填土工程量较大且工期较紧时，也可将回填土分段施工并与主体结构搭接进行，室内回填土可安排在室内装修施工前进行。

（2）主体工程施工顺序

主体工程是指基础工程以上，屋面板以下的所有工程。这一施工阶段主要包括安装起重垂直运输机械设备，搭设脚手架，砌筑墙体，现浇柱、梁、板、雨篷、阳台、楼梯等施工内容。其中，砌墙和现浇楼板是主体工程施工阶段的主导过程。两者在各楼层中交替进行，应注意使它们在施工中保持均衡、连续、有节奏地进行；并以它们为主组织流水施工，根据每个施工段的砌墙和现浇楼板工程量、工人人数、吊装机械的效率、施工组织的安排等计算确定流水节拍大小，而其他施工过程则应配合砌墙和现浇楼板组织流水施工，搭接进行。例如，脚手架搭设应配合砌墙和现浇楼板逐段逐层进行；其他现浇钢筋混凝土构件的支模、绑扎钢筋可安排在现浇楼板的同时或砌筑墙体的最后一步插入，要及时做好模板、钢筋的加工制作工作，以免影响后续工程的工期。

（3）屋面及装修工程施工顺序

屋面及装修工程是指屋面板完成以后的所有工作。这一施工阶段的施工特点：施工内容多、繁、杂；有的工程量大而集中，有的工程量小而分散；劳动消耗大，手工作业多，工期较长。因此，妥善安排屋面及装修工程的施工顺序，组织立体交叉流水作业，对加快工程进度有着特别重要的现实意义。

屋面工程的施工，应根据屋面的设计要求逐层进行。例如，柔性屋面的施工顺序按照“隔汽层→保温层→隔汽层→柔性防水层→隔热保护层”的次序进行。刚性屋面按照“找平层→保温层→找平层→刚性防水层→隔热层”的施工顺序依次进行，其中，细石混凝土防水层、分仓缝施工应在主体结构完成后尽快完成，为顺利进行室内装修创造条件。为了保证屋面工程质量，防止屋面渗漏，屋面防水在南方做成“双保险”，即既做刚性防水层，又做柔性防水层，但也应精心施工，精心管理。屋面工程施工在一般情况下不划分流水段，它可以和装修工程搭接施工。

装修工程的施工可分为室外装修（檐沟、女儿墙、外墙、勒脚、散水、台阶、明沟、雨水管等）和室内装修（顶棚、墙面、楼面、地面、踢脚线、楼梯、门窗、五金、油漆及玻璃等）两个方面的内容。其中内墙、外墙及楼面、地面的饰面是整个装修工程施工的主导过程，因此，要着重解决饰面工作的空间顺序。

根据装修工程的质量、工期、施工安全及施工条件，其施工顺序一般有以下几种。

1）室外装修工程。室外装修工程一般采用自上而下的施工顺序，在屋面工程全部完工后，室外抹灰从顶层至底层依次逐层向下进行。其施工流向一般为水平向下，如图 6-3

所示。采用这种顺序的优点是可以使房屋在主体结构完成后，有足够的沉降期和收缩期，从而可以保证装修工程质量，同时便于脚手架的及时拆除。

2）室内装修工程。室内装修自上而下的施工顺序是指主体工程及屋面防水层完工后，室内抹灰从顶层往底层依次逐层向下进行。其施工流向又可分为水平向下和垂直向下两种，如图 6-4 所示，通常采用水平向下的施工流向。采用自上而下施工顺序的优点是可以使房屋主体结构完成后，有足够的沉降期和收缩期，沉降变化趋向稳定，这样可保证屋面防水工程质量，不易产生屋面渗漏，也能保证室内装修质量，可以减少或避免各工种操作互相交叉，便于组织施工，有利于施工安全，而且也方便楼层清理。其缺点是不能与主体及屋面工程施工搭接，故总工期相对较长。

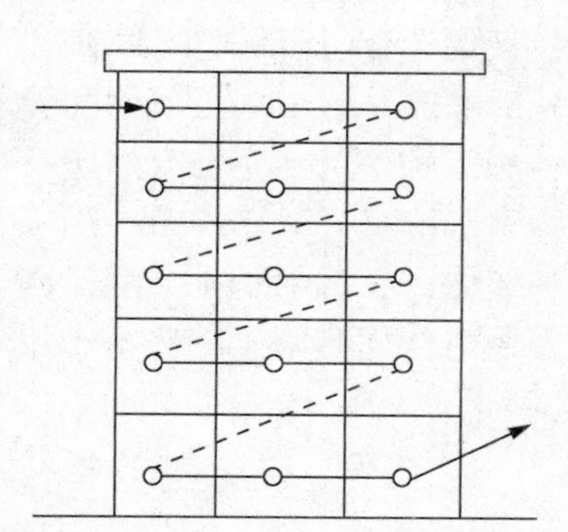

图 6-3　室外装修工程自上而下的施工流向（水平向下）

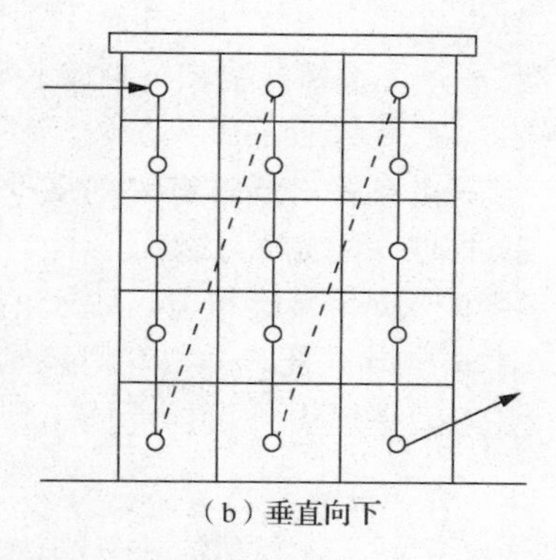

（a）水平向下　（b）垂直向下

图 6-4　室内装修工程自上而下的施工流向

室内装修自下而上的施工顺序是指主体结构施工到 3 层及以上（有两层楼板，以确保底层施工安全）时，室内抹灰从底层开始逐层向上进行，一般与主体结构平行搭接施工。其施工流向又可分为水平向上和垂直向上两种，如图 6-5 所示，通常采用水平向上的施工流向。为了防止雨水或施工用水从上层楼板渗漏，而影响装修质量，应先做好上层楼板的面层，再进行本层顶棚、墙面、楼面、地面的饰面。采用自下而上的施工顺序的优点是可以与主体结构平行搭接施工，从而缩短工期。其缺点是同时施工的工序多、人员多、工序间交叉作业多，要采取必要的安全措施；材料供应集中，施工机具负担重，现场施工组织和管理比较复杂。因此，只有当工期紧迫时，室内装修才考虑采取自下而上的施工顺序。

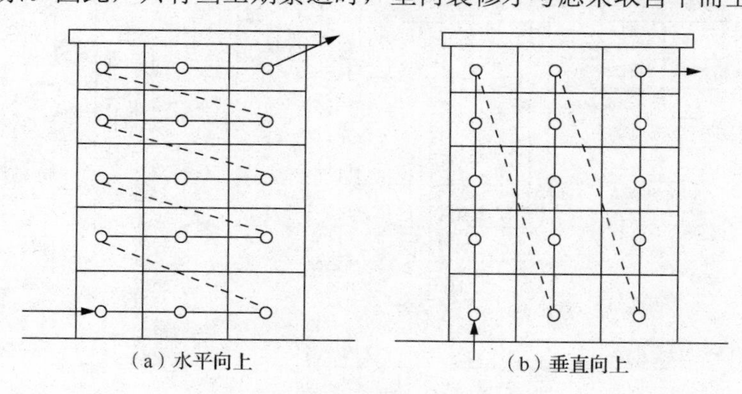

（a）水平向上　（b）垂直向上

图 6-5　室内装修工程自下而上的施工流向

室内装修的单元顺序，即在同一楼层内顶棚、墙面、楼、地面之间的施工顺序，一般有两种：楼面、地面→顶棚→墙面，顶棚→墙面→楼面、地面。这两种施工顺序各有利弊。前者便于清理地面基层，楼面、地面质量易保证，而且便于收集墙面和顶棚的落地灰，从而节约材料；但要注意楼面、地面成品保护，否则后一道工序不能及时进行。后者则在楼面、地面施工之前，必须将落地灰清扫干净，否则会影响面层与结构层间的黏结，引起楼面、地面起壳，而且楼面、地面施工用水的渗漏可能影响下层墙面、顶棚的施工质量。底层地面施工通常在最后进行。

楼梯间和楼梯踏步，由于在施工期间易受损坏，为了保证装修工程质量，楼梯间和踏步装修往往安排在其他室内装修完工之后，自上而下统一进行。门窗的安装可在抹灰之前或之后进行，主要视气候和施工条件而定，但通常是安排在抹灰之后进行。而油漆和安装玻璃的次序是先油漆门窗扇，后安装玻璃，以免油漆时弄脏玻璃，塑钢及铝合金门窗不受此限制。

在装修工程施工阶段，还需考虑室内装修与室外装修的先后顺序，这与施工条件和天气变化有关。通常有先内后外、先外后内、内外同时进行 3 种施工顺序。当室内有水磨石楼面时，应先做水磨石楼面，再做室外装修，以免施工时渗漏水影响室外装修质量；当采用单排脚手架砌墙时，由于留有脚手眼需要填补，应先做室外装修，在拆除脚手架后，同时填补脚手眼，再做室内装修；当装饰工人较少时，则不宜采用内外同时施工顺序。一般说来，采用先外后内的施工顺序较为有利。

3. 钢筋混凝土框架结构房屋的施工顺序

钢筋混凝土框架结构房屋的施工顺序也可分为基础、主体、屋面及装修工程 3 个阶段。它在主体工程施工时与砌体结构房屋有所区别，即框架柱、梁、板交替进行，也可采用框架柱、梁、板同时进行，墙体工程则与框架柱、梁、板搭接施工。其他工程的施工顺序与砌体结构房屋相同。

4. 装配式单层工业厂房施工顺序

装配式单层工业厂房的施工，按照厂房结构各部位不同的施工特点，一般分为基础工程、预制工程、吊装工程、其他工程 4 个施工阶段，如图 6-6 所示。

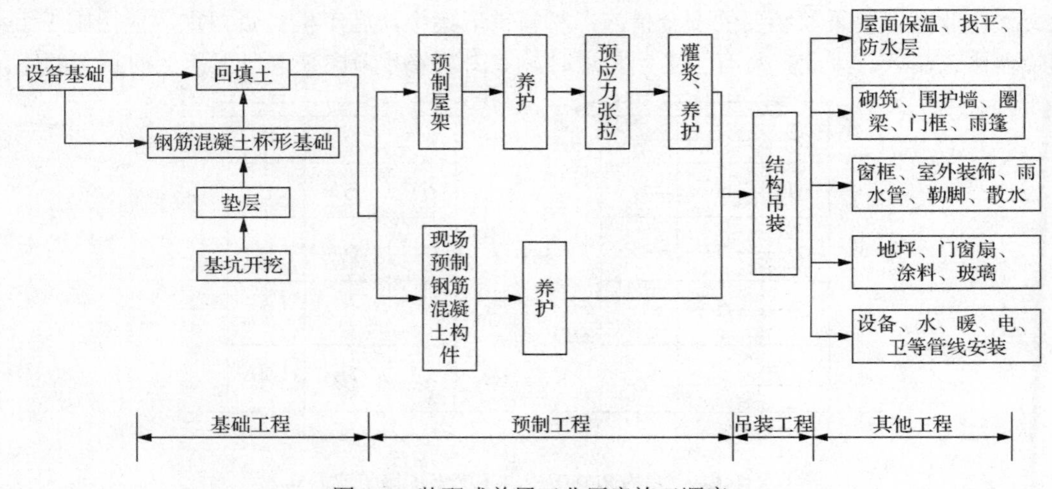

图 6-6　装配式单层工业厂房施工顺序

在装配式单层工业厂房施工中，有时由于工程规模较大，生产工艺复杂，厂房按生产工艺要求来分区、分段。因此，在确定装配式单层工业厂房的施工顺序时，不仅要考虑土建施工及施工组织的要求，而且还要研究生产工艺流程，即先生产的区段先施工，以尽早交付生产使用，尽快发挥基本建设投资的效益。工程规模较大、生产工艺要求较复杂的装配式单层工业厂房的施工要分期分批进行，分期分批交付试生产，这是确定其施工顺序的总要求。下面根据中小型装配式单层工业厂房各施工阶段来介绍施工顺序。

（1）基础工程

装配式单层工业厂房的柱基础大多采用钢筋混凝土杯形基础。基础工程施工阶段的施工过程和施工顺序一般是基坑开挖→垫层→钢筋混凝土杯形基础（也可分为绑扎钢筋、支模、浇混凝土、养护、拆模）→回填土。如有桩基础工程，则应另列桩基础工程。

在基础工程施工阶段，基坑开挖与做垫层这两道工序，在施工安排上要紧凑，时间间隔不宜太长。在施工中，基坑开挖、做垫层及钢筋混凝土杯形基础，可采取集中力量，分区、分段进行流水施工。但应注意混凝土垫层和钢筋混凝土杯形基础施工后必须有一定的技术间歇时间，待其有一定的强度后，再进行下一道工序的施工。回填土必须在基础工程完工后及时地、一次性分层对称夯实，以保证基础工程质量并及时提供现场预制构件制作场地。

装配式单层工业厂房往往有设备基础，特别是重型工业厂房，其设备基础埋置深、体积大、所需工期长和施工条件差，比一般的柱基工程施工困难和复杂得多，有时还会因为设备基础施工顺序不同，影响构件的吊装方法、设备安装及投入生产使用时间。因此，对设备基础的施工必须引起足够的重视。设备基础的施工，视其埋置深浅、体积大小、位置关系和施工条件，有两种施工方案，即封闭式和敞开式施工。

封闭式施工，是指厂房柱基础先施工，设备基础在结构吊装后施工。它适用于设备基础埋置浅（不超过厂房柱基础埋置深度）、体积小、土质较好、距柱基础较远和在厂房结构吊装后对厂房结构稳定性并无影响的情况。采用封闭式施工的优点是土建施工工作面大，有利于构件现场预制、吊装和就位，便于选择合适的起重机械和开行路线；围护工程能及早完工，设备基础能在室内施工，不受气候影响，可以减少设备基础施工时的防水、防寒及防暑等的费用；有时还可以利用厂房内的桥式吊车为设备基础施工服务。缺点是会出现某些重复性工作，如部分柱基回填土的重复挖填；设备基础施工条件差，场地拥挤，其基坑不宜采用机械开挖；当厂房所在地点土质不佳，在设备基础基坑开挖过程中，容易造成土体不稳定时，需增加加固措施费用。敞开式施工，是指厂房柱基础与设备基础同时施工或设备基础先施工。它的适用范围、优缺点与封闭式施工正好相反。这两种施工方案各有优缺点，应根据工程的具体情况仔细分析、对比后加以确定。

（2）预制工程施工顺序

装配式单层工业厂房的钢筋混凝土结构构件较多，一般包括柱子、基础梁、连系梁、吊车梁、支撑、屋架、天窗架、天窗端壁、屋面板、天沟及檐沟板等构件。

目前，装配式单层工业厂房构件的预制方式，一般采用加工厂预制和现场预制（在拟建车间内部、外部）相结合的预制方式。对于重量大、批量小或运输不便的构件宜采用现场预制的方式，如柱子、吊车梁、屋架等；对于中小型构件采用加工厂预制方式。但在具体确定构件预制方式时，应结合构件的技术特征、当地加工厂的生产能力、工期要求、现场施工条件、运输条件等因素进行技术经济分析后确定。

非预应力预制构件制作的施工顺序：支模→绑扎钢筋→预埋件→浇筑混凝土→养护→拆模。

后张法预应力预制构件制作的施工顺序：支模→绑扎钢筋→预埋件→孔道留设→浇筑混凝土→养护→拆模→预应力钢筋的张拉、锚固→孔道灌浆→养护。

预制构件开始制作的日期、位置、流向和顺序，在很大程度上取决于工作面和后续工程的要求。一般来说，只要基础回填土、场地平整完成一部分之后，结构吊装方案一经确定，构件制作即可开始，制作流向应与基础工程的施工流向一致，这样既能使构件制作早日开始，又能及早地交出工作面，为结构吊装尽早进行创造条件。

当采用分件吊装法时，预制构件的制作有两种方案。若场地狭窄而工期又允许时，构件制作可分批进行，首先制作柱子和吊车梁，待柱子和吊车梁吊装完成后再进行屋架制作；若场地宽敞，可考虑柱子和吊车梁等构件在拟建车间内部预制，屋架在拟建车间外进行制作。当采用综合吊装法时，预制构件需一次性制作，这时，视场地的具体情况确定是全部构件在拟建车间内部制作，还是一部分构件在拟建车间外制作。

（3）吊装工程施工顺序

结构吊装工程是装配式单层工业厂房施工中的主导施工过程。其内容依次为柱子、基础梁、吊车梁、连系梁、屋架、天窗架、屋面板等构件的吊装、校正和固定。

构件吊装开始日期取决于吊装前准备工作完成的情况。吊装流向和顺序主要由后续工程对它的要求来确定。

当柱基杯口弹线和杯底标高抄平、构件的弹线、吊装强度验算、加固设施、吊装机械进场等准备工作完成之后，即可开始吊装。

吊装流向通常应与构件制作的流向一致。但如果车间为多跨且有高低跨时，吊装流向应从高低跨柱列开始，以适应吊装工艺的要求。

吊装的顺序取决于吊装方法。若采用分件吊装法时，其吊装顺序是第一次开行吊装柱子，随后校正与固定；第二次开行吊装基础梁、吊车梁、连系梁；第三次开行吊装屋盖构件。有时也可将第二次开行、第三次开行合并为一次开行。若采用综合吊装法时，其吊装顺序是先吊装 4 根或 6 根柱子，迅速校正固定，再吊装基础梁、吊车梁、连系梁及屋盖等构件，如此逐个节间吊装，直至整个厂房吊装完毕。

装配式单层工业厂房两端山墙往往设有抗风柱，抗风柱有两种吊装顺序：在吊装柱子的同时吊装该跨一端的抗风柱，另一端抗风柱则待屋盖吊装完后进行；全部抗风柱均待屋盖吊装完之后进行。

（4）其他工程施工顺序

其他工程阶段主要包括围护工程、屋面工程、装修工程、设备安装工程等内容。这一阶段总的施工顺序是围护工程→屋面工程→装修工程→设备安装工程，但有时也可互相交叉、平行搭接施工。

围护工程的施工过程和施工顺序：搭设垂直运输设备（一般选用井架）→砌墙（脚手架搭设与之配合进行）→现浇门框、雨篷等。

屋面工程在屋盖构件吊装完毕，搭好垂直运输设备后，即可安排施工，其施工过程和施工顺序与前述多层砌体结构民用房屋基本相同。

装修工程包括室外装修和室内装修，两者可平行进行，并可与其他施工过程交叉进行，通常不占用总工期。室外装修一般采用自上而下的施工顺序；室内按“屋面板底→内墙→地面”的顺序进行施工；门窗安装在粉刷中穿插进行。

设备安装包括水、暖、煤、卫、电和生产设备安装。水、暖、煤、卫、电安装与前述多层砌体结构民用房屋基本相同。而生产设备的安装，则由于专业性强、技术要求高等，一般由专业公司分包安装。

上述多层砌体结构民用房屋、钢筋混凝土框架结构房屋和装配式单层工业厂房的施工顺序，仅适用于一般情况。建筑施工顺序的确定既是一个复杂的过程，又是一个发展的过程，它随着科学技术的发展，人们观念的更新而在不断地变化。因此，针对每一个单位工程，必须根据其施工特点和具体情况，合理确定施工顺序。

6.3.2　施工方法和施工机械的选择

正确选择施工方法和施工机械是制定施工方案的关键。单位工程各个分部分项工程均可采用不同的施工方法和施工机械进行施工，而每一种施工方法和施工机械又都有其优缺点。因此，我们必须从先进、经济、合理的角度出发，选择施工方法和施工机械，以达到提高工程质量、降低工程成本、提高劳动生产率和加快工程进度的预期效果。

1. 选择施工方法和施工机械的主要依据

在单位工程施工中，施工方法和施工机械的选择主要应根据工程建筑结构特点、质量要求、工期长短、资源供应条件、现场施工条件、施工单位的技术装备水平和管理水平等因素综合考虑。

2. 选择施工方法和施工机械的基本要求

（1）应考虑主要分部分项工程的要求

应从单位工程施工全局出发，着重考虑影响整个工程施工的主要分部分项工程的施工方法和施工机械选择。而对于一般的、常见的、工人熟悉的、工程量小的及对施工全局和工期影响不大的分部分项工程，只要提出若干注意事项和要求即可。

主要分部分项工程是指工程量大、所需时间长、占工期比例大的工程；施工技术复杂或采用新技术、新工艺、新结构、新材料的分部分项工程；对工程质量起关键作用的分部分项工程。对施工单位来说，某些结构特殊或缺乏施工经验的工程也属于主要分部分项工程。

（2）应符合施工组织总设计的要求

若本工程是整个建设项目中的一个项目，则其施工方法和施工机械的选择应符合施工组织总设计中的有关要求。

（3）应满足施工技术的要求

施工方法和施工机械的选择，必须满足施工技术的要求。例如，预应力张拉方法和机械的选择应满足设计、质量、施工技术的要求。又如吊装机械的类型、型号、数量的选择应满足构件吊装技术和工程进度的要求。

（4）应符合工厂化、机械化施工的要求

单位工程施工，原则上应尽可能实现和提高工厂化和机械化的施工程度。这是建筑施工发展的需要，也是提高工程质量、降低工程成本、提高劳动生产率、加快工程进度和实现文明施工的有效措施。这里所说的工厂化，是指建筑物的各种钢筋混凝土构件、钢结构构件、木构件、钢筋加工等应最大限度地实现工厂化制作，最大限度地减少现场作业。而机械化程度不仅是指单位工程施工要提高机械化程度，还要充分发挥机械设备的效率，减轻繁重的体力劳动。

（5）应符合先进、合理、可行、经济的要求

选择施工方法和施工机械，除要求先进、合理外，还要考虑对施工单位是可行的、经济的。必要时，要进行分析比较，从施工技术水平和实际情况出发，选择先进、合理、可行、经济的施工方法和施工机械。

（6）应满足工期、质量、成本和安全的要求

所选择的施工方法和施工机械应尽量满足缩短工期、提高工程质量、降低工程成本、确保施工安全的要求。

6.3.3 主要分部分项工程的施工方法和施工机械选择

主要分部分项工程的施工方法和施工机械选择要点归纳如下。

1. 土方工程

1）确定土方开挖方法、工作面宽度、放坡坡度、土壁支撑形式，排水措施，计算土方开挖量、回填量、外运量。

2）选择土方工程施工所需机具型号和数量。

2. 基础工程

1）桩基础施工中应根据桩型及工期选择所需机具型号和数量。

2）浅基础施工中应根据垫层、承台、基础的施工要点，选择所需机械的型号和数量。

3）地下室施工中应根据防水要求，留置、处理施工缝，把控大体积混凝土的浇筑要点，遵循模板及支撑要求。

3. 砌筑工程

1）砌筑工程中根据砌体的组砌方式、砌筑方法及质量要求，进行弹线、立皮数杆、标高控制和轴线引测。

2）选择砌筑工程中所需机具型号和数量。

4. 钢筋混凝土工程

1）确定模板类型及支模方法，进行模板支撑设计。

2）确定钢筋的加工、绑扎、焊接方法，选择所需机具型号和数量。

3）确定混凝土的搅拌、运输、浇筑、振捣、养护、施工缝的留置和处理，选择所需机具型号和数量。

4）确定预应力钢筋混凝土的施工方法，选择所需机具型号和数量。

5. 结构吊装工程

1）确定构件的预制、运输及堆放要求，选择所需机具型号和数量。
2）确定构件的吊装方法，选择所需机具型号和数量。

6. 屋面工程

1）确定屋面工程防水各层的做法、施工方法，选择所需机具型号和数量。
2）确定屋面工程施工中所用材料及运输方式。

7. 装修工程

1）确定本工程各种装修的做法及施工要点。
2）确定材料运输方式、堆放位置、工艺流程和施工组织。

8. 现场垂直、水平运输及脚手架搭设等

1）确定垂直运输及水平运输方式、布置位置、开行路线，选择垂直运输及水平运输机具型号和数量。

2）根据不同建筑类型，确定脚手架所用材料、搭设方法及安全网的挂设方法，选择所需机具型号和数量。

6.3.4 流水施工的组织

单位工程施工的流水组织，是施工组织设计的重要内容，是影响施工方案优劣程度的基本因素，在确定施工的流水组织时，主要解决流水段的划分和流水施工的组织方式两方面的问题。其中，绝大部分内容在单元 3 中已详细阐述，这里只简单说明流水施工的确定方法及考虑因素。

1. 施工段的划分

正确合理地划分施工流水段，是组织流水施工的关键，它直接影响流水施工的方式、工程进度、劳动力及物资的供应等。下面主要介绍一般砖混结构住宅流水段划分的方法。

根据单位工程的规模、平面形状及施工条件等因素，来分析考虑各分部工程流水段的划分。目前大多数住宅为单元组合式设计，平面形状一般以“一”字形和“点”式较为多见。因此，基础工程可以考虑 2～3 个单元为一段，这样工作面较为合适。主体结构工程，平面上至少应分 2 个施工段，在空间上可以按结构层或一定高度来划分施工层。装修工程中的外装修以每层楼为一个流水段或两个流水段划分，也可以按单元或墙面为界划分流水段，还可以不分段；内装修以垂直单元为界划分流水段，也可以每层楼划分 1～3 个施工段，再按结构层划分施工层。从整体性考虑屋面工程一般不分段，若有高低层或伸缩缝，则应在高低层或伸缩缝处划分流水段。设备安装以垂直单元（或一个楼层）为一个流水段划分。对于规模较小且属于群体建筑中的一个单位工程，则可以组织幢号流水，一幢为一个流水段。

2. 流水施工的组织方式

建筑物（或构筑物）在组织流水施工时，应根据工程特点、性质和施工条件组织全等节拍、成倍节拍和分别流水等施工方式。

若流水组中各施工过程的流水节拍大致相等，或者各主要施工过程流水节拍相等，在施工工艺允许的情况下，尽量组织流水组的全等节拍专业流水施工，以达到缩短工期的目的。

若流水组中各施工过程的流水节拍存在整数倍关系（或者存在公因数），在施工条件和劳动力允许的情况下，可以组织流水组的成倍节拍专业流水施工。

若不符合上述两种情况，则可以组织流水组的分别流水施工，这是一种常见的组织流水施工的方法。

将拟建工程对象，划分为若干个分部工程（或流水组），各分部工程组织独立的流水施工，然后将各分部工程流水按施工组织和工艺关系搭接起来，组成单位工程的流水施工。

6.3.5 施工方案的技术经济评价

施工方案的技术经济评价是在众多的施工方案中选择出快、好、省、安全的施工方案，它所涉及的因素多而复杂，一般分为定性分析和定量分析两种。

1. 定性分析

施工方案的定性分析是人们根据个人实践和一般的经验，对若干个施工方案进行优缺点比较，从中选择出比较合理的施工方案。例如，技术上是否可行、安全上是否可靠、经济上是否合理、资源上能否满足要求等。此方法比较简单，但主观随意性较大。

2. 定量分析

施工方案的定量分析是通过计算施工方案的若干相同的、主要的技术经济指标，进行综合分析比较，选出各项指标较好的施工方案。这种方法比较客观，但指标的确定和计算比较复杂。施工方案的技术经济评价指标体系如图 6-7 所示。

施工方案主要的评价指标有以下 4 种。

1）工期指标：当要求工程尽快完成以便尽早投入生产或使用时，选择施工方案就要在确保工程质量、安全和成本较低的条件下，优先考虑缩短工期，在钢筋混凝土工程主体施工时，往往采用增加模板的套数来缩短主体工程的施工工期。

2）施工机械化程度指标：在考虑施工方案时应尽量提高施工机械化程度，降低工人的劳动强度。积极扩大机械化施工的范围，把施工机械化程度的高低，作为衡量施工方案优劣的重要指标。

$$\text{施工机械化程度}=\frac{\text{机械完成的实物工作量}}{\text{全部实物工程量}}\times 100\%$$

3）主要材料消耗指标：反映若干施工方案的主要材料节约情况。

4）降低成本指标：综合反映工程项目或分部分项工程由于采用不同的施工方案而产生不同的经济效果。其指标可以用降低成本额和降低成本率来表示。

$$降低成本额=预算成本-计划成本$$

$$降低成本率=\frac{降低成本额}{预算成本}\times 100\%$$

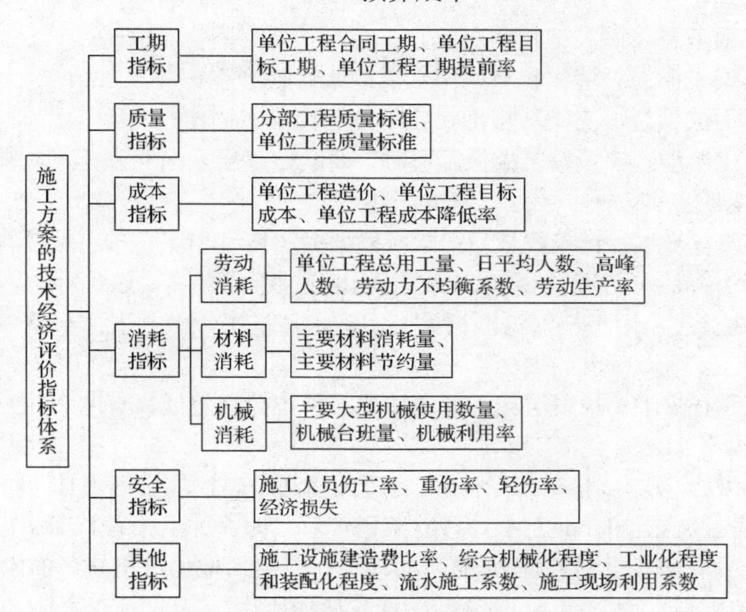

图6-7　施工方案的技术经济评价指标体系

6.3.6　施工方案案例

1. 工程背景

某高层住宅楼工程位于某市某桥西北角，平面呈一字形，长136 m，宽16 m，建筑物底面积1 988 m^2，总建筑面积31 367.97 m^2，建筑层数地上14层，地下1层。建筑层高：地下室3.6 m，地上住宅首层3.0 m，其余2.8 m，室内外高差1.2 m，建筑物总高度42.7 m。

屋面工程分上人屋面和不上人屋面，工程做法如下：

1）不上人屋面做法为60 mm厚聚苯板保温层、1∶6水泥焦渣找坡层、20 mm厚1∶3水泥砂浆找平层、4 mm厚SBS防水卷材（铝箔保护层）。

2）上人屋面做法为60 mm厚聚苯板保温层、1∶6水泥焦渣找坡层、20 mm厚1∶3水泥砂浆找平层、4 mm厚SBS防水卷材、25 mm厚1∶3干硬性水泥砂浆铺10 mm厚缸地砖。

2. 某屋面工程施工方案

（1）施工顺序

不上人屋面施工顺序为清理基层、出屋面管道洞口填塞→60 mm厚聚苯板保温→1∶6水泥焦渣找坡层→20 mm厚1∶3水泥砂浆找平层→4 mm厚SBS防水卷材（自带铝箔保护层）。

上人屋面施工顺序为清理基层、出屋面管道洞口填塞→60 mm厚聚苯板保温→1∶6水泥焦渣找坡层→20 mm厚1∶3水泥砂浆找平层→4 mm厚SBS防水卷材→25 mm厚1∶3

干硬性水泥砂浆铺 10 mm 厚缸地砖。

（2）施工要点

1）基层清理。

① 清理屋面基层表面的杂物和灰尘。

② 结构基层表面的凹坑、裂缝应用水泥砂浆修补平整。

③ 突出屋面的管道、支架等根部，应用细石混凝土固定严密。

2）聚苯板保温层。铺设聚苯板保温层时，要紧贴基层表面并密排，应铺平和垫稳，缝隙用材料碎屑填嵌密实。

3）水泥焦渣找坡层。铺设找坡层前，应根据檐沟坡度和屋面排水坡度，认真计算各分水岭线控制点的标高，现场放出分水岭线，测出各控制点标高，做出标志，按标志线拉线铺设水泥焦渣找坡层，用平板振捣器振捣密实，木抹搓平，做到表面平整、坡度正确、排水畅通。

4）水泥砂浆找平层。找平层施工前应按要求弹出分格缝线，宽度 20 mm。分格缝间距纵横向均不得大于 6 m。

按分格块顺流水方向装灰，用刮杆沿两边冲筋刮平，找坡后用木抹子搓平，用铁抹子压光。砂浆稠度控制在 70 mm 左右。待砂浆稍干后，即人踩上去有脚印、但不下陷为度，再用铁抹子第二次压光，达到表面平整密实即可。终凝后取出分格缝内的木条。

突出屋面的管道、女儿墙、变形缝等根部应做成圆弧，其圆弧半径为 50 mm，且应上翻 300 mm。

找平层常温 24 h 后即可洒水养护，养护时间不少于 7 d。

5）SBS 卷材防水层。

① 在女儿墙、立墙、变形缝等屋面的交接处及檐口、天沟、水落口、屋脊等屋面的转角处，均加铺卷材或涂膜附加层。

② 在基层上弹出基准线的位置。卷材平行屋脊铺贴，铺贴时应顺流水方向搭接。

③ 铺贴卷材搭接时，上下层及相邻两幅卷材的搭接缝应错开。当采用满粘法时，卷材长边和短边的搭接宽度均为 80 mm；当采用空铺、点粘、条粘法时，卷材长边和短边的搭接宽度均为 100 mm。

④ 热熔法粘贴。将卷材放在弹出的基准线位置上，并用火焰加热烘烤卷材底面，加热器的喷嘴距卷材面的距离应适中，幅宽内加热应均匀，以卷材表面熔融至光亮黑色为度，不得过分加热卷材。滚动卷材时应排除卷材与基层之间的空气，压实使之平展并粘贴牢固。卷材的搭接部位以均匀地溢出改性沥青为度。

⑤ 细部的处理。

a. 天沟部位。天沟铺贴卷材应从沟底开始，纵向铺贴。卷材应由沟底翻上至沟外檐顶部，卷材收头应用水泥钉固定，并用密封材料封严。沟内卷材附加层在天沟与屋面交接处宜空铺，空铺的宽度不应小于 200 mm。

b. 女儿墙泛水部位。铺贴泛水的卷材应采取满粘法，泛水高度不应小于 250 mm。卷材在混凝土墙体收头时，卷材的收头可采用金属压条钉牢，并用密封材料封固。

c. 变形缝部位。变形缝的泛水高度不应小于 250 mm。卷材应铺贴到变形缝两侧砌体上面。缝内应填泡沫塑料，上部填放衬垫材料，并用卷材封盖。变形缝顶部应加扣混凝土盖板或金属盖板，盖板的接缝处要用油膏嵌封严密。

d. 水落口部位。水落口杯上口的标高应设置在沟底的最低处。卷材贴入水落口杯内不应小于 50 mm，并涂刷防水涂料 1～2 遍。水落口周围 500 mm 范围坡度不应小于 5%。基层与水落口接触处应留 20 mm×20 mm 凹槽，用密封材料嵌填密实。

e. 伸出屋面管道。根部周围做成圆锥台。管道与找平层相接处留 20 mm×20 mm 凹槽，嵌密封材料。卷材收头处用金属箍箍紧，并用密封材料封严。

⑥ 淋水、蓄水试验。检查屋面有无渗漏、积水和排水系统是否畅通，可在雨后或持续淋水 2 h 后进行。不渗不漏、排水顺畅方可进行下一道工序施工。

6）缸砖铺设。上人屋面的缸砖地面层，按每 3 m×6 m 留宽 10 mm 的分格缝。地缸砖应浸水晾干后拉线铺设，用干水泥擦缝。分格缝用 1∶3 砂浆填塞严实。

（3）质量标准

1）保温层质量标准。

① 主控项目。

a. 保温材料的堆积密度或表观密度、导热系数和含水率、配合比必须符合设计要求和施工规范的规定。

b. 保温层的含水率必须符合设计要求。

② 一般项目。

a. 保温层的铺设应符合下列要求。

松散保温材料应分层压实适当，表面平整，找坡正确。

板状保温材料应紧贴基层，铺平垫稳，上下层错缝，找坡正确，填缝密实。

整体现浇保温层应拌合均匀，分层铺设，压实适当，表面平整，找坡正确。

整体现喷保温层应分遍喷涂，表面平整，找坡正确。

b. 保温层厚度的允许偏差应符合表 6-1 的规定。

表 6-1　保温层厚度的允许偏差

项目		允许偏差/mm
保温层厚度	松散材料	δ 的+10%，−5%
	整体	δ 的+10%，−5%
	板状材料	δ 的±5%，且不大于 4 mm

注：δ 为保温层的厚度。

2）找坡层质量标准。

① 主控项目。

a. 填充层材料必须符合设计要求和国家标准的规定。

b. 填充层的配合比必须符合设计要求。

② 一般项目。

a. 松散材料铺设应密实；板块状材料应压实、无翘曲。

b. 填充层的允许偏差应符合要求。

3）找平层质量标准。

① 主控项目。

a. 找平层所用原材料的质量及配合比必须符合设计要求和施工规范的规定。

b. 屋面（含檐沟、天沟）找平层的坡度，必须符合设计要求。

② 一般项目。

a. 找平层与屋面突出物的交接处和基层的转角处，应做成圆弧形，且要求整齐平顺。

b. 水泥砂浆、细石混凝土找平层应平整、压光，不得有酥松、脱皮、起砂等现象。

c. 沥青砂浆应拌合均匀，表面平整密实，与基层结合牢固，无蜂窝现象。

d. 分格缝的留设位置和间距，应符合设计要求和施工规范的规定。

e. 屋面找平层平整度的允许偏差为5 mm，用2 m的靠尺和楔形塞尺检查。

4）防水层质量标准。

① 主控项目。

a. 改性沥青卷材及其配套材料，必须符合设计要求。

b. 卷材防水层严禁有渗漏或积水现象。

c. 卷材防水层在天沟、檐沟、檐口、水落口、泛水、变形缝和伸出屋面管道的防水构造，必须符合设计要求。

② 一般项目。

a. 卷材防水层的搭接缝应粘结牢固，封闭严密，无滑移、鼓泡、翘边、皱褶、扭曲等缺陷。

b. 浅色涂料保护层应与防水层粘结牢固，色泽均匀，表面清洁，无污染现象；刚性保护层与防水层间应设置隔离层，表面应平整；分格缝和表面分格缝留置应符合设计要求。

c. 防水卷材的铺贴方向应正确，卷材搭接宽度的允许偏差为-10 mm，用尺量检查。

（4）成品保护

1）聚苯保温板在运输和存放过程中，应注意防护，防止损坏。在已铺好的保温层上不得直接推车和堆放重物，应垫脚手板保护。

2）找平层、找坡层终凝之前不得上人踩踏。在抹好的找平层、找坡层上，推小车运输时应铺设脚手板道，防止损坏。

3）穿过屋面的管道和设施，应在防水层施工以前进行。防水层施工后，不得在屋面上进行其他工种的施工，若必须上人时，应采取有效措施，防止卷材受损。

4）防水层施工时应采取保护檐口和墙面的措施，防止污染。

5）屋面工程施工完成后，应将杂物清理干净，保证水落口畅通，不得使天沟积水。

6）防水层应经常检查，发现鼓泡和渗漏应及时治理。

7）屋面水落口在施工过程中，应采取临时措施封口，防止杂物进入堵塞水落口。

（5）应注意的质量问题

1）保温材料应铺平垫稳，嵌缝严密，否则容易产生板块断裂和找平层裂缝，影响保温和防水效果。

2）找平层应设分格缝，分格缝位置和间距应符合设计要求；找平层与突出屋面结构的交接处和基层转角处应做成圆弧，以免屋面变形而引起找平层开裂。

3）找平层施工中，配合比应准确，掌握抹压时间，收水后要二次压光，使表面密实、平整，找平层施工后应及时养护，以免早期脱水而造成酥松、起砂现象。

4）采用热熔法施工时，应注意火焰加热器的喷嘴与卷材面的距离保持适中，幅宽内加热应均匀，防止过分加热卷材。

5）施工中，必须将卷材下的空气滚压排出，使卷材与基层粘贴牢固，防止空鼓、气泡。

（6）应注意的安全问题

1）施工现场应备有消防灭火器材，严禁烟火；易燃材料应有专人保存管理。

2）施工人员应佩戴安全帽，穿防滑鞋，工作中不得打闹。

3）屋面四周、洞口、脚手架边均应设有防护栏杆和支设安全网，高处作业防止坠物伤人和坠落事故。

（7）施工记录和质量记录

1）产品合格证、进场验收记录和性能检测报告。

2）隐蔽工程检查验收记录。

3）淋水或蓄水检验记录。

4）屋面保温层工程检验批质量验收记录表。

5）屋面找平层工程检验批质量验收记录表。

6）屋面卷材防水层工程检验批质量验收记录表。

7）屋面细部构造工程检验批质量验收记录表。

6.4 单位工程施工进度计划

单位工程施工进度计划是在施工方案的基础上，根据规定的工期和技术物资供应条件，遵循工程的施工顺序，用图表形式表示各分部分项工程搭接关系及工程开工、竣工时间的一种计划安排。

6.4.1 单位工程施工进度计划概述

1. 单位工程施工进度计划的作用及分类

单位工程施工进度计划是施工组织设计的重要内容，是控制各分部分项工程施工进程及总工期的主要依据，也是编制施工作业计划及各项资源需要量计划的依据。它的主要作用是确定各分部分项工程的施工时间及其相互之间的衔接、穿插、平行搭接、协作配合等关系；确定所需的劳动力、机械、材料等资源用量；指导现场的施工安排，确保施工任务的如期完成。

单位工程施工进度计划根据工程规模的大小、结构的难易程度、工期长短、资源供应情况等因素考虑。根据其作用，一般可分为控制性和指导性进度计划两类。控制性进度计划按分部工程来划分施工过程，控制各分部工程的施工时间及其相互搭接配合关系。它主要适用于工程结构较复杂、规模较大、工期较长而需跨年度施工的工程（如宾馆、体育场、火车站候车大楼等大型公共建筑），还适用于虽然工程规模不大或结构不复杂但各种资源（劳动力、机械、材料等）不落实的情况，以及建筑结构等可能变化的情况。指导性进度计划按分项工程或施工工序来划分施工过程，具体确定各施工过程的施工时间及其相互搭接、配合关系。它适用于任务具体而明确、施工条件基本落实、各项资源供应正常及施工工期不太长的工程。

2. 单位工程施工进度计划的表达形式及组成

施工进度计划一般用图表来表示，通常有两种形式：横道图和网络图。横道图通常按照一定的格式编制，一般应包括下列内容：各分部（分项）工程名称、工程量、劳动量、每天安排的人数和施工时间等。表格分为两部分，左边是各分部（分项）工程的名称和相应的施工参数，右边是时间图表，即画横道图的部位。网络图的形式有两种：双代号网络计划图和单代号网络计划图。在建设工程进度控制中，较多地采用网络计划图。具体内容详见单元4。

3. 单位工程施工进度计划的编制依据

单位工程施工进度计划的编制依据主要包括施工图、工艺图及有关标准图等技术资料，施工组织总设计对本工程的要求，施工工期要求，施工方案、施工定额以及施工资源供应情况。

6.4.2 单位工程施工进度计划的编制

单位工程施工进度计划的编制步骤及方法如下。

1. 划分施工过程

编制单位工程施工进度计划时，必须先研究施工过程的划分，再进行有关内容的计算和设计。施工过程划分应考虑下述要求。

（1）施工过程划分的粗细程度的要求

对于控制性施工进度计划，其施工过程的划分可以粗一些，一般可按分部工程划分施工过程。例如，开工前准备、桩基工程、基础工程、主体结构工程等。对于指导性施工进度计划，其施工过程的划分可以细一些，要求每个分部工程所包括的主要分项工程均应一一列出，以起指导施工的作用。

（2）对施工过程进行适当合并，达到简明清晰的要求

施工过程划分越细，则过程越多，施工进度图表就会显得繁杂，重点不突出，反而失去指导施工的意义，并且增加编制施工进度计划的难度。因此，为了使计划简明清晰、突出重点，一些次要的施工过程应合并到主要施工过程中，如基础防潮层可合并到基础施工过程；有些虽然重要但工程量不大的施工过程也可与相邻的施工过程合并，如挖土可与垫层施工合并为一项，组织混合班组施工；同一时期由同一工种施工的项目也可合并在一起，如墙体砌筑，不分内墙、外墙、隔墙等，而合并为墙体砌筑一项。

（3）施工过程划分的工艺性要求

现浇钢筋混凝土施工，一般可分为支模、绑扎钢筋、浇筑混凝土等施工过程，是合并还是分别列项，应视工程施工组织、工程量、结构性质等因素而确定。一般现浇钢筋混凝土框架结构的施工应分别列项，而且可分得细一些。例如，绑扎柱钢筋，安装柱模板，浇

捣柱混凝土，安装梁、板模板，绑扎梁、板钢筋，浇捣梁、板混凝土，养护，拆模等施工过程。但在现浇钢筋混凝土工程量不大的工程对象上，一般不再分细，可合并为一项。例如，砌体结构工程中的现浇雨篷、圈梁、厕所及盥洗室的现浇楼板等，即可列为一项，由施工班组的各工种互相配合施工。

抹灰工程一般分内墙抹灰、外墙抹灰，外墙抹灰工程可能有若干种装饰抹灰的做法要求，一般情况下合并列为一项，也可分别列项。室内的各种抹灰应按楼地面抹灰、顶棚及墙面抹灰、楼梯间及踏步抹灰等分别列项，以便组织施工和安排进度。

施工过程的划分，应考虑所选择的施工方案。例如，厂房基础采用敞开式施工方案时，柱基础和设备基础可合并为一个施工过程；而采用封闭式施工方案时，则必须列出柱基础、设备基础两个施工过程。

住宅建筑的水、暖、煤、卫、电等房屋设备安装是建筑工程的重要组成部分，应单独列项；工业厂房的各种机电等设备安装也要单独列项，但不必细分，可由专业队或设备安装单位单独编制其施工进度计划。土建施工进度计划中列出设备安装的施工过程表明其与土建施工的配合关系。

（4）明确施工过程对施工进度的影响程度

根据施工过程对工程进度的影响程度可分为3类。第一类为资源驱动的施工过程，这类施工过程直接在拟建工程进行作业，占用时间、资源，对工程的完成与否起着决定性的作用，在某些条件下可以缩短或延长工期。第二类为辅助性施工过程，它一般不占用拟建工程的工作面，虽需要一定的时间和消耗一定的资源，但不占用工期，故可不列入施工计划。例如，交通运输，场外构件加工或预制等。第三类施工过程虽直接在拟建工程进行作业，但它的工期不以人的意志为转移，随着客观条件的变化而变化，应根据具体情况将其列入施工计划，如混凝土的养护等。

施工过程划分和确定之后，应按前述施工顺序列出施工过程的逻辑联系。

2. 计算工程量

当确定施工过程之后，应计算每个施工过程的工程量。工程量应根据施工图纸、工程量计算规则及相应的施工方法进行计算。实际就是按工程的几何形状进行计算，计算时应注意以下几个问题。

（1）注意工程量的计量单位

每个施工过程的工程量的计量单位应与采用的施工定额的计量单位相一致。例如，模板工程以平方米为计量单位；绑扎钢筋工程以吨为计量单位；混凝土以立方米为计量单位等。这样，在计算劳动量、材料消耗量及机械台班量时就可直接套用施工定额，不再进行换算。

（2）注意采用的施工方法

计算工程量时，应与采用的施工方法相一致，以便计算的工程量与施工的实际情况相符合。例如，挖土时是否放坡，是否增加工作面，坡度和工作面尺寸是多少；开挖方式是选择单独开挖、条形开挖，还是整片开挖等，不同的开挖方式，土方工程量相差很大。

（3）正确取用预算文件中的工程量

如果编制单位工程施工进度计划时，已编制出预算文件（施工图预算或施工预算），则工程量可从预算文件中抄出并汇总。例如，要确定施工进度计划中列出的“砌筑墙体”这一施工过程的工程量，可先分析它包括哪些施工内容，然后从预算文件中摘出这些施工内容的工程量，再将它们全部汇总即可求得。但是，施工进度计划中某些施工过程与预算文件的内容（如计量单位、计算规则、采用的定额等）不同或有差别时，则应根据施工实际情况加以修改、调整或重新计算。

3. 套用施工定额

确定施工过程及其工程量之后，即可套用施工定额（当地实际采用的劳动定额及机械台班定额），以确定劳动量和机械台班量。

在套用国家或当地颁布的定额时，必须注意结合本单位工人的技术等级、实际操作水平、施工机械情况和施工现场条件等因素，确定定额的实际水平，使计算得出的劳动量、机械台班量符合实际需要。

根据前述确定的施工项目、工程量和施工方法，即可套用施工定额，套用时需注意以下问题。

1）确定合理的定额水平。

2）对于采用新技术、新工艺、新材料、新结构或特殊施工方法项目，施工定额中尚未编入的，可参考类似项目的定额、经验资料，或按实际情况确定其定额水平。

3）当施工进度计划所列项目的工作内容与定额所列项目的工作内容不一致（如施工项目是由同一工种，但材料、做法和构造都不同的施工过程合并而成）时，应根据各个不同类型项目的产量和工程量，计算合并后的加权平均产量定额，即

$$\overline{S}=\frac{\sum_{i=1}^{n}Q_i}{\sum_{i=1}^{n}P_i}=\frac{Q_1+Q_2+\cdots+Q_n}{P_1+P_2+\cdots+P_n}=\frac{Q_1+Q_2+\cdots+Q_n}{\dfrac{Q_1}{S_1}+\dfrac{Q_2}{S_2}+\cdots+\dfrac{Q_n}{S_n}} \tag{6-1}$$

$$\overline{H}=\frac{1}{S} \tag{6-2}$$

式中：$\overline{S}$——某施工项目的综合产量定额，m^3/工日、m^2/工日、m/工日、t/工日；

$\overline{H}$——某施工项目的综合时间定额，工日/m^3、工日/m^2、工日/m、工日/t；

$\sum_{i=1}^{n}Q_i$——总工程量，m^3、m^2、m、t 等；

$\sum_{i=1}^{n}P_i$——总劳动量，工日；

Q_1，Q_2，…，Q_n——同一施工过程的各分项工程的工程量；

S_1，S_2，…，S_n——与Q_1，Q_2，…，Q_n相对应的产量定额。

例 6-1 某办公楼外墙面装饰有外墙涂料、真石漆、面砖 3 种做法，其工程量分别是 246.5 m^2、500.3 m^2、320.3 m^2，采用的产量定额分别是 1.53 m^2/工日、4.35 m^2/工日、4.05 m^2/工日。计算它们的综合产量定额。

解

$$\overline{S}=\frac{Q_1+Q_2+Q_3}{\dfrac{Q_1}{S_1}+\dfrac{Q_2}{S_2}+\dfrac{Q_3}{S_3}}=\frac{246.5+500.3+320.3}{\dfrac{246.5}{1.53}+\dfrac{500.3}{4.35}+\dfrac{320.3}{4.05}}$$

$$=\frac{1\,067.1}{161.11+115.01+79.09}$$

$$\approx 3.0\text{（m}^2/\text{工日）}$$

4. 计算劳动量及机械台班量

根据计算出的各分部（分项）工程的工程量 Q 和查出的时间定额或产量定额计算出各施工过程的劳动量或机械台班数。

（1）劳动量的计算

凡是采用手工操作为主的施工过程，其劳动量均可按下式计算，即

$$P_i=\frac{Q_i}{S_i}=Q_iH_i \tag{6-3}$$

当某一施工项目是由两个或两个以上不同分项工程合并而成时，其总劳动量为

$$P_{总}=\sum_{i=1}^{n}P_i=P_1+P_2+\cdots+P_n=\frac{Q_1}{S_1}+\frac{Q_2}{S_2}+\cdots+\frac{Q_n}{S_n}$$
$$=Q_1H_1+Q_2H_2+\cdots+Q_nH_n \tag{6-4}$$

式中：$P_{总}$——该施工项目所需总劳动量，工日；

P_i——该施工过程所需劳动量，工日；

Q_i——该施工过程的工程量，m^3、m^2、m、t；

S_i——该施工过程采用的产量定额，m^3/工日、m^2/工日、m/工日、t/工日；

H_i——该施工过程采用的时间定额，工日/m^3、工日/m^2、工日/m、工日/t。

例 6-2　某基础工程基槽土方量为 560 m^3，采用人工挖土，其产量定额为 5.0 m^3/工日。计算完成基槽挖土所需的劳动量。

解

$$P=\frac{Q}{S}=\frac{560}{5.0}=112\text{（工日）}$$

例 6-3　某钢筋混凝土条形基础，其支模板、绑扎钢筋、浇筑混凝土 3 个施工过程的工程量分别为 592 m^2、4.5 t、280 m^3，查定额知其产量定额分别为 3.953 m^2/工日、0.189 t/工日、1.20 m^3/工日。试计算完成钢筋混凝土基础所需的劳动量。

解

$$P_{条基}=\sum_{i=1}^{n}P_i=P_{模}+P_{筋}+P_{混凝土}$$
$$=\frac{592}{3.953}+\frac{4.5}{0.189}+\frac{280}{1.20}$$
$$\approx 460.9\text{（工日）}$$

（2）机械台班量的计算

凡是采用机械为主的施工过程，可按下式计算其所需的机械台班量。

$$P_{机械}=\frac{Q_{机械}}{S_{机械}}=Q_{机械}H_{机械} \tag{6-5}$$

式中：$P_{机械}$——某施工项目需要的机械台班量，台班；

$Q_{机械}$——机械完成的工程量，m^3、t、件等；

$S_{机械}$——机械的产量定额，m^3/台班、t/台班等；

$H_{机械}$——机械的时间定额，台班/m^3、台班/t 等。

例 6-4 某工程基坑总土方量为 4 060 m^3。施工方案要求基底设计标高以上预留 300 mm 厚土层由人工清土。确定采用反铲挖土机挖土，自卸汽车随挖随运，其中，机械挖土量占总土方量的 90%，人工清土量占总土方量的 10%，挖土机的产量定额为 350 m^3/台班，自卸汽车的产量定额为 95 m^3/台班，人工挖土产量定额为 4.0 m^3/工日。试计算劳动量、挖土机及自卸汽车的台班需要量。

解

$$P_{挖土机}=\frac{Q_{挖土机}}{S_{挖土机}}=\frac{4\,060\times0.9}{350}=10.44\text{（台班），取 10.5 台班}$$

$$P_{汽车}=\frac{Q_{汽车}}{S_{汽车}}=\frac{4\,060}{95}\approx42.7\text{（台班），取 43.0 台班}$$

$$P_{人工}=\frac{Q_{人工}}{S_{人工}}=\frac{4\,060\times0.1}{4.0}=101.5\text{（台班）}$$

5. 计算确定施工过程的持续时间

施工过程持续时间的确定方法有 3 种：定额计算法、经验估算法和倒排计划法。

（1）定额计算法

定额计算法是根据施工项目需要的劳动量或机械台班量，以及配备的工人数或机械台数，确定其工作的持续时间。对于有确定的工作范围和工作量，又可以确定劳动效率（即产量定额或时间定额）的施工项目，可以比较精确地计算持续时间。其计算公式为

$$t=\frac{Q}{SRN}=\frac{P}{RN} \tag{6-6}$$

式中：t——该施工项目持续时间；

Q——该施工项目的工程量；

S——该施工项目的产量定额；

R——该施工项目所配备的施工班组人数或机械台数；

N——每天采用的工作班制；

P——该施工项目所需的劳动量或机械台班量。

从式（6-6）可知，要计算某施工过程持续时间，须先确定 R 及 N 的数值。对于确定施工班组人数或施工机械台数 R，在实际工作中应考虑以下因素。

1）能获得或能配备的施工班组人数（特别是技术工人人数）或施工机械台数。

2）施工现场的具体条件、最小工作面与最小劳动组合人数的要求。

3）机械施工的工作面大小、机械效率、机械必要的停歇维修与保养时间等因素。

每天的工作班制 N，通常采用一班制（即 8 h）施工，有时为加快进度，往往也采用

1.25 班制（即 10 h）。当工期较紧或为了提高施工机械的使用率及加快机械的周转使用，或工艺上要求连续施工时，某些施工项目可考虑 2 班制（即 16 h）甚至 3 班制（即 24 h）施工。

例 6-5　某工程砌筑砖墙，需劳动量为 258 工日，每天采用一班制，每班安排 20 人施工。试求完成砖墙砌筑的施工持续时间。

解

$$t=\frac{Q}{RN}=\frac{258}{20\times 1}=12.9\approx 13(\mathrm{d})$$

（2）经验估算法

由于工作量不确定，或者工作性质不确定（可导致劳动效率不确定），或者受其他方面的制约等，施工项目的持续时间不能由定额计算法来确定。对此，可对施工项目持续时间的各种影响因素进行分析，采用经验估算法确定施工项目的持续时间。这种方法多适用于采用新结构、新工艺、新技术、新材料等无定额可循的施工过程。

经验估算法也称 3 时估算法，即先估计出完成该施工过程的最乐观（即施工一切顺利）的时间、最悲观（即各种不利影响都发生）的时间和最可能的时间，然后按下式计算施工项目的持续时间，即

$$t=\frac{A+4B+C}{6} \tag{6-7}$$

式中：A——最乐观的估算时间（最短的时间）；

B——最可能的估算时间（最正常的时间）；

C——最悲观的估算时间（最长的时间）。

（3）倒排计划法

对于工期要求比较严格的工程，如果仍然根据企业现有人数来确定各施工过程的持续时间，总持续时间可能不能满足工期要求。对此，则可以采用倒排计划法，根据总工期和施工经验，先确定各分部工程的持续时间，再进一步确定各施工项目的持续时间和工作班制。最后根据施工项目的持续时间确定施工班组人数或机械台数。其计算公式为

$$R=\frac{P}{Nt} \tag{6-8}$$

式中：R——该施工项目所配备的施工班组人数或机械台数；

N——每天采用的工作班制；

P——该施工项目所需的劳动量或机械台班量；

t——某施工项目持续时间。

通常，计算时均按一班制考虑。若每天所需的工人或机械台班超过了施工单位现有的人数或机械台数，则应根据具体情况从技术上和施工组织上采取措施。例如，增加工作班次、组织平行立体交叉流水施工、提高混凝土早期强度等。

6. 初排施工进度（以横道图为例）

上述各项计算内容确定之后，即可编制施工进度计划的初步方案。一般的编制方法如下。

（1）根据施工经验直接安排的方法

根据施工经验直接安排的方法是根据经验资料及有关计算，直接在进度表上画出进度线。其一般步骤是先安排主导施工过程的施工进度，然后再安排其余施工过程。它应尽可

能配合主导施工过程并最大限度地搭接，形成施工进度计划的初步方案。总的原则是应使每个施工过程尽可能早地投入施工。

（2）按工艺组合组织流水的施工方法

按工艺组合组织流水的施工方法就是先按各施工过程（即工艺组合流水）初排流水进度线，然后将各工艺组合最大限度地搭接起来。

无论采用上述哪一种方法编排进度，都应注意以下问题。

1）每个施工过程的施工进度线都应用横道粗实线段表示。（初排时可用铅笔细线表示，待检查调整无误后再加粗）

2）每个施工过程的进度线所表示的时间（天）应与计算确定的持续时间一致。

3）每个施工过程的施工起止时间应根据施工工艺顺序及组织顺序确定。

7. 检查与调整施工进度计划

施工进度计划初步方案编制后，应根据与建设单位和有关部门的要求、合同规定及施工条件等，先检查各施工过程之间的施工顺序是否合理、工期是否满足要求、劳动力等资源消耗是否均衡，然后再进行调整，直至满足要求，正式形成施工进度计划。总的要求是在合理的工期下尽可能地使施工过程连续施工，这样便于资源的合理安排。

6.5 资源配置与施工准备工作计划

6.5.1 资源需用量计划的编制

单位工程施工进度计划编制确定以后，便可编制劳动力需要量计划；编制主要材料、预制构件、门窗等的需用量和加工计划；编制施工机具及周转材料的需用量和进场计划。它们是做好劳动力与物资的供应、平衡、调度、落实的依据，也是施工单位编制施工作业计划的主要依据之一。以下简要介绍各计划表的编制内容及其基本要求。

1. 劳动力需用量计划

劳动力需用量计划，主要是为安排施工现场的劳动力，平衡和衡量劳动力消耗指标，安排临时生活福利设施提供依据。其编制方法是按施工进度计划表上每天需要的施工人数，分工种进行统计，得出每天所需工种及人数、按时间进度要求汇总编出。劳动力需用量计划表如表 6-2 所示。

表 6-2 劳动力需用量计划表

序号	工种名称	人数	月			月			月			备注
			上	中	下	上	中	下	上	中	下	
1												
2												
⋮												

2. 主要材料需用量计划

主要材料需用量计划是指工程用水泥、钢筋、砂、石子、砖、石灰、防水材料等材料的需用量计划，主要材料需用量计划是施工备料、供料、确定仓库和堆场面积及做好运输组织工作的依据。它是根据施工进度计划表、施工预算中的工料分析表及材料消耗定额、储备定额进行编制的。主要材料需用量计划表如表 6-3 所示。

表 6-3　主要材料需用量计划表

序号	材料名称	规格	需要量		需要时间	备注
			单位	数量		
1						
2						
⋮						

3. 商品混凝土需用量计划

商品混凝土需用量计划主要用于落实购买商品混凝土，以便顺利完成混凝土的浇筑工作。商品混凝土需用量计划是根据施工进度计划、混凝土工程量进行编制的。商品混凝土需用量计划表如表 6-4 所示。

表 6-4　商品混凝土需要量计划表

序号	施工部位	混凝土规格	数量	供应时间	备注
1					
2					
⋮					

4. 预制加工品需用量计划

预制加工品需用量计划主要是指混凝土预制构件、钢构件、木构件、门窗构件等成品、半成品需用量计划，该计划应根据施工预算和施工进度计划编制。预制加工品需用量计划主要反映施工中各种预制构件的需用量及供应日期，并作为落实加工订货单位，并按所需规格、数量和使用时间组织加工、运输及确定仓库或堆场的依据。预制加工品需用量计划表如表 6-5 所示。

表 6-5　预制加工品需用量计划表

序号	构件名称	编号	规格	数量	要求进场时间	备注
1						
2						
⋮						

5. 施工机具需用量计划

施工机具需用量计划应根据施工预算、施工方案、施工进度计划和机械台班定额进行编制，其内容有施工用大型机械设备、中小型施工工具等需用量计划。它主要用于确定施工机具的类型、规格、数量及使用时间，并组织其进场，为施工的顺利进行提供有利保证。编制的方法是将施工进度计划表中的每一个施工过程所用的机械类型、数量，按施工日期进行汇总。施工机具需用量计划表如表 6-6 所示。

表 6-6　施工机具需用量计划表

序号	施工机具名称	型号	需要数量	进场时间	退场时间	备注
1						
2						
⋮						

6. 周转材料需用量计划

周转材料需用量计划主要是指模板、脚手架用钢管、扣件、脚手板等需要量计划。周转材料需用量计划表如表 6-7 所示。

表 6-7　周转材料需用量计划表

序号	周转材料名称	需要数量	进场时间	退场时间	备注
1					
2					
⋮					

6.5.2　施工准备工作计划

单位工程施工准备工作计划是施工组织设计的组成部分，一般在施工进度计划确定后即可着手进行编制。它主要反映开工前、施工中必须做的有关准备工作，是施工单位落实安排施工准备各项工作的主要依据。施工准备工作的内容主要有：建立单位工程施工准备工作的管理组织，进行时间安排；施工技术准备及编制质量计划；劳动组织准备；施工物资准备；施工现场准备；冬雨期准备；资金准备；等等。

为落实各项施工准备工作，加强对施工准备工作的检查监督，通常施工准备工作可列表表示，其表格形式如表 6-8 所示。

表 6-8　施工准备工作计划

序号	施工准备工作名称	施工准备工作内容	负责单位（或负责人）	协办单位（或协办负责人）	完成时间	备注
1						
2						
⋮						

6.6 单位工程施工平面图

单位工程施工平面图是根据施工需要的有关内容，对拟建工程的施工现场，按一定的规则而作出的平面和空间的规划。它是单位工程施工组织设计的重要组成部分。

6.6.1 单位工程施工平面图的设计意义和内容

组织拟建工程的施工，施工现场必须具备一定的施工条件，除做好必要的“三通一平”工作外，还应布置施工机械、临时堆场、仓库、办公室等生产性和非生产性临时设施，这些设施均应按照一定的原则，结合拟建工程的施工特点和施工现场的具体条件，作出一个合理、适用、经济的平面布置和空间规划方案，并将这些内容表现在图纸上，这就是单位工程施工平面图。

施工平面图设计是单位工程开工前准备工作的重要内容之一。它是安排和布置施工现场的基本依据，是实现有组织、有计划和顺利地进行施工的重要条件，也是施工现场文明施工的重要保证。因此，合理地、科学地规划单位工程施工平面图，并严格贯彻执行，加强督促和管理，不仅可以顺利地完成施工任务，而且还能提高施工效率和效益。

应当指出，建筑工程施工由于工程性质、规模、现场条件和环境的不同，所选的施工方案、施工机械的品种、数量也不同。因此，施工现场要规划和布置的内容也不同。同时工程施工又是一个复杂多变的过程，它随着工程施工的不断展开，需要规划和布置的内容也逐渐增多；随着工程的逐渐收尾，材料、构件等逐渐消耗，施工机械、施工设施逐渐退场和拆除。因此，在整个工程的不同施工阶段，施工现场布置的内容也各有侧重且不断变化。所以，工程规模较大、结构复杂、工期较长的单位工程，应当按不同的施工阶段设计施工平面图，但要统筹兼顾。近期的应照顾远期的；土建施工应照顾设备安装的；局部的应服从整体的。为此，在整个工程施工中，各协作单位应以土建施工单位为主，共同协商，合理布置施工平面，做到各得其所。

规模不大的砌体结构和框架结构工程，由于工期不长，施工也不复杂。因此，这些工程往往只反映其主要施工阶段的现场平面规划布置，一般是考虑主体结构施工阶段的施工平面布置，当然也要兼顾其他施工阶段的需要。例如，砌体结构工程的施工，其主体结构施工阶段反映在施工平面图上的内容占比最多，但随着主体结构施工的结束，现场砌块、构件等的堆场将空出来，某些大型施工机械将拆除退场，施工现场空余空间变大，但应注意是否增加砂浆搅拌机的数量和相应堆场的面积。

单位工程施工平面图一般包括以下内容。

1）在单位工程施工区域范围内，将已建的和拟建的地上的、地下的建筑物及构筑物的平面尺寸、位置标注出来，并标注出河流、湖泊等位置和尺寸及指北针、风向玫瑰图等。

2）拟建工程所需的起重机械、垂直运输设备、搅拌机械及其他机械的布置位置，起重机械开行的线路及方向等。

3）施工道路的布置、现场出入口位置等。

4）各种预制构件堆放及预制场地所需面积、布置位置；大宗材料堆场的面积、位置确定；仓库的面积和位置确定；装配式结构构件的就位位置的确定。

5）生产性及非生产性临时设施的名称、面积、位置的确定。

6）临时供电、供水、供热等管线的布置；水源、电源、变压器位置的确定；现场排水沟渠及排水方向的考虑。

7）土方工程的弃土及取土地点等有关说明。

8）劳动保护、安全、防火及防洪设施布置及其他需要布置的内容。

6.6.2 单位工程施工平面图的设计依据和原则

在设计施工平面图之前，必须熟悉施工现场与周围的地理环境；调查研究、收集有关技术经济资料；对拟建工程的工程概况、施工方案、施工进度及有关要求进行分析研究，以使施工平面图设计的内容与施工现场及工程施工的实际情况相符。

1. 单位工程施工平面图设计的主要依据

1）自然条件调查资料。例如，气象、地形、水文及工程地质资料等。主要用于布置地面水和地下水的排水沟；确定易燃、易爆化学危险品等有碍人体健康的设施位置；安排冬雨期施工期间所需设施的地点。

2）技术经济条件调查资料。例如，交通运输、水源、电源、物资资源、生产和生活基地状况等资料。主要用于布置水、电、暖、煤、卫等管线的位置及走向；交通道路、施工现场出入口的走向及位置；确定临时设施搭设数量。

3）拟建工程施工图纸及有关资料。建筑总平面图上标明的所有地上、地下的已建工程及拟建工程的位置，这是正确确定临时设施位置，修建临时道路、解决排水等问题所必需的资料，以便考虑是否可以利用已有的房屋为施工服务或者拆除。

4）一切已有和拟建的地上、地下的管道位置。设计平面布置图时，应考虑是否可以利用这些管道，或者已有的管道对施工有妨碍而必须拆除或迁移，同时要避免把临时建筑物等设施布置在拟建的管道上面。

5）建筑区域的竖向设计资料和土石方平衡图。这对于布置水管、电线、安排土方的挖填及确定取土、弃土地点很重要。

6）施工方案与进度计划。根据施工方案确定的起重机械、搅拌机械等各种机具的数量，考虑安排它们的位置；根据现场预制构件安排要求，作出预制场地规划；根据进度计划，了解分阶段布置施工现场的要求，并考虑如何整体布置施工平面。

7）根据各种主要原材料、半成品、预制构件加工生产计划、需要量计划及施工进度要求等资料，设计材料堆场、仓库等面积和位置。

8）建设单位能提供的已建房屋及其他生活设施的面积等有关情况，以便决定施工现场临时设施的搭设数量。

9）现场必须搭建的有关生产作业场所的规模要求，以便确定其面积和位置。

10）其他需要掌握的有关资料和特殊要求。

2. 单位工程施工平面图设计的原则

1）在确保施工安全及现场施工能顺利进行的条件下，要布置紧凑，少占或不占农田，尽可能减少施工占地面积。

2）最大限度缩短场内运距，尽可能减少二次搬运。各种材料、构件等要根据施工进度并保证能连续施工的前提下，有计划地组织分期分批进场，充分利用场地；合理安排生产流程，材料、构件要尽可能布置在使用地点附近，要通过垂直运输者，尽可能布置在垂直运输机具附近，力求减少运距，以节约用工和减少材料的损耗。

3）在保证工程施工顺利进行的条件下，尽量减少临时设施的搭设。为了降低搭设临时设施的费用，应尽量利用已有的或拟建的各种设施为施工服务；对必须修建的临时设施，尽可能采用装拆方便的设施；布置时不要影响正式工程的施工，避免二次或多次拆建；各种临时设施的布置，应便于生产和生活。

4）各项布置内容，应符合劳动保护、技术安全、防火和防洪的要求。为此，机械设备的钢丝绳、缆风绳及电缆、电线与管道等不得妨碍交通，保证道路畅通；各种易燃库、棚（如木工、油毡、油料等）及沥青灶、化灰池应布置在下风向，并远离生活区；炸药、雷管要严格控制并由专人保管；根据工程具体情况，考虑各种劳保、安全、消防设施；在山区雨期施工时，应考虑防洪、排涝等措施，做到有备无患。

根据上述原则及施工现场的实际情况，尽可能进行多方案施工平面图设计。并从满足施工要求的程度，施工占地面积及利用率，各种临时设施的数量、面积、所需费用，场内各种主要材料、半成品（混凝土、砂浆等）、构件的运距和运量大小，各种水管、电线的敷设长度，施工道路的长度、宽度，安全及劳动保护是否符合要求等进行分析比较，选出合理、安全、经济、可行的布置方案。

6.6.3　单位工程施工平面图的设计步骤

1. 确定起重机械的位置

起重机械的位置直接影响仓库、堆场、砂浆和混凝土搅拌站的位置，以及道路和水、电线路的布置等。因此，应首先考虑。

布置固定式垂直运输设备，如井架、龙门架、施工电梯等，主要根据机械性能、建筑物的平面和大小、施工段的划分、材料进场方向和道路情况而定。其目的是充分发挥起重机械的能力并使地面和楼面上的水平运距最小。一般说来，当建筑物各部位的高度相同时，布置在施工段的分界线附近；当建筑物各部位的高度不同时，布置在高低分界线处。这样布置的优点是楼面上各施工段水平运输互不干扰。若有可能，井架、龙门架、施工电梯的位置，以布置在建筑的窗洞口处为宜，以避免砌墙留槎和减少井架拆除后的修补工作。固定式起重运输设备中卷扬机的位置距离起重机不得过近，以便驾驶员的视线能够看到起重机的整个升降过程。

塔式起重机有行走式和固定式两种，行走式起重机由于其稳定性差已经逐渐被淘汰。塔式起重机的布置除应注意安全上的问题外，还应着重解决布置的位置问题。建筑物的平

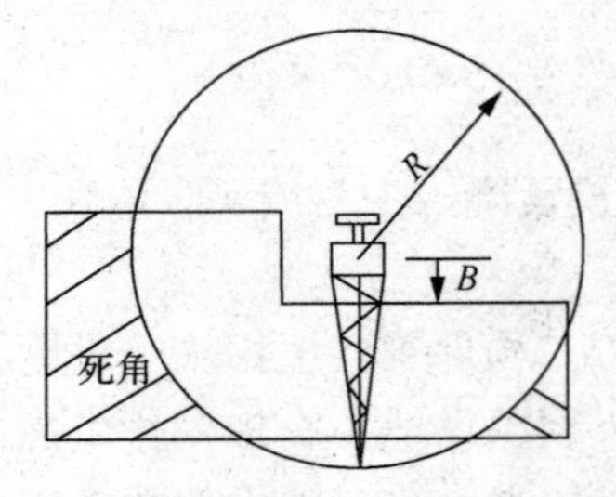

图 6-8　塔式起重机的布置方案

面应尽可能处于吊臂回转半径之内，以便直接将材料和构件运至任何施工地点，尽量避免出现“死角”，如图 6-8 所示。塔式起重机的安装位置，主要取决于建筑物的平面布置、形状、高度和吊装方法等。塔式起重机离建筑物的距离（*B*）应该考虑脚手架的宽度、建筑物悬挑部位的宽度、安全距离、回转半径（*R*）等。

2. 确定搅拌站、仓库和材料、构件堆场及工厂的位置

1）搅拌站、仓库和材料、构件堆场的位置应尽量靠近使用地点或在起重机起重能力范围内，且便于运输和装卸。

① 建筑物基础和第一施工层所用的材料，应该布置在建筑物的四周。材料堆放位置应与基槽边缘保持一定的安全距离，以免造成基槽土壁的塌方事故。

② 第二施工层以上所用的材料，应布置在起重机附近。

③ 砂、砾石等大宗材料应尽量布置在搅拌站附近。

④ 当多种材料同时布置时，对大宗的、重要的和先期使用的材料，应尽量布置在起重机附近；少量的、质量小的和后期使用的材料，则可布置得稍远一些。

⑤ 根据不同的施工阶段使用不同的材料特点，在同一位置上可先后布置不同的材料。

2）根据起重机械的类型，搅拌站、仓库和堆场位置有以下几种布置方式。

① 当采用固定式垂直运输设备时，须经起重机运送的材料和构件堆场位置，以及仓库和搅拌站的位置应尽量靠近起重机布置，以缩短运距或减少二次搬运。

② 当采用塔式起重机进行垂直运输时，材料和构件堆场的位置，以及仓库和搅拌站出料口的位置，应布置在塔式起重机的有效起重半径内。

③ 当采用无轨自行式起重机进行水平和垂直运输时，材料、构件堆场、仓库和搅拌站等应沿起重机运行路线布置，且其位置应在起重臂的最大外伸长度范围内。

木工棚和钢筋加工棚的位置可考虑布置在建筑物四周以外的地方，但应有一定的场地堆放木材、钢筋和成品。石灰仓库和淋灰池的位置应接近砂浆搅拌站并在下风向；沥青堆场及熬制锅的位置应离开易燃仓库或堆场，并布置在下风向。

3. 运输道路的布置

运输道路主要解决运输和消防两个问题。现场主要道路应尽可能利用永久性道路的路面或路基，以节约费用。现场道路布置时要保证行驶畅通，使运输工具有回转的可能性。因此，运输线路最好绕建筑物布置成环形道路。道路宽度大于 3.5 m。

4. 临时设施的布置

（1）临时设施分类、内容

施工现场的临时设施可分为生产性与非生产性两大类。

生产性临时设施内容包括：在现场加工制作的作业棚，如木工棚、钢筋加工棚、薄钢板加工棚；各种材料库、材料棚，如水泥库、油料库、卷材库、沥青罐、石灰棚；各种机

械操作棚，如搅拌机棚、卷扬机棚、电焊机棚；各种生产性用房，如锅炉房、烘炉房、机修房、水泵房、空气压缩机房等；其他设施，如变压器等。

非生产性临时设施内容包括各种生产管理办公用房、会议室、文娱室、福利性用房、医务室、宿舍、食堂、浴室、开水房、警卫传达室、厕所等。

（2）单位工程临时设施布置

布置临时设施，应遵循使用方便、利于施工、尽量合并搭建、符合防火安全的原则；同时结合现场地形和条件、施工道路的规划等因素分析考虑它们的布置。各种临时设施均不能布置在拟建工程（或后续开工工程）、拟建地下管沟、取土、弃土等地点。

各种临时设施尽可能采用活动式、装拆式结构或就地取材。施工现场范围应设置临时围挡设施。

5. 布置水管、电网

1）施工用临时给水管，一般由建设单位的干管或施工用干管接到用水地点。施工用临时给水管有枝状、环状和混合状等布置方式，应根据工程实际情况，从经济和保证供水两方面选择其布置方式。管径的大小、龙头数目根据工程规模由计算确定。管道可埋置于地下，也可铺设在地面上，视气温情况和使用期限而定。工地内要设消火栓，消火栓距离建筑物应不小于 5 m，也不应大于 25 m，距离路边不大于 2 m。条件允许时，可利用城市或建设单位的永久消防设施。有时，为了防止供水的意外中断，可在建筑物附近设置简易蓄水池，储存一定数量的生产和消防用水。如果水压不足，应设置高压水泵。

2）为了便于排除地面水和地下水，要及时修通永久性下水道，并结合现场地形，在建筑物四周设置排泄地面水和地下水的沟渠。

3）施工中的临时供电，应在全工地性施工总平面图中一并考虑。只有独立的单位工程施工时，才根据计算出的现场用电量选用变压器或由建设单位原有变压器供电。变压器的位置应布置在现场边缘高压线接入处，但不宜布置在交通要道出入口处。现场导线宜采用绝缘线架空或电缆布置。

6.7 主要施工组织管理措施

6.7.1 确保工程质量的技术组织措施

保证工程质量的关键是明确质量目标，建立质量保证体系，对工程对象经常发生的质量问题制定防治措施。

1. 组织措施

1）建立各级技术责任制、完善内部质保体系，明确质量目标及各级技术人员的职责范围，做到职责明确、各负其责。

2）推行全面质量管理活动，开展质量竞赛，制定奖优罚劣措施。

3）定期进行质量检查活动，召开质量分析会议。

4）加强人员培训工作，贯彻《建筑工程施工质量验收统一标准》（GB 50300—2013）及相关专业工程施工质量验收规范。对使用“四新”或是“质量通病”，应进行分析讲解，以提高施工操作人员的质量意识和工作质量，从而确保工程质量。

5）对影响质量的风险因素（如工程质量不合格导致的损失，包括质量事故引起的直接经济损失，修复和补救等措施发生的费用，以及第三者责任损失等），制定识别管理办法和防范对策。

2. 技术措施

1）确保工程定位放线、标高测量等准确无误的措施。

2）确保地基承载力及各种基础、地下结构、地下防水、土方回填施工质量的措施。

3）确保主体承重结构各主要施工过程质量的措施。

4）确保屋面、装修工程施工质量的措施。

5）依据《建筑工程冬期施工规程》（JGJ/T 104—2011）等相关标准规范制定季节性施工的质量保证措施。

6）解决“质量通病”的措施。

6.7.2 确保安全生产的技术组织措施

1. 组织措施

1）明确安全目标，建立安全保证体系。

2）执行国家、行业、地区安全法规、标准、规范，如《职业健康安全管理体系 要求及使用指南》（GB/T 45001—2020）、《建筑施工安全检查标准》（JGJ 59—2011）等，并以此制定本工程安全管理制度，各专业工作安全技术操作规程。

3）建立各级安全生产责任制，明确各级施工人员的安全职责。

4）提出安全施工宣传、教育的具体措施，进行安全思想、纪律、知识、技能、法治的教育，加强安全交底工作；施工班组要坚持每天开好班前会，针对施工中安全问题及时提示；在工人进场上岗前，必须进行安全教育和安全操作培训。

5）定期进行安全检查活动和召开安全生产分析会议，对不安全因素及时进行整改。

6）需要持证上岗的工种必须持证上岗。

7）对影响安全的风险因素（如在施工活动中，由于操作者失误、操作对象的缺陷以及环境因素等导致的人身伤亡、财产损失和第三者责任等损失），制定识别管理办法和防范对策。

2. 技术措施

（1）施工准备阶段的安全技术措施

1）技术准备中要了解工程设计对安全施工的要求，调查工程的自然环境对施工安全及施工对周围环境安全的影响等。

2）物资准备时要及时供应质量合格的安全防护用品，以满足施工需要等。

3）施工现场准备中，各种临时设施、库房、易燃易爆品存放都必须符合安全规定。

4）施工队伍准备中，总包、分包单位都应持有安全生产考核合格证。

（2）施工阶段的安全技术措施

1）针对拟建工程地形、地貌、环境、自然气候、气象等情况，提出可能突然发生自然灾害时有关施工安全方面的措施，以减少损失，避免伤亡。

2）提出易燃易爆品严格管理、安全使用的措施。

3）防火、消防措施，有毒、有尘、有害气体环境下的安全措施。

4）土方、深基施工、高处作业、结构吊装、上下垂直平行施工时的安全措施。

5）各种机械机具安全操作要求，外用电梯、井架及塔式起重机等垂直运输机具安拆要求、安全装置和防倒塌措施，交通车辆的安全管理。

6）各种电气设备防短路、防触电的安全措施。

7）狂风、暴雨、雷电等各种特殊天气发生前后的安全检查措施及安全维护制度。

8）季节性施工的安全措施。夏季作业有防暑降温措施，雨期作业有防雷电、防触电、防沉陷坍塌、防台风、防洪排水措施，冬期作业有防风、防火、防冻、防滑、防一氧化碳中毒措施。

9）脚手架、吊篮、安全网的设置，各类洞口、临边防止作业人员坠落的措施。现场周围通行道路及居民保护隔离措施。

10）各施工部位要有明显的安全警示牌。

11）操作者严格遵照安全操作规程，实行标准化作业。

12）基坑支护、临时用电、模板搭拆、脚手架搭拆要编写专项施工方案。

13）针对新工艺、新技术、新材料、新结构，制定专门的施工安全技术措施。

6.7.3　确保工期的技术组织措施

1. 组织措施

1）建立进度控制目标体系和进度控制组织系统，落实各层次进度控制人员和工作责任。

2）建立进度控制工作制度，如检查时间、方法、协调会议时间、参加人员等。定期召开工程例会，分析研究解决各种问题。

3）建立图纸审查、工程变更与设计变更管理制度。

4）建立对影响进度的因素分析和预测的管理制度，对影响工期的风险因素有识别管理手法和防范对策。

5）组织劳动竞赛，有节奏地掀起几次生产高潮，调动员工积极性，保证进度目标实现。

6）组织流水作业。

7）季节性施工项目的合理排序。

2. 技术措施

1）确保工程定位放线、标高测量等准确无误的措施。

2）确保地基承载力及各种基础、地下结构、地下防水、土方回填施工质量的措施。

3）确保主体承重结构各主要施工过程质量的措施。

4）确保屋面、装修工程施工质量的措施。

5）依据《建筑工程冬期施工规程》（JGJ/T 104—2011）等相关标准规范制定季节性施工的质量保证措施。

6）解决“质量通病”的措施。

6.7.4 确保文明施工及环境保护措施

1. 文明施工措施

1）建立现场文明施工责任制等管理制度，做到随做随清、谁做谁清。

2）定期进行检查，针对薄弱环节，不断总结提高。

3）施工现场围挡设置规范，出入口交通安全，道路畅通，场地平整，安全与消防设施齐全。

4）临时设施规划整洁，保持办公室、宿舍、更衣室、食堂、厕所等清洁卫生。

5）各种材料、半成品、构件进场有序，避免盲目进场或后用先进等情况，现场材料应堆放整齐，分类管理。

6）做好成品保护及施工机械保养工作。

2. 环境保护措施

1）项目经理部应根据环境管理系列标准建立项目环境监控体系，不断反馈监控信息，采取整改措施。

2）施工现场泥浆和污水未经处理不得直接排入城市排水设施或河流、湖泊、池塘。

3）除有符合规定的装置外，不得在施工现场熔化沥青和焚烧油毡、油漆，亦不得焚烧其他可产生有毒有害烟尘和恶臭气味的废弃物，禁止将有毒有害废弃物作土方回填。

4）建筑垃圾、渣土应在指定地点堆放，每日进行清理。高处施工的垃圾及废弃物应采用密闭式串筒或其他措施清理搬运。装载建筑材料、垃圾或渣土的车辆，应采取防止尘土飞扬、撒落或流溢的有效措施。施工现场应根据需要设置机动车辆冲洗设施。

5）在居民和单位密集区域进行爆破、打桩等施工作业前，项目经理部应按规定申请批准，还应将作业计划、影响范围、程度及有关措施等情况，向受影响范围的居民和单位通报说明，取得协作和配合；对施工机械的噪声与振动扰民，应采取相应措施予以控制。

6）经过施工现场的地下管线，应由发包人在施工前通知承包人，标出位置，加以保护。施工时发现文物、古迹、爆炸物、电缆等，应当停止施工保护好现场，及时向有关部门报告，按照有关规定处理后方可继续施工。

7）施工中需要停水、停电、封路而影响环境时，必须经有关部门批准，事先告知。在行人、车辆通行的地方施工，对于沟、井、坎、穴应设置覆盖物和标志。

8）施工现场在温暖季节应绿化。

6.7.5 降低施工成本的技术组织措施

制定降低成本的措施要依据 3 个原则，即全面控制原则、动态控制原则、创收与节约相结合的原则。具体可采用如下措施。

1）建立成本控制体系及成本目标责任制，实行全员全过程成本控制，做好变更、索赔工作，加快工程款回收。

2）临时设施尽量利用已有的各项设施，或利用已建工程作临时设施，或采用工具式活动工棚等，以减少搭设临时设施的费用。

3）劳动组织合理，提高劳动效率，减少总用工数。

4）增强物资管理的计划性，从采购、运输、现场管理、材料回收等方面，最大限度地降低材料成本。

5）综合利用吊装机械，提高机械利用率，减少吊次，以节约台班费。缩短大型机械进出场时间，避免多次重复进场使用。

6）增收节支，减少施工管理费的支出。

7）保证工程质量，减少返工损失。

8）保证安全生产，减少事故频率，避免意外工伤事故带来的损失。

9）合理进行土石方平衡，以节约土石方运输及人工费用。

10）提高模板精度，采用工具模板、工具式脚手架，加速模板等材料的周转，以节约模板和脚手架费用。

11）采用先进的钢筋连接技术，以节约钢筋用量。

12）砂浆、混凝土中掺外加剂或掺合料（粉煤灰等），优化水泥混凝土配合比设计，节约水泥用量。

13）编制工程预算时，应“以支定收”，保证预算收入；在施工过程中，要“以收定支”，控制资源消耗和费用支出。

14）加强经常性的分部分项工程成本核算分析及月度成本核算分析，及时反馈，以纠正成本的不利偏差。

15）对费用超支风险因素（如价格、汇率和利率的变化，或资金使用安排不当等风险事件引起的实际费用超出计划费用），制定识别管理办法和防范对策。

6.8 单位工程施工组织设计综合实例

6.8.1 工程概况

1. 工程主要情况

工程总体概况如表6-9所示。

表6-9 工程总体概况

序号	项目	内容
1	工程名称	××市医院住院大楼（简称住院大楼）
2	工程地址	××市中区经七路87号

续表

序号	项目	内容
3	建设单位	××市卫生局
4	设计单位	××市建筑设计研究院
5	监理单位	××市工程建设监理公司
6	质量监督	××市建筑工程质量监督站
7	施工总包	××建（集团）有限责任公司
8	主要分包	××机械公司
9	合同范围	结构、室内外装修、水电安装等
10	合同性质	总承包
11	投资性质	自筹
12	合同工期	2011 年 5 月 18 日—2013 年 5 月 31 日
13	质量目标	一次性验收合格，确保市优，争创省优

2. 专业设计简介

（1）建筑设计简介

建筑设计概况如表 6-10 所示。

表 6-10 建筑设计概况

<table>
<tr><td colspan="2">建筑面积</td><td colspan="2">16 500 m²</td><td colspan="2">占地面积</td><td colspan="2">1 460 m²</td></tr>
<tr><td colspan="2">地上部分面积</td><td colspan="2">15 133 m²</td><td colspan="2">地下部分建筑面积</td><td colspan="2">1 397 m²</td></tr>
<tr><td colspan="2">地下层数</td><td colspan="2">地下一层</td><td colspan="2">地下层高度</td><td colspan="2">4.8 m</td></tr>
<tr><td colspan="2">地上层数</td><td colspan="2">15 层</td><td colspan="2">地上层高度</td><td colspan="2">一层，5.1 m；
2～13 层，3.25 m；
14，15 层，4.2m</td></tr>
<tr><td colspan="2">+0 标高</td><td colspan="2">841.15 m</td><td colspan="2">建筑防火</td><td colspan="2">一级</td></tr>
<tr><td colspan="2">外装修做法</td><td colspan="2">氟碳漆涂料、干挂花岗石</td><td colspan="2">内装修做法</td><td colspan="2">精装修</td></tr>
<tr><td>墙面</td><td>氟碳漆涂料，
干挂花岗石</td><td>屋面</td><td>上人：三元乙
丙卷材 3 层；
不上人：三元乙
丙卷材 2 层</td><td>墙面</td><td>乳胶漆</td><td>楼梯</td><td>花岗石</td></tr>
<tr><td>门窗</td><td colspan="3">木门、塑钢窗</td><td>地面</td><td colspan="3">瓷砖、花岗石</td></tr>
</table>

（2）结构设计简介

结构设计概况如表 6-11 所示。

表 6-11 结构设计概况

<table>
<tr><td>序号</td><td>项目</td><td colspan="2">内容</td></tr>
<tr><td rowspan="3">1</td><td rowspan="3">结构形式</td><td>基础结构形式</td><td>筏型基础，底板厚 2.2 m</td></tr>
<tr><td>主体结构形式</td><td>现浇钢筋混凝土框架-剪力墙结构体系</td></tr>
<tr><td>屋盖结构形式</td><td>现浇预应力钢筋混凝土无梁屋盖楼板</td></tr>
<tr><td rowspan="2">2</td><td rowspan="2">土质、水位</td><td>土质情况</td><td>粉质黏土</td></tr>
<tr><td>地下水位</td><td>绝对标高 23 m</td></tr>
</table>

续表

序号	项目	内容	
3	地基处理水泥粉煤灰碎石（cement fly-ash gravel，CFG）桩	桩径	ϕ400 mm
		桩身强度	C20
		根数	997 根
4	地下防水	柔性防水	三元乙丙卷材防水两道和花铺沥青油毡一层
5	混凝土强度等级	基础	C30
		梁板	C40
		柱	C40
		楼梯	C25
6	抗震等级	工程设防烈度	8 度
		框架抗震等级	Ⅲ类
		剪力墙抗震等级	Ⅲ类
7	钢筋接头形式	闪光对焊	底板水平主筋
		FP 接头（Ⅲ钢）电渣压力焊	竖向主筋
		搭接绑扎	墙、板

（3）水暖及电气安装简介

1）水暖部分。本工程设计中央集中空调系统，地下室和公用洗手间等为热水采暖（城市供热引入）系统。空调机房、水泵房水池及人防均在地下室。给水系统由城市供水管网引入生活及消防水池，由泵房向 15 层屋面的生活及消防水箱供水。消防设有消火栓及自动喷洒灭火两个系统，由消防泵供水，室外设有水泵结合器。排水系统：一层及以上各层污水直接排往室外，进入原有水处理站（室外部分另行设计）；地下室部分汇入集水坑，由污水泵排至室外；生活热水由空调制冷机组供给，饮用水由电热器供给。

2）电气部分。电气工程施工在时间安排上，分为结构预埋、初安装、系统安装、系统调试收尾交工 4 个阶段。在施工程序上，遵循高压到低压、由主干回路到分支回路直至用电设备的顺序原则。在同一空间（本层）自上而下，不同空间（各楼层）自下而上进行作业。电气安装分为强电系统和弱电系统两部分。

3. 项目主要施工条件

（1）地质情况

自地面向下，土层分布依次为人工填土、黄土状粉土、黄土状粉质黏土、黄土状粉土、粉砂、圆砾、粉质黏土、粉土、中砂。了解各土层性状、层厚、标高等。

（2）工程水文地质情况

地下稳定水位深度为 7.00～8.50 m，相应标高为 797.90～799.40 cm，无须降水措施。

（3）气象情况

本区雨期施工期限 7 月 1 日—9 月 15 日，冬期采暖期 11 月 5 日—次年 3 月 21 日，最大冻土深度 77 cm。

4. 工程施工特点

（1）工程的重要性

本工程地理位置优越，所处地段商业、办公、娱乐、餐饮等行业众多，人员流动大。

本工程作为××市重点工程，其工程质量的优劣将备受关注。

（2）平面构成

平面构成为弧形，施工中测量放线要求较高，本工程采用内控法，实现建筑物各层控制线的测设。

（3）施工工期要求

工程合同总工期为743 d，并且还要考虑高考期间政府对施工时间的限制。因此，阶段时间内资源投入大，对总承包方的管理、协调、组织能力要求很高。

（4）施工质量标准高

一次性验收合格，确保市优，争创省优。

（5）两个冬期及两个雨期的影响

施工总工期内逢两个冬期、两个雨期，其中基础工程施工、屋面及外装饰工程施工在雨期，上部结构施工在冬期。因此，合理的安排和组织是项目管理中的重中之重。

（6）施工现场情况

施工现场狭小，现场内只有西侧及东北侧局部有部分场地可以利用，料区和进出场道路有部分重叠。

（7）底板大体积混凝土

0.8 m厚底板大体积混凝土施工，由于混凝土用量多达2 000 m^3，要求连续浇筑，现场混凝土浇筑时的浇筑顺序和混凝土内部水化热的测量监控尤为重要。底板混凝土的施工质量关系到结构的抗渗、防水质量能否达到要求，须加强管理和监测，以避免底板混凝土出现收缩裂缝而影响混凝土的防水质量。

（8）新材料、新工艺、新技术的应用

新材料、新工艺、新技术的应用，如预应力技术、粗直钢筋机械连接、新型墙体材料、大型钢模板、新型防水材料等。

（9）机电工程安装量大

机电工程涉及的专业多且复杂，加之工期紧、交叉作业多。因此，组织与协调是项目管理的重点。

6.8.2 施工部署

1. 项目施工总体目标

1）质量目标。所有检验批、分项工程全部合格，分部、子分部工程全部合格，质量控制资料完整，一次性验收合格。确保市优，争创省优。

2）工期目标。2011年5月18日桩基开工至2013年5月31日竣工，总工期为743 d。

3）成本目标。成本控制在计划成本范围内，目标成本降低率控制在2%。

4）严格遵守职业健康安全与环境管理有关规定，无重大工程安全事故，杜绝工伤事故，轻伤事故率控制在0.3%内。创市级安全文明工地，争创省级安全文明样板工地。

2. 项目施工组织机构

项目经理部由总公司授权管理，按照企业项目管理模式——ISO 9001标准模式建立的质量保证体系来运作，形成以全面质量管理为中心环节，以专业管理和计算机管理相结合的科学化管理体制。项目经理部按照总公司颁布的《项目管理手册》《质量保证手册》《CI工作手册》《项目质量管理手册》《项目安全管理手册》《项目成本管理手册》执行。

项目部组织机构设置如图 6-9 所示。根据组织机构图，项目部建立岗位职责制，明确分工职责，落实施工责任，各岗位各司其职。

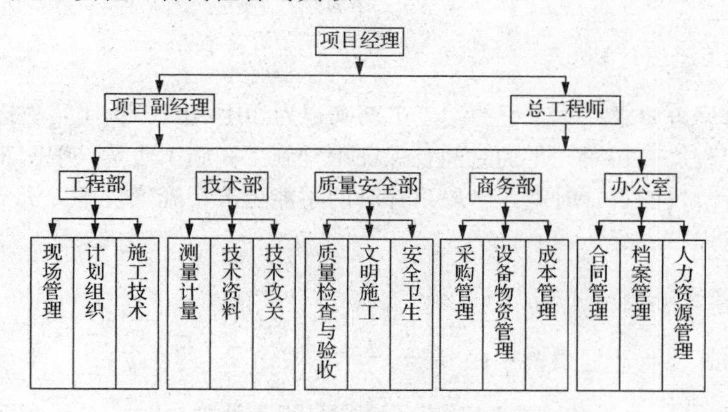

图 6-9　项目部组织机构设置

3. 施工部署原则

本工程工程量大，结构质量、装修标准高，总工期为 743 d，工期较为紧张。为了保证基础、主体、装修有充足的施工时间，保证如期完成施工任务，应考虑各方面的影响因素，合理统筹安排任务、人力、资源、时间、空间的总体布局。

1）在时间上的部署原则——季节施工的考虑。根据总施工进度的安排，基础结构施工在 2011 年 10 月初出地面，回填土在冬期施工之前完成，保证边坡的稳定；主体结构在 2012 年 6 月底封顶。装饰工程在主体验收完毕天气转暖后开始施工，避免因冬期气温影响产生的装修质量问题。

2）在空间上的部署原则——立体交叉施工的考虑。为了贯彻空间占满、时间连续，均衡协调、有节奏，力所能及留有余地的原则，保证工程按照总控计划完成，需采用主体和安装、主体和装修、安装和装修的立体交叉施工。

3）在总施工顺序上的部署原则。按照先地下后地上、先结构后围护、先主体后装修、先土建后专业的总施工顺序原则进行部署。

4）在资源上的部署原则——机械设备的投入。根据施工工程量和现场实际条件投入机械设备。由于现场条件限制，结构施工期间用 FO/23B 型塔式起重机，混凝土浇筑采用拖式输送泵完成。

5）做施工安排时，要考虑高考期间、冬期及节假日对工程施工的影响。

4. 施工安排及施工段划分

××建（集团）有限责任公司负责设计图纸内土建、装饰、安装工程及甲方安排的其他项目，桩基由××机械公司分包，电梯、楼宇自控等由××专业公司分包。

在地基处理阶段，为防止受地下水位的影响，致使工作面形成橡皮土而影响桩基施工，基坑开挖时距基底预留 2 m 厚土层，上部作为桩基工作面，在桩基施工开始后，分阶段进行余土开挖。在上部主体结构施工中，以后浇带为界，分为东、西 2 个施工流水段，组织流水。基坑回填在地下室防水完成后及时进行，为上部施工提供充足的工作面。砌体围护在主体施工过程中适时插入。主体施工阶段要合理协调土建与设备安装之间的工序安排，圆满完成施工任务。

6.8.3 工程施工进度计划

根据投标时甲方要求，本工程的竣工工期确定为 2013 年 5 月 31 日。因此，为了保证各分部、分项工程均有相对充足的时间且保证工程施工和施工质量，编制工程施工进度计划时，要确立各阶段的目标时间，阶段目标时间不能更改。施工设备、资金、劳动力在满足阶段目标的前提下进行配备。

1. 施工阶段目标控制计划

施工阶段目标控制计划如表 6-12 所示。

表 6-12 施工阶段目标控制计划

序号	阶段目标	起止时间	所用天数/d	结构验收时间
1	土方施工、护坡施工	2011 年 5 月 18 日—2011 年 8 月 12 日	87	
2	CFG 桩施工	2011 年 6 月 29 日—2011 年 8 月 10 日	42	
3	余土挖出及桩头处理	2011 年 8 月 5 日—2011 年 8 月 25 日	21	
4	垫层及底板防水层施工	2011 年 8 月 25 日—2011 年 9 月 5 日	12	
5	基础底板及地下式结构施工	2011 年 9 月 6 日—2011 年 10 月 15 日	40	2011 年 10 月 15 日
6	主体施工	2011 年 10 月 16 日—2012 年 6 月 30 日	168	2012 年 6 月 25 日
7	屋面施工	2012 年 6 月 30 日—2012 年 8 月 1 日	33	
8	砌体	2011 年 11 月 20 日—2012 年 8 月 10 日	120	
9	室内装修	2012 年 4 月 1 日—2012 年 10 月 20 日	249	
10	室外装修	2012 年 8 月 10 日—2012 年 10 月 30 日	82	
11	水电暖安装	2011 年 9 月 6 日—2012 年 7 月 20 日	277	
12	竣工验收工程	2013 年 5 月 2 日—2013 年 5 月 30 日	29	2013 年 5 月 31

2. 施工进度计划网络图

施工进度计划网络图（略）。

6.8.4 施工准备与资源配置计划

1. 施工准备

（1）施工组织设计和专项方案编制计划

施工组织设计和专项方案编制计划如表 6-13 所示。

表 6-13　施工组织设计和专项方案编制计划

序号	计划名称	责任部门	截止日期	审批单位
1	CFG 桩施工方案	项目技术	2011 年 4 月	总公司技术部
2	土方及护坡施工方案	项目技术	2011 年 4 月	总公司技术部
3	防水施工方案	项目技术	2011 年 4 月	总公司技术部
4	底板施工方案	项目技术	2011 年 4 月	总公司技术部
5	钢筋施工方案	项目技术	2011 年 4 月	总公司技术部
6	模板施工方案	项目技术	2011 年 4 月	总公司技术部
7	混凝土施工方案	项目技术	2011 年 4 月	总公司技术部
8	脚手架施工方案	项目技术	2011 年 4 月	总公司技术部
9	屋面施工方案	项目技术	2012 年 8 月	总公司技术部
10	外墙涂料施工方案	项目技术	2012 年 10 月	总公司技术部
11	室内初装修施工方案	项目技术	2012 年 10 月	总公司技术部
12	室内吊顶施工方案	项目技术	2012 年 10 月	总公司技术部
13	门窗安装施工方案	项目技术	2012 年 10 月	总公司技术部
14	油漆及墙面乳胶漆施工方案	项目技术	2012 年 10 月	总公司技术部
15	安装施工方案	安装项目部	2011 年 4 月	总公司技术部

（2）试验工作计划

试验工作计划如表 6-14 所示。

表 6-14　试验工作计划

<table>
<tr><th>序号</th><th colspan="2">试验内容</th><th>取样批量</th><th>试验数量</th><th>备注</th><th>见证部位和数量（实际>计算）</th></tr>
<tr><td rowspan="2">1</td><td colspan="2" rowspan="2">钢筋原材</td><td>≤60 t</td><td>1 组</td><td rowspan="2"></td><td rowspan="2"></td></tr>
<tr><td>>60 t</td><td>2 组</td></tr>
<tr><td rowspan="2">2</td><td rowspan="2">钢筋接头</td><td>闪光对焊</td><td>500 个接头</td><td>3 根拉件</td><td></td><td></td></tr>
<tr><td>FP 接头电渣压力焊</td><td>500 个接头</td><td>3 根拉件</td><td></td><td></td></tr>
<tr><td rowspan="2">3</td><td rowspan="2">混凝土试块</td><td colspan="3">一次浇筑量≤1 000 m^3，每 100 m^3 为一个取量单位（3 块）</td><td rowspan="2">同一配比</td><td></td></tr>
<tr><td colspan="3">一次浇筑量>1 000 m^3，每 200 m^3 为一个取量单位（3 块）</td><td></td></tr>
<tr><td>4</td><td colspan="2">混凝土抗渗试块</td><td>500 m^3</td><td>3 块</td><td>同一配比</td><td></td></tr>
<tr><td rowspan="2">5</td><td colspan="2" rowspan="2">砌筑砂浆</td><td>250 m^3</td><td rowspan="2"></td><td rowspan="2">3 块</td><td rowspan="2">同一配比</td></tr>
<tr><td>一个楼层</td></tr>
<tr><td rowspan="3">6</td><td colspan="2" rowspan="3">防水卷材</td><td>100 卷以内</td><td>2 组</td><td></td><td></td></tr>
<tr><td>100～499 卷</td><td>3 组</td><td></td><td></td></tr>
<tr><td>1 000 卷以内</td><td>4 组</td><td></td><td></td></tr>
<tr><td>7</td><td colspan="2">加气混凝土砌块</td><td>10 000 块</td><td>100 mm×100 mm，4 块</td><td></td><td></td></tr>
</table>

（3）坐标点的引入

项目经理部进场时，项目部技术人员和建设、技术、勘察单位有关人员，将建筑的轴线桩引入施工现场，并且将城市水准点引入现场，标注在周围围墙上，代号为 M1、M2，以次水准点控制工程的标高。在土方开挖前，项目部技术人员将轴线桩引到现场四周固定的房屋墙面上，作为施工轴线的投测点。

（4）现场平面布置

本工程“三通一平”施工条件已具备，材料堆放、加工厂区及主要道路已硬化完毕，临时办公楼及职工宿舍楼已施工完毕，施工图纸已到位，现场管理人员及施工作业人员已全部进场，能够满足施工需要。现场施工平面布置详见总施工平面布置图（略）。

（5）现场临时用电负荷

现场临时用电负荷（略）。

（6）现场临时用水设计

现场临时用水设计（略）。

2. 资源配置计划

劳动力需要量计划表、施工机械设备需要量计划表分别如表6-15和表6-16所示。

表6-15 劳动力需要量计划表

序号	工种	人数	进场时间
1	钢筋工	40	2011年8月
2	模板工	40	2011年8月
3	混凝土工	20	2011年8月
4	架子工	15	2011年8月
5	安装工	20	2011年8月
6	机械驾驶员	10	2011年5月
7	机械修理工	2	2011年5月
8	抹灰工	50	2011年10月
9	电焊工	10	2011年8月
10	防水工	15	2011年8月
11	电工	10	2011年5月
12	瓦工	30	2011年10月
13	普工	30	2011年5月

表6-16 施工机械设备需要量计划表

序号	机械设备名称	型号规格	数量	产地	制造年份	额定功率/kW	进场时间	退场时间	备注
1	塔式起重机	FO/23B	1	四川	1998	75	2011年8月	2012年7月31日	
2	施工电梯	SCD200/200	1	上海	1997	20	2011年11月	2013年4月30日	
3	挖掘机	PC200	1	日本	1996	90	2011年5月	2011年8月25日	
4	压路机	YI-14	1	邯郸	1996		2011年6月	2011年9月10日	
5	自卸汽车	东风130	20	四川	1996		2011年5月	2011年12月15日	
6	输送泵	HBT60	1	长沙	1998	70	2011年10月	2012年7月1日	
7	平板振捣器	ZB11	3	太原	1999	1.1	2011年8月1日	2013年4月30日	
8	插入振动棒	ZX50	10	太原	1999	1.1	2011年8月15日	2012年7月1日	
9	砂浆搅拌机	JD250	1	邯郸	1998	7.5	2011年8月15日	2013年4月30日	
10	钢筋切断机	QT40-1	1	邯郸	1997	7.5	2011年7月29日	2012年7月1日	
11	空气压缩机	YV-3/8	2	天津	1993	22	2011年6月	2012年7月1日	

续表

序号	机械设备名称	型号规格	数量	产地	制造年份	额定功率/kW	进场时间	退场时间	备注
12	混凝土搅拌机	JS350	1	太原	1998	7.5	2011 年 6 月	2013 年 4 月 29 日	
13	卷扬机	JJK-25	1	太原	1998	11.5	2011 年 7 月 29 日	2012 年 9 月 1 日	
14	交流电焊机	AX5-500	2	河北	1997	26	2011 年 7 月 29 日	2013 年 4 月 15 日	
15	钢筋对焊机	LP-100	1	河北	1998	76	2011 年 7 月 29 日	2012 年 7 月 1 日	
16	钢筋弯曲机	WJ40	1	邯郸	1998	5.5	2011 年 7 月 29 日	2012 年 7 月 1 日	
17	木工圆锯		1					2013 年 4 月 30 日	
18	蛙式打夯机	HW60	3	太原	1999	3.2	2011 年 10 月 1 日	2013 年 4 月 30 日	
19	手提砂轮机		5	开封	1999	1.5	2011 年 7 月	2013 年 4 月 30 日	
20	布料杆	R=15 m	1				2011 年 11 月	2012 年 7 月 1 日	
21	长螺旋钻机	ZKL800BB	2		1999	75	2011 年 6 月	2011 年 7 月 29 日	

6.8.5 主要施工方案

1. 土方开挖及 CFG 桩的施工

（1）土方工程

1）测量放线。依据甲方及规划部门提供的方向控制线进行建筑物的水平定位，建立场区平面控制网，撒出建筑物外轮廓及基坑开挖边线，同时实现对打桩期间的桩位、标高的控制。

2）基坑开挖。依据地质勘查报告，地基土的构成以粉土、砂土及杂填土为主，确定边坡坡度系数为 1∶0.66，基坑底边尺寸的确定另见《地基处理及土方开挖施工方案》。

基坑开挖沿高度方向分两阶段进行，第一次挖至−5.36 m，然后进行打桩，打桩完毕后，再进行下层土开挖。对桩间土的开挖也采用机械开挖，底部预留 30 cm 人工清底。其中，上层土开挖阶段为及早给桩基施工提供工作面，先挖北侧，后挖南侧，挖土打桩同步进行。

3）既有建筑的爆破拆除。基坑内有既有建筑物的地下室及基础，墙厚 600 mm，纵横墙连接处设钢筋混凝土构造柱，顶板为钢筋混凝土结构，基础为条形钢筋混凝土结构。开挖时依据开挖暴露情况及时进行控制爆破，爆破原则为多打孔，少装药，准确计算单孔装药量及布孔密度，确保做到安全有效。

4）边坡防护。依据勘察报告，基坑上层土为杂填土。为确保边坡安全，靠近基坑边 2 m 范围内用 10 cm 厚的三七灰土夯实，上部浇筑 5 cm 厚细石混凝土，向坑外按 1%找坡，并在距边坡 0.5 m 处砖砌 30 cm 高挡水堰，外抹 1∶2 水泥砂浆，以防止地表水渗入边坡或流入基坑内。

（2）地基处理设计要求

1）CFG 桩的规格、强度见表（略）。

2）桩体材料及强度。水泥：普通 C42.5；石子：粒径 0.5～2.0 cm，含泥量不得大于 2%；中砂：含泥量不得大于 5%；粉煤灰：二级粉煤灰。配合比（每方用量）为水泥∶水∶砂子∶石子∶粉煤灰=382∶250∶663∶1 054∶63。桩体强度：CFG 桩桩体强度不少于 20 MPa。

3）桩的施工允许偏差应满足要求。

4）在 CFG 桩施工过程中，桩体配比由现场选用的桩体材料试验确定，桩体不允许有断桩、颈缩等质量问题。

5）配比根据现场取料、试验室试配确定，坍落度（20±2）cm。

（3）地基处理施工要求

1）为施工材料堆放及混凝土搅拌、泵送和临时设备准备必要的场地。

2）施工所需水、电供应：用电量 200 kW，日用水量为 80 t。

3）施工作业面上，甲方需提供必要的定位控制点。

（4）施工准备

1）施工人员检查施工现场，使其满足“三通一平”条件。

2）组织设备进场，并积极组织机械设备的组装与试车。

3）按照施工总平面图的规划，现场布置各种材料库房，搭设料棚，铺设水、电线路，设置施工便道，设置必需的标牌和警告牌。

4）联系材料货源，并提出必要的材料试验报告合格证书，并按施工要求组织原材料进场。

5）试验员对进场材料进行进场检验，并进行桩体材料配合比试验。

6）测量人员根据测量控制点，进行定位放线，并做好记录（用钢钎打入地下 400 mm 左右，灌入白灰，并在灰点中心打短钢筋定位），经监理复核无误后，方可施工。

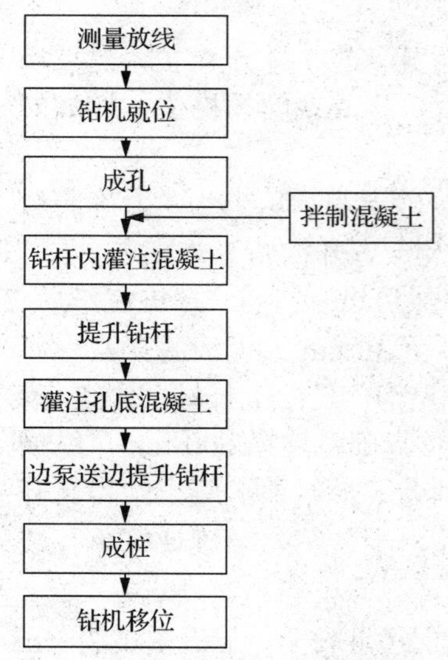

图 6-10　CFG 桩施工工艺流程图

7）打桩施工作业面的设置。设置磅秤，设置搅拌机，安装混凝土输送泵，安装混凝土输送系统，安排置换泥土堆放场地。

（5）施工方案

1）施工工程量。根据设计图纸，共有 CFG 桩 997 根，有效桩长 13 m。合计桩体延长米为 12 961 m，灌注 C20 混凝土理论体积为 1 717 m^3。

2）施工顺序。桩基施工方向由东向西，按要求呈梅花形跳打。

3）施工工艺。CFG 桩施工工艺流程如图 6-10 所示，工艺要求略。

（6）施工质量技术保证措施

1）要求测量员对轴线桩位进行复核，确保每根桩的位置都符合设计要求，桩位正确。

2）要求质检员对灌注桩施工的每一道工序（钻机就位、桩体材料制备、桩顶标高等）认真复核，严格按设计要求和施工验收规范进行施工，做好隐蔽工程验收工作。

3）材料员要严格把关，每批材料必须有质量保证书，并按规定进行复检，有权对不符合质量要求的材料勒令退场。

4）试验员要严格掌握混凝土配合比的正确性，对加料情况进行监督并按规定做好试块及进行养护。

5）钻孔过程中操作人员要密切注意钻进情况，发现钻杆剧烈抖动等异常情况应立即停机，技术管理人员应立即采取措施予以解决。

6）制备桩体材料时，石屑、碎石、粉煤灰材料应逐车过秤，计量员核对配合比，检查石屑、碎石、粉煤灰、水泥、水的计量误差，搅拌机驾驶员应保证足够的搅拌时间，保证坍落度 18～22 cm。

7）在成桩过程中，为保证桩身质量，提钻速度要和泵送的材料相匹配。边灌注边提钻，保持连续灌注，均匀提升，可基本做到钻头始终埋入混凝土内 1 m 左右。提升速度控制在 1.2 m/min 以内。

8）配制水泥砂浆，在每次开始施工前，先泵送水泥砂浆，润滑混凝土输送系统，防止堵管事故的发生。

9）遇到突然停电事故，要及时启动备用发电机将钻杆提出钻孔，并及时拆卸混凝土输送导管，清除输送泵及导管中的混凝土，并及时用水冲洗干净。

10）所有桩位统一编号，施工桩时逐一填写施工记录表，并在图上标示，防止错打或漏打。

2. 地下室防水工程

（1）基层处理要求

1）基层必须牢固，无松动、起砂等缺陷。

2）基层表面应平整光滑、均匀一致。

3）基层应干燥，含水率宜小于 9%。

4）基层若高低不平或凹坑较大时，应用掺加 107 胶的 1∶3 水泥砂浆抹平。

5）必须将凸出基层表面的异物、砂浆疙瘩等铲除，并将尘土杂物清除干净，最好用高压空气进行清理。

（2）卷材防水层的施工

卷材防水层施工的主要步骤：涂布基层处理剂→复杂部位增强处理→涂布基层胶黏剂及铺设卷材→卷材搭接缝及收头处理→施工保护层。

1）涂布基层处理剂。应使用与所选三元乙丙橡胶防水卷材相配套的基层处理剂。基层处理剂一般以聚氨酯涂膜防水材料按甲料（黄褐色胶体）∶乙料（黑色胶体）∶二甲苯=1∶1.5∶3，配合搅拌均匀即成，称为聚氨酯底胶。底胶涂刷后要干燥 4 h 以上，方可进行下一道工序施工。

2）复杂部位增强处理。在铺贴卷材之前应对阴阳角做增强处理，方法为以聚氨酯涂膜防水处理，按甲料∶乙料=1∶1.5 的比例配合搅拌均匀，涂刷在细部周围，涂刷宽度应距细部中心不小于 20 cm，涂刷厚度约为 2 mm。涂刷后 24 h 方可进行下一道工序的施工。

3）涂布基层胶黏剂及铺设卷材。

① 在坡面上，卷材的长边应垂直于排水方向，且沿排水的反方向顺序铺贴。

② 在转角处及立面上，卷材应自下而上进行铺贴。

③ 按预先量好的卷材尺寸扣除搭接宽度，在铺贴面弹线标明。

④ 分别在基层表面及卷材表面涂布。具体做法是将卷材展开平铺在干净基层上，用长把滚刷粘满 CX-404 胶迅速而均匀地进行涂布，不得漏涂，不允许有凝聚胶块存在。涂布 CX-404，需静置 10～20 s，待胶膜基本干燥（以手感不粘手为准）时，将卷材用原纸筒芯重新卷起，要注意两端平直，不得有褶皱，并防止粘上砂子或尘土等污物。

⑤ 在重新卷好的卷材筒中心插入一根 ϕ30 mm、长 1.5 m 的铁管，两个人分别手执铁管两端，先将卷材一端粘贴固定在起始部位，然后沿弹好的标准线铺展卷材，并每隔 1 m

对准标准线将卷材粘贴一下，注意不要拉伸卷材，不得使卷材有褶皱。每铺完一张卷材应立即用干净而松软的长把滚刷从卷材的一端开始沿卷材横向用力滚压一遍，以排除黏结层之间的空气。排除空气之前不要踩踏卷材。排除空气后用压辊沿整个黏结面用力滚压，大面积可用外包橡胶的大铁辊滚压。

⑥ 立面铺贴应先根据高度将卷材裁好，当基层与卷材表面的胶黏剂达到要求的干燥度后，即将卷材松弛地反卷在纸筒芯上，胶结面朝外。由两个人手持卷芯两端，借助两端的梯子或架子自下而上地进行铺贴，另一个人站在墙下的底板上用长柄压辊粘铺卷材并予以排气。排气时先滚压卷材中部，再从中部斜向上往两边排气，最后用手持压辊将卷材压实粘牢。

4）卷材搭接缝及收头处理。卷材搭接缝及收头是防水层密封质量的关键，因此须以专用的接缝胶黏剂及密封膏进行处理，此外，地下工程卷材搭接缝必须做附加补强处理。

卷材收头处理：卷材收头必须用聚氨酯嵌缝膏封闭，封闭处固化后，在收头处再涂刷一层聚氨酯涂膜防水材料，在其尚未完全固化时，即可用107胶水泥砂浆压缝封闭。

5）施工保护层。卷材防水层经检查质量合格后，即可做保护层。

3. 大体积混凝土施工

底板厚度为800 mm，混凝土强度等级C30，属大体积混凝土施工。

（1）水泥品种选用

选用低水化热的C42.5矿渣硅酸盐水泥。对于水泥用量，根据实际计算以及配合比的优化选取，在保证混凝土强度等级的前提下，尽可能减少单方用量。

（2）粗、细骨料的优化选取

严格控制砂、石的含泥量，否则会增加混凝土的水泥用量及收缩，同时也会引起混凝土抗拉强度降低，对混凝土的抗裂是十分不利的，因此在大体积混凝土施工中，碎石的含泥量控制在1%以内，砂子的含泥量控制在2%以内。碎石选用自然连续级配的，可以提高混凝土的和易性，减少水和水泥用量，增加抗压强度。在满足混凝土泵送的条件下，尽量选用粒径较大的、级配良好的碎石，这样可以降低混凝土的温度，减少混凝土的收缩，避免过多的泌水。

（3）外加剂的选用

为提高底板混凝土的抗渗性、抗裂性、和易性、可泵性，采用多掺技术，在试配过程中内掺一定数量的缓凝性高效泵送减水剂，例如，内掺U型膨胀剂（united expansing agent，UEA），以提高抗渗性、抗裂性；内掺适量Ⅱ级粉煤灰，从而减少拌合用水，节约水泥用量，降低水化热，防止或减少混凝土收缩开裂，并使混凝土致密化。

（4）混凝土浇筑方法

采用斜面分层法。混凝土振捣时要控制每层的浇筑厚度及振捣后坡度，输送管口配置2～4根50型振捣棒，保证混凝土振捣密实，防止漏振；另外对浇筑后的混凝土，在初凝前给予2次振捣，能排除因泌水在粗骨料、水平钢筋下部生成的水分和空隙，提高混凝土与钢筋的握裹力，防止因混凝土沉落而出现裂缝，减少混凝土内部微裂，增加混凝土的密实度。

特殊部位的处理：电梯井底板高度与其他底板高度不同，所以在浇筑混凝土时，先浇筑电梯井基础底板混凝土，再浇筑其他底板混凝土。

（5）大体积混凝土的养护

基础底板施工要严格控制大体积混凝土的内外温差，对浇筑后的混凝土进行保温养护。保温材料厚度的计算过程略。

经计算，保温材料需要覆盖一层塑料薄膜、二层草袋，厚度为 5 cm 左右，即可满足要求。保温层覆盖时交叉覆盖，让其自身湿养护，底板侧面采用砖模保温养护。在实际测温过程中，若出现内外温差超过 25℃，则适当加盖保温材料，防止混凝土产生温差应力和裂缝。

（6）大体积混凝土的测温

基础混凝土采取预留测温孔的方法，准确地掌握并控制混凝土的内外温度差，保证其内外温度差不超过 25℃。

1）测温点布置。测温点布置必须具有代表性与可比性，测温点平面布置按十字交叉布置，垂直方向按不同的高度布置。测温点平面布置图略。

埋设竖向钢管，钢管用内径 15 mm 的普通钢管。测温钢管下口密封不透水，上口超出混凝土表面 150 mm，并用木塞塞住。

2）测温方法。使用玻璃温度计，由测温孔从上向下缓慢地将触头放到钢管内，随时控制混凝土内外温度。

3）测温制度。第 1～第 8 d，每 4 h 测温一次；第 9～第 18 d，每 8 h 测温一次；第 19～第 28 d，每 12 h 测温一次。

4）记录要求。每测温一次，记录各测温点的温度与混凝土表面温度及大气温度，填入测温记录表中。将温度记录仪反映出的温度与温度计测出的温度进行比较，找出混凝土内部最高温度，计算混凝土内外温差。当发现温差超过 25℃时，及时加强混凝土保温，防止混凝土产生温差应力，出现裂缝。

4. 钢筋工程

在本项工程中设计使用了Ⅰ级、Ⅱ级、Ⅲ级 3 种类型的钢筋。其中，Ⅱ级钢筋水平连接采用闪光焊，竖向钢筋直径大于 16 mm 时采用电渣压力焊，直径小于 16 mm 的钢筋采用绑扎接头；对于Ⅲ级钢筋主要采用滚制等强直螺纹连接技术。

（1）连接套应符合的要求

1）进场的连接套应有产品合格证。

2）连接套的加工质量应按螺纹加工质量的检验要求、检验方法进行检验。

3）连接套的屈服承载力和抗拉承载力不应小于被连接钢筋屈服承载力的抗拉承载力标准值的 1～10 倍。

4）连接套的外径和长度尺寸允许偏差均为±0.5mm，连接套的表面应有明显的规格标记。

（2）施工准备

1）FP 接头（即钢筋滚制等强直螺纹接头）施工操作工人、技术管理和质量管理人员均应进行技术培训；设备操作工人应经考核合格后持证上岗。

2）钢筋切口端面应与钢筋轴线垂直，不得有马蹄形或挠曲，宜用切断机和砂轮片切断，不得用气割下料。

3）钢筋端头螺纹加工。

① 应使用合格的滚丝机加工钢筋端头螺纹。螺纹的牙型、螺距等必须与连接套螺纹规

格匹配，且经配套的量规检测合格。

② 加工钢筋端头的螺纹时，应采用水溶性润滑液，不得使用油性润滑液。

③ 操作工人应按螺纹加工质量的检验要求逐个检查钢筋端螺纹的滚制质量。

④ 经自检合格的钢筋端头螺纹，应按螺纹加工质量的检验要求对每种规格加工批量随机抽检10%，且不少于10个，若有一个端头螺纹不合格，即应对该加工批逐个检查，不合格的端头螺纹应重新加工，经再次检验合格方可使用。

⑤ 已检验合格的端头螺纹应加以保护。钢筋端头螺纹应戴上保护帽或拧上连接套，并应按规格分类堆放整齐待用。

4）钢筋连接。

① 连接钢筋时，钢筋规格和连接套的规格应一致，并应确保钢筋和连接套的丝扣干净完好。

② 采用预埋接头时，连接套的位置、规格和数量应符合设计要求。带连接套的钢筋应将钢筋固定牢，连接套的外露端应有密封盖。

③ 连接钢筋时可用普通扳手拧紧。

④ 接头拧紧后检查外露丝扣不应多于一扣（可调接头除外）并应做出拧紧标识。

（3）钢筋施工应注意的事项

1）钢筋下料。严格按设计及施工规范要求进行，配料单必须经技术部门审核后才能进行加工。由于结构造型以弧形为主，对钢筋的下料要仔细计算、加工，并在绑扎底板钢筋时，每隔一段距离弹出横向间距控制线，确保圆弧形钢筋绑扎控制在允许偏差范围之内。原材料进场以后，必须有批号、质量认证书、原材料进场试验报告，合格以后才能使用。

2）钢筋在现场集中制作。

3）为确保基础底板钢筋位置正确，对钢筋采用ϕ20 mm的马凳筋布置成梅花形来控制，布置间距每平方米一个，楼板双层钢筋采用ϕ8 mm间距750 mm的马凳筋固定，正方形布置。对悬挑板上层筋的马凳布置一定要均匀、牢固，避免在混凝土浇筑时将上层钢筋踩踏变形，造成质量事故。

4）柱钢筋。柱插筋与底板交接处要增设定位筋，并与底板钢筋点焊牢固，防止根部位移。柱主筋根部与上口要增设定位箍筋，确保位置准确。柱子主筋按图纸要求，必须错开接头。

5）节点部位钢筋。柱、梁节点处钢筋密集、交错，在绑扎前需放样，以保证该部位钢筋绑扎质量。

6）钢筋保护层采用高强度等级预制水泥砂浆块，内埋铅丝，规格为40 mm×40 mm，厚度同保护层；间距为梁、柱不大于1 m，板不大于1.2 m×1.2 m，梅花形布置。

7）钢筋预留。柱主筋的预留，按图纸设计要求，错开接头，当混凝土初凝、具有一定塑性时，在混凝土面上插入ϕ25 mm的短钢筋，用以固定柱模底部，防止模板移位、跑模、烂角。柱子每边至少埋入短钢筋2个，钢筋插入混凝土深度10 cm，外露15 cm。

（4）钢筋施工过程控制

1）钢筋下料单经专职质检员审核签字后，方可下料。

2）钢筋半成品制作，先做样板，经质检员确认后成批下料。

3）新部位钢筋绑扎，先绑柱、板、梁样板，经专职质检员和相关人员确认后，再大面积绑扎。

4）弹好柱体位置线，调整甩槎钢筋位置后再进行钢筋的绑扎。

5）设定专用预埋钢筋头和附加绑扎钢筋头，作钢模和门窗洞口模的固定焊接件。

6）在顶板筋绑扎前，先弹底层筋线位、预留孔线，待完成下层钢筋申报并自检合格后再绑扎上层筋。

7）顶板钢筋绑扎全部完成，固定保护层垫块、上下层钢筋之间的铁马镫安装完成，施工缝部位封挡完成后，班组自检，合格后报专检，专检合格报监理隐检。

5. 模板工程

（1）地下室模板

地下室墙体采用小钢模组拼。基础梁采用ϕ16 mm 防水型对拉杆，横向间距 1.2 m，竖向间距 0.6 m；内墙采用ϕ16 mm 普通型对拉杆，外墙采用ϕ16 mm 防水型对拉杆，中部设 40 mm×40 mm 止水片，厚度 3 mm，对拉杆间距双向为 600 mm。对于弧形墙，横向背楞用弧形双钢管，保证模板组拼的圆度。用竖向双钢管来调整模板的平整度及垂直度，模板在拼装前要对表面进行清理，并涂刷清机油，涂油程度以模板立直不淌油为原则，严禁因模板刷油过多而污染钢筋及底板混凝土。为防止模板缝拼装不严，要在模板间粘贴海绵条，确保浇筑混凝土时不漏浆。

支设模板时要严格检查剪力墙上的预埋件及预留洞的定位，确保定位准确、牢固，且不得漏放预埋件。

地下室考虑防水要求，止水带以下部分墙体及基础梁要同底板整体浇筑，不得留施工缝，因此底板、基础梁及基础梁上部 500 mm 高墙体模板须一步安装到位，此部分模板须做好定位措施。基础梁及墙体支模时应先在模板下口焊水平模板定位筋，在定位钢筋中部加焊止水片，并须将基础梁钢筋与底板钢筋进行点焊，以防混凝土浇筑时钢筋侧向移位，同时造成模板移位。

混凝土浇筑用操作平台须独立搭设，不得与模板支撑相连，且不得重力冲击模板及支撑，以免造成模板变形移位。

混凝土浇筑过程中要有专人进行模板检查，发现异常情况要及时报告班组负责人进行处理。浇筑完成后立即检查模板的位移、平整及垂直度，对偏差过大者，在允许时间内及时调整到位。

（2）梁模

依据不同情况分别采用不同的模板方案。

1）对直线梁采用小钢模进行拼装。

2）当弧形梁当侧模高度小于 400 mm 时，底模为 5 cm 厚弧形木模板，侧模现场用竹胶模进行拼制。

3）当弧形梁当侧模高于 400 mm 时，要依据实际尺寸提前进行侧模加工并进行编号，底模仍采用 5 cm 厚弧形木模。

4）弧形模板的定位以弧形模板自身刚度为前提，通过控制两端点位置来保证。

另外，梁跨中部须按规范要求进行起拱。

（3）剪力墙模板

±0.00 以上剪力墙采用钢大模，墙体模板支设前要在楼面弹好柱子轴线平行控制线，利用此条控制线与弧形模板的距离来确定墙模定位的准确性，对首层剪力墙要分两步支模、两次浇筑。

（4）柱模

柱子截面由 900 mm×900 mm 分 4 次变至 600 mm×600 mm。独立柱拟采用竹胶模作为柱子模板，柱箍采用可调型钢柱箍，建筑物首层层高为 5.0 m，模板一次支设到位，中部开浇筑窗，实行混凝土中部入模，防止混凝土浇筑高度过高，影响质量。

（5）现浇板模板

1）楼板竹胶模板施工。楼板竹胶板支设立柱、安装大小龙骨。从房间一侧（距墙 200 mm 左右）开始安装第 1 排大龙骨和立柱，大龙骨要求不小于 100 mm×100 mm 的木楞，间距不超过 1 m，立柱采用碗扣式脚手架。然后支第 2 排龙骨，依次逐排安装。按照竹胶板的尺寸和顶板混凝土厚度确定小龙骨间距（不宜超过 80 cm），铺设小龙骨，并与大龙骨钉牢。小龙骨要按照房间跨度的大小调整起拱高度。

① 铺设竹胶板。按事先设计好的铺设方法，从一侧开始，一般以高出 1～2 mm 为宜，以保证刮完腻子后阴角方正、顺直。竹胶板必须与小龙骨钉牢，在钉竹胶板时应用电钻打眼后再钉钉子，以防止竹胶板因起毛、烂边而减少使用次数。

② 校正标高及起拱。按钢筋的过渡标高控制线，即上层 500 mm 水平线，挂线检查各房间顶板模板标高及起拱高度，并用杠尺检查顶板模的平整度，并进行校正。

③ 粘贴胶粘带。顶板模板支设自检合格后，将竹胶板的拼缝粘贴胶带，防止漏浆。

④ 刷脱模剂。将模板面上的杂物用气泵吹干净后，涂刷水性脱模剂，涂刷要均匀，不得漏刷。

2）楼板模板“二托一”支撑体系。支撑配置 3 层，楼板及梁的模板配置 3 层。

① 工艺原理。在施工中，使用“二托一”模板支撑体系作支撑，根据顶板位置铺设模板，铺设完的模板顶面应与顶板面相平。当混凝土浇筑后达到设计强度的 70%时，就可拆除梁侧模和支柱的横撑，支柱仍保留支撑在混凝土板底，使大跨度楼板处于短跨（小于 2 m）的支撑受力状态，待混凝土强度达到能支撑自重和施工荷载后再拆除支柱。

② 工艺顺序。按模板图弹线，确定立杆位置→立杆底座→立杆→横杆→接头锁紧→立杆上口插入头→调节头和顶板高度→摆放 70 mm×100 mm 方木→铺模板→绑扎钢筋→浇筑混凝土→养护混凝土，强度达到拆模要求→下调托架调节器→拆背楞→拆楼板模板→拆横杆→拆立杆→清理施工面。

③ 材料选用。楼板模板为 20 mm 厚胶合板；背楞为 70 mm×100 mm 木方；ϕ48 mm 钢管；碗扣支架 1.8 m 立杆；0.2 m，0.6 m，0.9 m 横杆；头为ϕ38 mm×600 mm 丝杠体系。

④ 支模施工方法。在图纸会审后，应首先根据楼板结构形状、尺寸，结合模板支撑体系尺寸模数设计模板支撑体系，安装平面图、立面图，并按施工方案数量进行备料。

施工前在操作层墙或柱上弹标高的水平线，依据模板支撑体系弹出支柱的位置线，上层与下层立柱应保持一条垂直线，便于荷载分层向下传递。

模板支撑拆除。混凝土强度达到设计强度 70%时即可安排人员拆除模板，仅留立柱，待混凝土强度达到能支撑自重和施工荷载时拆除支柱。

组装以 3～4 人一组为好，其中 1～2 人递料，另外两人配合组装。设专人进行技术指导和安全质量监督检查，确保支撑搭设和使用符合设计和有关规范规定要求。

装配时，按立柱放线位置，在楼板中间用支撑横杆临时固定好底座的立杆，当第一个方格架放好后，依次把周围的立杆架起来，然后用锤子锁紧全部碗扣固定点，使立杆与横杆形成稳定支撑。将大头螺钉插入立杆上口，调整至设计高度，架模板木龙骨，铺模板块及边角模板，模板分项工程装配后须经验收合格再进行下一道工序施工。

⑤ 技术质量要求。配模设计应根据建筑物的具体结构进行。配模设计的具体内容主要是根据楼板的平面尺寸、层高、混凝土厚度确定装拆施工方案。

模板安装前，应逐件检查模板及支撑件，必须按照模板设计图及支撑顺序进行施工。

模板拆除时间和支撑保留时间必须根据混凝土强度增长情况确定，多层楼盖上下立柱应安装在同一轴线上。

6. 混凝土工程

本项工程中主体结构全部使用商品混凝土，5 层以下楼层采用汽车泵进行布料，5 层以上采用现场混凝土输送泵，梁板采用软管布料，柱、墙采用布料杆布料。混凝土的试配报告由集团中心试验室提供。混凝土用水泥由建设单位提供，建设单位必须协助施工单位搜集技术资料。

1）商品混凝土进场后，要严格把关，必须经技术、质检部门验收合格后才能使用，质量必须符合国家现行标准《预拌混凝土》（GB/T 14902—2012）的有关规定，严禁将不合格混凝土入泵，加大抽查混凝土性能及留置混凝土试块的频率，不定期到商品混凝土厂家抽检混凝土质量，确保商品混凝土的质量。

2）配合比控制。泵送混凝土的配合比，除必须满足混凝土设计强度和耐久性的技术要求外，还应使混凝土满足可泵性要求。应根据混凝土原材料、混凝土运输距离、混凝土泵与混凝土输送管径、泵送距离、气温等具体施工条件调整配合比，特别是外加剂的量要从严控制。

泵送混凝土的坍落度可按国家现行标准的规定执行，泵混凝土的坍落度可按表 6-17 选用。

表 6-17　泵混凝土的坍落度

泵送高度/m	30 以下	30～60	60～100	100 以上
坍落度/mm	100～140	140～160	160～180	180～200

3）混凝土浇筑。混凝土出料后应尽快入模，延续时间小于或等于 45 min，若在运输过程中发现离析现象必须进行 2 次搅拌，采用插入式振捣器分层浇灌振捣，每层厚度小于或等于 500 mm。

4）墙及电梯井混凝土浇至梁底，浇灌时要控制混凝土自落高度和浇灌厚度，防止离析、漏振。墙体较高，混凝土振捣应采用赶浆法，新老混凝土施工缝处理应符合规范要求。严格控制下灰厚度及混凝土振捣时间，不得振动钢筋及模板，以保证混凝土质量。准确设置梁底部位墙体水平施工缝标高，基本保持水平一致。要加强墙根部混凝土振捣，防止漏振造成根部结合不良、棱角残缺现象出现，混凝土浇筑污染的钢筋及时清理干净，保证钢筋的握裹力。

5）顶板混凝土浇筑采用平板振捣器振捣，并进行 3 遍抹压，控制混凝土表面裂缝。3 遍抹压工艺要求如下：

第 1 遍：由于刚经过振捣后的结构或构件表面已基本平整，只需采用木刮杠将混凝土表面的脚印、振捣接槎不平处整体刮平，且使混凝土面的虚铺高度略高于其实际高度，刮平抹平，力度要基本均匀一致。

第 2 遍：当混凝土开始初凝（以可踩出脚印但不下陷为准）时，用木抹子进行第 2 遍抹压工作。此遍抹压工作用力应稍大（以感觉到混凝土的柔和性为准），将面层小坑、气泡眼、沙眼和脚印等压平，使面层充分达到密实、与底部结合一致，以消除此阶段由于混凝土收缩硬化而产生表面裂缝的可能性。

第 3 遍：当混凝土初凝后、终凝前进行抹压时，应视结构或构件表面是否还要施工而定。用木抹子进行，抹压用力应比第 2 遍抹压再稍大一点（以能感觉到混凝土的收缩性为准），使混凝土的面层再次充分达到密实，且与底部结合一致，以消除混凝土由初凝到终凝过程中由于收缩硬化而产生表面裂缝的最大可能性。混凝土采用覆盖草袋、浇水养护，养护不少于 7 d。

6）施工缝留置。梁、板按施工段，垂直缝设置在次梁跨中 1/3 处，墙、电梯井墙施工缝留在剪力最小的部位。施工缝上设置不大于 5 mm×5 mm 孔钢丝网片，浇筑接缝混凝土前将浮石凿掉，并将表面凿毛，用压力水冲洗干净，湿润后在表面浇一层 3～5 cm 厚的 1∶1 水泥砂浆，然后浇筑上层混凝土。

7）地下室混凝土浇筑。地下室为防水混凝土结构，依照设计图纸在基础梁上 500 mm 高处设钢板止水带，止水带下部基础梁与底板混凝土总方量约为 1 500 m^3。浇筑时按后浇带为界分别浇筑，每侧约为 750 m^2。为确保防水效果，此部分混凝土要连续浇筑，严禁留施工缝，浇筑时要安排好浇筑顺序，并在浇筑前测出不同气温下的初凝及终凝时间，为浇筑方案提供依据。对基梁根部浇捣时要严防根部漏浆导致混凝土不密实，浇筑过程中要在基梁模板根部外侧用混凝土压脚，振捣完成后用木抹子将压脚混凝土与底板混凝土抹平。底板浇筑前要在基梁侧模上弹出底板标高控制线，以便底板浇筑完成后用来控制底板混凝土上表面的平整度及标高。为防止或减少底板混凝土的表面收缩裂缝，要加强对新浇筑混凝土的表面抹压工作，表面抹压要分 3 遍进行，抹压完成后用塑料薄膜覆盖再覆盖双层草袋进行保温。

基础梁混凝土要紧跟底板浇筑，以免在墙根处与底板形成施工缝，并加强振捣，避免因漏振、欠振或过振产生“质量通病”，影响防水性能及观感。

为避免开展工作过多而影响浇筑质量，外墙与底板应同时浇筑，地下室内部墙体及基础梁可后期施工，外墙与内墙间设钢丝网隔断。

对剪力墙及水池池壁混凝土的浇筑要挑选责任心强、经验丰富的振捣工进行振捣，确保不漏振，不欠振，不过振。对有预埋套管、门窗预留件及其他预埋件的要在模板上口作出深度及位置的标记，在施工中加强振捣，对地下室防水混凝土的养护不得少于 14 d。

8）后浇带施工。本设计中在地下室及上部结构中部设后浇带一道，宽为 800 mm，其中，地下室要求地下室施工完成后 14 d 进行后浇带的施工，上部要求结构施工完 60 d 后进行后浇，浇筑前要加强对后浇带部位垃圾及混凝土的表面清理工作（尤其是地下室部分），并提前浇水湿润，再用高一个强度等级的无收缩混凝土进行浇筑，做到精心施工，防止日后在此部位出现开裂、渗漏。

7. 脚手架工程施工安全防护方案

为确保施工安全，采用双排扣件式钢管脚手架，外层脚手架挂密目网。双排脚手架的搭设要求如下。

1）立杆。横距为 0.9 m，纵距为 1.5 m，距墙 0.35 m，相邻立杆的接头位置应错开布置，在不同的步距内，与相近大横杆的距离大于步距的 1/3，立杆都用扣件与同一根大横杆扣紧。

2）大横杆。步距为 1.6 m，上下横杆的接长位置应错开布置。同一排大横杆水平偏差不大于该片脚手架总长度的 1/250，且不大于 50 mm，相邻步架大横杆应错开布置在立杆的里侧，以减少立杆偏心受载的情况。

3）小横杆。设于双立杆之间，搭于大横杆之上并用直角扣件扣紧。在相邻立杆之间设置 2 根小横杆。

4）剪刀撑。沿脚手架两端和转角处起，每 9 根设一道，每片架子不少于 3 道，剪刀撑沿架高连续布置，在相邻两排剪刀撑之间，每隔 10 m 高加设一组剪刀撑。剪刀撑的斜杆两端用旋转扣件与脚手架的立杆与大横杆扣紧，在其中间增加 4 个扣结点。

5）连墙件。与柱连接，垂直间距 4 m，水平间距 6 m，采用单杆箍式与双排箍柱式，用适长的横向平杆和短钢管各 2 根抱紧柱子固定。

6）脚手架基础。回填土分层夯实，浇筑 100mm 厚 C20 混凝土，宽为 2 m，上铺 12 号槽钢，外做排水沟。

7）脚手架挂安全网。脚手架外侧设置满挂密目安全网，每隔 4 层设置一道水平安全网。

8. 测量方案

本工程平面构成②～⑦轴为弧形，各轴线间夹角 6°，弧形部分两侧①～②轴及⑦～⑧轴结构布置为矩形。上述弧形结构为施工的测量放线带来了困难，须采用与以往不同的测量方案，确保测量工作的精度及可操作性。

本方案的总体原则为以控制点及控制线为基准，长度测设为主，角度测设为辅。

（1）地下室的测量放线

1）对甲方提供的 O_1O_2 及 $O'_1O'_2$ 两条相互垂直的平面控制线进行复核，确保两控制线互相垂直，误差值控制在允许范围之内。

2）依据 O_1O_2 及 $O'_1O'_2$ 测设出 k_1 及 k_2 两条控制线，在基坑东西两侧做出方向控制桩。

3）为不受柱筋及模板的影响，偏出②、④、⑤、⑦轴 800 mm 作上述各轴的平行线，上述 4 条轴线控制线分别与 k_1、k_2 形成 1 号～8 号共 8 个内控点。

4）以 8 个控制点为基准在各条控制线上依据计算结果，用钢尺测设出所需的其他控制线，实现建筑物平面控制。

（2）上部结构的测量放线

上部结构施工时通过激光经线仪将 1 号～8 号内控点引至各层工作面。各层因分东西两个施工流水段进行，受工作面影响，1 号～4 号及 5 号～8 号独立使用，但在具备条件时，需对 8 个点及时复核，且每 3 层必须复核一次。

（3）高程控制

据甲方提供资料，新建工程的室内±0.00 以医院原门诊楼室内±0.00 为基准抬高 20 cm。在基坑开挖前要及时将该高程引入施工现场，并选择恰当地点建立场区水准网。水准点共设 4 个，沿建筑物四周均匀布置，并须定期进行复核。

建筑物的高程分别沿东南角、西南角及北立面中部 3 处向上用钢尺进行传递，并进行相互复核。

（4）沉降观测

沉降观测点依照设计图中的布置位置埋设，在底板施工前开始进行观测，基坑回填前将各观测点对应引测至±0.00以下，做好记录，并须注意以下几点。

1）楼层每升高一层，观测一次，沉降观测点与其他水准点进行闭合观测。

2）观测要做到“3 固定”，即固定观测和整理成果人员，固定使用水准仪及水准尺，使用固定水准点。

3）观测精度要符合规范。

9. 装饰工程

装饰工程是综合性的系统工程，凡外露部分的建筑、水、暖、电、卫等均应当成装饰工程的一部分，必须考虑其综合效果，应从以下几方面考虑。

（1）综合说明

1）各分项装饰工程施工前，均应编制相应的施工技术措施，其内容应包括施工准备、操作工艺、质量标准、成品保护等。

2）施工前应预先完成与之交叉配合的水、暖、电、卫等的安装，尤其注意的是顶棚内的安装未完成之前，不得进行顶棚施工。

3）施工时，从原材料采购到成品保护应严格按全面质量管理办法进行，并先做样板及样板间，经与甲方和监理共同检查认可后方可允许大面积施工，以保证成品优质。

4）施工后成品保护尤其重要，成品保护应立足于工序的成品保护，应以预防为主，综合治理，对某些特殊项目要进行重点保护。

5）工程整体进入装修期后，各分项工程均做出样板，以样板引路全面推行标准化施工。

6）内装修主要施工顺序：楼地面基层→墙面处理→放线→贴灰饼冲筋→立门框、安装门窗→墙面抹灰、楼地面层→各类管道水平支架安装→管道试压→墙面涂料→安门窗、小五金→调试→清理→交工。

（2）楼地面工程

1）地砖地面。操作工艺：定位、确定基准线→地砖浸水及砂浆拌制→基层洒水及刷水泥浆结合层→铺找平层及地砖。

2）花岗石楼面。操作工艺：弹线→试排→基层处理→铺砂浆→铺花岗石块→灌浆、擦缝→打蜡。

（3）外墙面工程

1）外墙面涂料施工。

① 基层抹灰经检查验收无酥松、脱皮、起砂、粉化等现象，有足够的强度，且含水率不得大于10%。操作环境温度为+5℃以上。

② 清理基层表面的灰浆、浮土等，对已抹好水泥砂浆的基层表面，应认真检查有无空鼓裂缝，对空鼓裂缝面层必须剔凿修补好，并经干燥后方可喷涂。

③ 面层涂料刷涂法施工（略）。

④ 面层涂料喷涂法施工（略）。

⑤ 质量标准。刷浆（喷浆）严禁掉粉、起皮、漏刷和透底。不超过一处轻微少量的反碱咬色；喷点均匀、刷纹通顺；不超过3处轻微少量的流坠、疙瘩、溅沫；颜色一致，允许有轻微的砂眼，无划痕；装饰线、分色线偏差不超过2 mm。

2）外墙花岗石贴面。施工流程：钻孔、剔槽→穿铜丝或镀锌铅丝→绑扎钢筋网→弹线→安装花岗石板材→灌浆→擦缝。

3）铝合金框架玻璃幕墙。玻璃幕墙是一种新型的外围护结构和外装饰，技术要求高而复杂，施工时应组织专业施工队伍，按任务从制作拼装、运输、安装、清洁及质量安全和交工验收明确分工、全面负责。施工流程：测量放线→固定支座的安装→主次龙骨安装→外围护结构组件的安装→外围护结构组件间的密封及周边收口处理→清洁及验收。

（4）抹灰工程

1）材料要求（略）。

2）砂浆拌和要求（略）。

3）一般规定。任何情况下，已初凝及再掺水搅拌的水泥砂浆，均不得使用。所有粉刷面于施工前均事先整刷清洁，表面疏松的渣粒均须除净，且粉抹施工前，表面应充分喷湿。所有抹灰表面，均应平直整齐，面平角直，表面均不得留有波浪条纹、凹凸不平或其他缺点。

所有门窗樘料四周与墙面接缝处，抹灰时均须将砂浆塞入樘后填实。所有门窗角均做 1∶2 水泥砂浆护角，护角高度不小于 2 m，每侧宽度不小于 50 mm，施工完后边线修整清洁。

（5）油漆工程

1）油漆工程涂抹的腻子，应坚实牢固，不得起皮和裂缝。

2）油漆黏度，必须加以控制，使其在涂刷时不流坠，不显刷纹为宜。涂刷过程中，不得任意稀释。最后一遍油漆不宜加催干剂。

3）油漆时，后一遍油漆必须在前一遍油漆干燥后进行。每遍油漆均匀，各层必须结合牢固。

4）油漆工程施工中应注意气候条件的变化，当遇有大风、雨、雾等情况时不可施工（特别是面层油漆）。

5）一般油漆施工时环境温度不宜低于 10℃，相对湿度不宜大于 60%。

（6）木门、塑钢窗安装工程

木门、塑钢窗进场后严格加强成品保护。塑钢窗的安装要弹窗洞口竖向中心线及窗洞口水平中心线和墙中心线。

木门、塑钢窗操作工艺如下。

1）平开门窗应关闭严密，间隙均匀，开关灵活。

2）推拉门窗扇关闭严密，间隙均匀，扇与框搭接量应符合设计要求。

3）弹簧门扇自动定位准确，开启角度为 $90°\pm1.5°$，关闭时间在 6～10 s。

4）门窗附件齐全，安装位置正确、牢固，灵活适用，达到各自的功能，端正美观。

5）门窗框与墙体间缝隙填嵌饱满密实，表面平整、光滑、无裂缝，填塞材料、方法符合设计要求。

6）门窗表面洁净，无划痕、碰伤、无锈蚀；涂胶表面光滑、平整、厚度均匀，无气孔。

7）塑钢窗与建筑物结合部分塞矿棉后，注胶密封。塑钢窗安装允许偏差表略。

（7）轻钢龙骨吊顶工程

吊顶施工按翻样节点进行，翻样时须核对结构与设计图的尺寸出入，消除尺寸误差及与电器设备安装的矛盾。施工流程：放线→吊顶内电气、设备安装→大龙骨安装→设备试水、试压→副龙骨安装→灯具、烟感、风口安装→罩面板安装。

10. 屋面三元乙丙卷材防水工程

（1）基层处理

采用与三元乙丙橡胶卷材相配的聚氨酯底胶，甲：乙：二甲苯=1：1.5：（1.5～3）基层处理剂。（施工时应注意的问题略）

（2）卷材铺贴要求

平行于屋脊方向铺贴。上下层及相邻两幅卷材的搭接缝应错开，平行于屋脊的搭缝应顺流方向搭接。

（3）质量要求

1）层面防水层不应有积水和渗漏现象，可做蓄水试验。

2）卷材的接缝部位必须牢固，封边要严密，不允许存在皱褶、翘边、脱层或滑移现象。

3）在檐口部位或卷材防水层的末端收头边，必须粘结牢固，密封良好。

11. 安装工程施工方案

安装工程施工要求单独编制施工组织设计，包括从施工总体安排到各系统的具体施工设计，明确应达到的目标、标准和措施；在此基础上进行安装施工的总体安排。（安装工程施工方案略）

在施工程序上与土建工程的配合要求为：在建筑物内部，结构施工未封顶时，先进行预埋；结构封顶后，与土建装饰装修配合交叉施工安装工程。

6.8.6 施工平面图布置

1. 施工临时道路

现场道路采用 10 mm 厚三七灰土，上铺 5 cm 厚的碎石，路宽为 4.5 m，总长为 180 m。

2. 临时供水设施

根据甲方指定供水水源，施工用水采用 DN40 供水总管（钢管）与之相连，并由供水总管引至各个施工用水点。供水管采用埋地形式，埋深为 1 m。为保证不间断供水，现场设一座 5 m^3 水池。

3. 施工用电

施工用电分地基处理与上部施工两个阶段计算。

（1）地基处理阶段用电量计算

施工用电由两大部分组成，即施工机械设备用电 $P_{机}$ 和施工室内外照明用电 $P_{照}$。

总用电量

$$P_{总} = P_{机} + P_{照}$$

$$P_{机} = 1.05\left(K_1 \frac{\sum P_1}{\cos\varphi} + K_2 \sum P_2\right)$$

查表 5-13 得

$$K_1 = 0.7\text{，}\ K_2 = 0\text{（没有显示的，默认为 0），}\ \cos\varphi = 0.75$$

$$P_{机} = 1.05 \times \left(0.7 \times \frac{290}{0.75}\right) = 284.2(\text{kW})$$

$$P_{总} = 1.1P_{机} \approx 312.6\ \text{kW}$$

（2）主体施工阶段

$$P_{总} = P_{机} + P_{照}$$

$$P_{机} = 1.05\left(K_1\frac{\sum P_1}{\cos\varphi} + K_2\sum P_2\right)$$

查表 5-13 得

$$K_1 = 0.6\text{，}\ K_2 = 0.6\text{，}\ \cos\varphi = 0.75$$

$$P_{机} = 1.05 \times \left(0.6 \times \frac{210}{0.75} + 0.6 \times 170\right) = 283.5(\text{kW})$$

$$P_{总} = 1.1P_{机} \approx 311.9\ \text{kW}$$

通过以上计算可知，地基处理阶段设备用电量较大，变压器的选择须满足此阶段的施工用电需求。选用一台 315 kVA 变压器。

（3）配线

电流计算公式为

$$I_{线} = \frac{KP}{\sqrt{3}U_{线}\cos\varphi}$$

选

$$K = 0.7$$

由

$$P = 232.6\ \text{kVA},\ U_{线} = 380\ \text{V},\ \cos\varphi = 0.75$$

得

$$I_{线} \approx 330\ \text{A}$$

工地用电配线采用 FN-S 三相五线制，根据用电量主线选用 BX 型铜芯橡皮线，截面面积为 95 mm^2。

4. 临时通信设施

项目部设程控电话 1 部，用于对外及内部单位间的联络。

5. 施工现场总平面布置

根据本工程总体布局，原则上拟划分为三区一路两线，即办公区、生活区（施工队人员住房、食堂、厕所、浴室、文化室）、生产区（模板加工区、堆料厂、钢筋加工厂），交通道路，供电线路（生活用电、生产用电）、供水线路。施工现场总平面布置如图 6-11 所示。

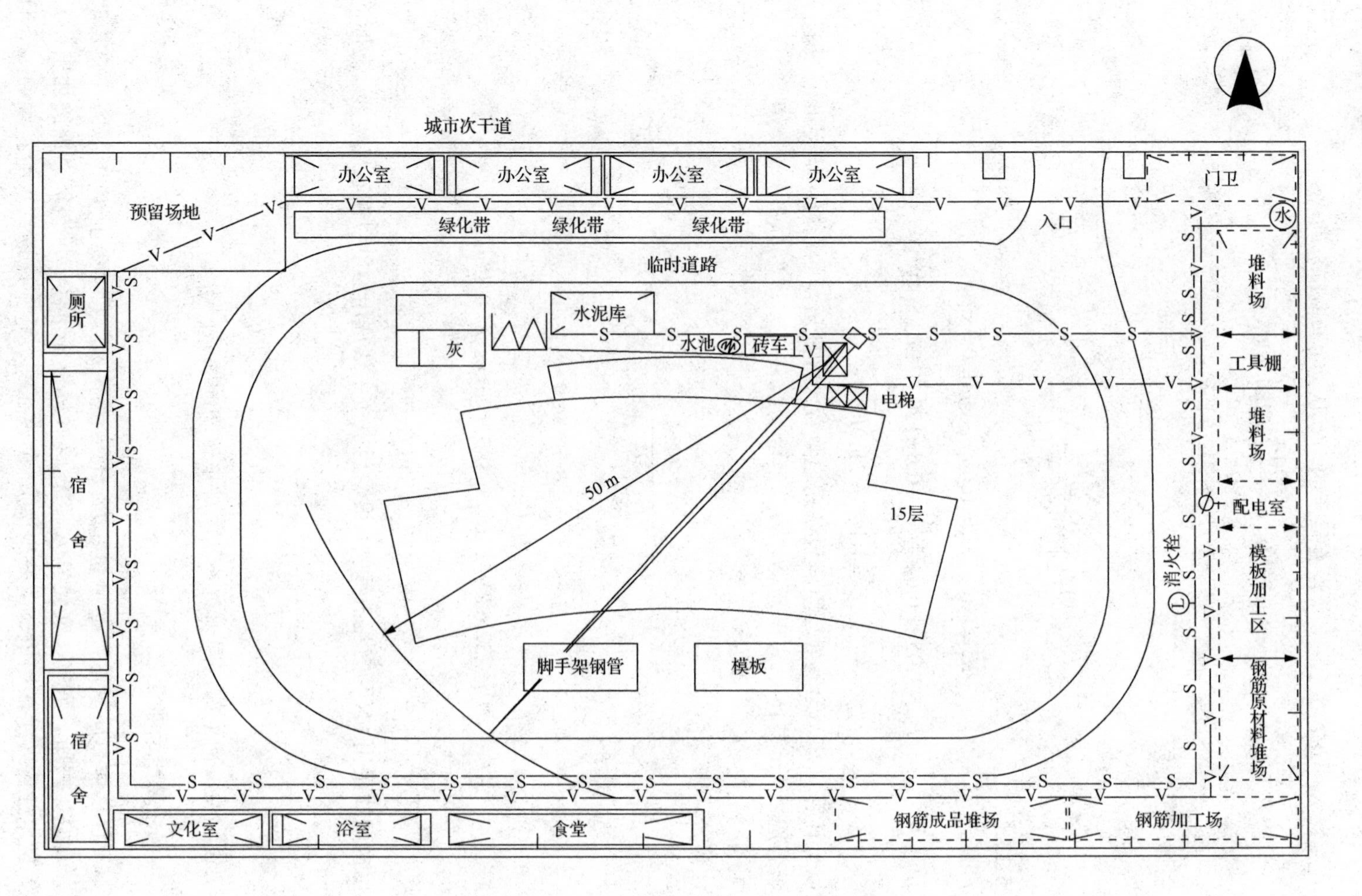

图 6-11　某医院住院楼施工现场总平面布置图

6.8.7 施工技术组织措施

1. 保证进度目标的措施

1）指派具有相关资质的人员担任该项目总负责人，抽调具有丰富施工经验的工程管理人员和技术干部充实组织领导机构，并选派具有丰富施工经验的施工人员150人左右投入本工程中。中标后做到“三快”，即进场快、安家快、全面展开施工快。抓住最佳施工季节，迅速掀起施工高潮，确保工期目标的实现。

2）精心编制实施性施工组织设计，科学组织施工，运用网络技术，实行动态管理，及时调整各分项工程进度计划和机械、劳动力配置，确保各分项工程按期完成。

3）依据周转器材需用数量及时将组合钢模板、大模板、多功能碗扣件等投入本工程中，并组织塔式起重机、施工电梯、混凝土输送泵等机械设备进场。不断优化施工方案和生产要素配置，提高设备的完好率、利用率和施工机械化程度，为工程施工赢得时间，牢牢把握施工主动权。

4）实行工期目标管理责任制，严格计划、检查、考核与奖惩制度；加强施工指挥调度与全面协调工作，超前布局，密切监控落实，及时解决问题。重点项目或工序采取垂直管理，横向采取强制协调手段，减少中间环节，提高决策速度和工作效率。工期组织机构框图略。

5）积极推广和应用新技术、新工艺、新材料、新设备，提高施工技术水平，不断加快施工进度。

6）挖掘内部潜力，广泛开展施工生产劳动竞赛。在施工中，组织分段流水作业，加快施工速度，确保阶段工期目标和总工期目标的顺利实现。

7）在项目内部建立经济责任制，明确落实经济责任制，对工期、质量、效益进行责任承包。加大奖惩力度，充分调动参与人员的积极性，加快施工进度。

2. 保证质量目标的措施

（1）质量计划

1）质量方针和质量目标。质量方针：质量至上，用户满意。质量目标：确保工程质量达到优良，确保市优，争创省优。

2）质量控制的指导原则。建立完善的质量保证体系，配备高素质的项目管理和质量管理人员（项目质量管理组织机构图、项目质量管理组织机构职责略）。严格过程控制和程序控制，开展全面质量管理，实现质量管理ISO 9000体系要求。

3）文件资料控制。执行本公司《程序文件》（略）。

4）材料、设备、采购的质量控制。严格按本公司《程序文件》执行。

5）甲方提供的材料设备的质量控制。按本公司《程序文件》中的有关规定办理。

6）产品的标识和可追溯性。严格执行本公司《程序文件》中的有关规定。

7）工程实施过程的质量控制。

① 对特殊工序过程的施工，施工技术部门另行编制施工方案和作业指导书，挑选技术工人操作，按本公司《程序文件》中的有关规定进行程序操作。

② 按本计划附件（略）所列的施工平面布置图与各项资源配备计划，为保证进度和质量采用以下主要施工方法。

a. 钢筋连接采用闪光对焊、电弧焊、螺纹套筒连接等措施，确保工期质量。

b. 3∶7 和 2∶8 灰土场内拌和，装载机配合自卸车运至基坑。

c. 优化配合比设计，采用“双掺”和“多掺”技术，使工序周期缩短，工程质量得到保证。

d. 施工人员昼夜轮班作业，管理人员昼夜紧跟工序检查，使“三检”及监理和甲方的验收不占用专门时间。

e. 制作定型钢大模组拼及多功能脚手架技术。

f. 混凝土施工采用商品混凝土，输送泵配合布料，一次性泵送到位。

g. 结构施工中，对已完成的楼层实行分阶段评定验收（分两次验收）为后续建筑装修创造条件。

h. 安装、装修采用立体交叉施工，尽最大可能缩短工期。

③ 施工过程的现场管理，计量试验、技术工作保证等按《施工技术管理办法》，做好现场的“三标”管理，确保质量。

④ 施工过程需要变更设计的工程，按变更设计规定办理，如涉及需要修订合同，按《合同评审程序》进行“合同修订评审”后与甲方商定修订补充合同。

⑤ 劳务队伍的选择使用按相关程序执行。

8）安装和调试的质量控制。按本公司《程序文件》办理。对于与土建交叉配合安装的工序，由该项目主管技术人员做好交接验收记录，做好标识，并指定方法，指定人员保管好安装设备，杜绝因施工操作不当，造成损坏。

9）检验、试验、测量、计量等设备的质量控制。检验和试验是施工过程中重要和复杂的工作，要求每道工序完成后，只有检验合格，才能转入下一道工序，对进场的材料、构件、设备等都有检验、试验手续，工程完工后要进行最后检验和试验。

① 本项目部配一名现场试验员，负责相关检验、试验项目和工作：坍落度等检验；砂和回填土夯实系数测定；磅秤和托盘秤的校验；钢筋的外观检查及实际质量的差值检验。

② 本项目部现场试验员对钢材、水泥、砂石、外加剂、黏土砖、加气混凝土砌块试样、混凝土和砂浆试块等，采取外送到公司测试中心检验。

③ 本项目所有检验和试验工作，均按本公司《程序文件》中的有关规定执行。

④ 检验、试验、测量、计量等设备的质量控制分别由专人负责，按《程序文件》中的有关规定进行检查校准并做好标识与记录。

10）不合格产品的控制和处理。

① 本项目部在工程施工中，积极采用、推广新材料、新技术，对工程施工中易出现的“质量通病”，采取工地代表、技术人员负责制。混凝土浇筑等施工工序采用跟班作业的方法，避免“质量通病”的发生。

② 如在施工中出现工序及半成品、成品的不合格，由项目总工程师负责组织施工技术、质检、检测、物资等有关人员集中分析产生不合格的原因，给出纠正预防措施和处理意见，由项目施工技术部门负责，质量部门协助实施。

③ 对甲方、监理在施工过程中提出的质量问题及内审、外审中发现的质量、管理问题，

由项目经理或项目总工程师负责，采取纠正和预防措施。

11）搬运、储存、防护、支付的控制。

① 物资产品搬运和储存，由项目部物资科负责，按技术规程及运输和储存的有关技术要求确定方式和场所，对有特殊要求的产品或半成品，其搬运作业另行编制《作业指导书》。

② 物资产品的储存，由物资部门或材料、保管员专人严格按《程序文件》中的有关规定办理。

③ 工程完工后的竣工交付由项目经理先组织内部初验后进行，工程的收尾、维护、验评，后续工作的处理，均由施工技术科按《程序文件》中的有关规定办理。

12）质量记录。按本公司《程序文件》规定执行。

13）工程交付后为用户服务的质量控制。按《程序文件》规定办理。

14）统计技术应用。按本公司《程序文件》中的有关规定进行，本项工作由施工技术科、安全质量科及测试中心共同完成。

（2）“质量通病”防治措施

主要分项工程质量控制措施如下。

1）模板质量控制。

① 基本要求。保证工程结构和构件各部分形状尺寸和相互位置正确，对弧形模板要以控制模板两端位置为基础，并加强中部标高的检查；具有足够的承载力、刚度和稳定性，能可靠地承受新浇混凝土的自重和侧压力及施工过程中产生的荷载，尤其是弧形模板在加工时背楞刚度要有保证，以防止在吊装、搬运安装时变形；构造简单、装拆方便，并便于钢筋的绑扎、安装和混凝土的浇筑养护；模板的接缝不应漏浆，对小钢模在组拼时要在板缝中加海绵条；在模板安装和使用前，设专人负责清理，保证平整、光洁，刷脱模剂，并挂牌，注明使用部位、清理人、检查人、接收人等。模板清理若不干净、整洁，对清理模板人员、检查人等进行相应处罚。

② 模板的安装与加固。现浇钢筋混凝土梁、板，当跨度等于或大于4 m时，模板应起拱，当无设计要求时，起拱高度应为全跨长度的1/1 000～3/1 000。

模板安装前必须清理表面混凝土等杂物，必须涂脱模剂，但不宜采用油质类等影响结构或妨碍装饰工程施工的脱模剂，严禁脱模剂污染钢筋与混凝土接触处。框架柱及剪力墙模板安装前必须清理柱根部浮浆、杂物等，不平整处应凿平便于模板定位，防止移位。根部可利用ϕ25 mm钢筋地锚，用短方木、木楔固定。柱模安装后必须检查柱位与垂直度；梁模板应根据柱标出梁水平标高和中心线，并经复核无误后，方可支设梁模板；梁、柱接头处严禁使用木块，必须使用连接角模进行连接；在安装梁侧模前，必须清理底模杂物，安装时必须拉通线，调平梁口。

模板安装完毕，模板工自检，班组长复检，钢筋工区队长复检，确定无误后挂牌，注明部位、状态，三方人签名。

模板安装应一次性到位，若有不合格现象造成的延误工期、影响质量等严重后果，对模板工班组长、模板工区队长进行相应处罚。

③ 模板拆除。现浇结构的模板及其支架拆除时的混凝土强度，应符合设计要求。在混凝土强度保证其表面及棱角不因拆除模板而受损坏后，方可拆除侧模；在混凝土强度达到标准值的100%方可拆除楼板与梁底模；拆模需用撬棍时，以不伤混凝土棱角为准，可在撬

棍下垫以角钢头或木垫块。同时可用木锤敲击，严禁使用大铁锤敲打模板；拆模后应及时清理表面杂物，涂脱模剂，按规定地点堆放整齐，以备下次再用。

④ 模板安装完及混凝土浇筑后，应对模板复测，检查是否有跑模、炸模等现象，如有此现象，应立即返工，造成的损失，由施工人员自负，并对模板工、班组长、钢筋工区队长作出相应处罚。

2）钢筋工程施工质量控制措施（略）。

3）混凝土质量控制措施（略）。

4）测量控制措施（略）。

5）原材料要求。

① 工程材料管理。建筑材料、构件和设备在使用前应对其质量、性能进行试验和检验，合格后方可使用；对房屋建筑主体结构使用的钢筋、水泥、砂、石子、砖等原材料须有监理单位的材料检验见证单；工程材料应按规定进行储存、保管、发放、使用。

② 原材料具体要求。进场钢筋应有出厂质量证明书或试验报告单，钢筋表面或每捆（盘）钢筋均应有标志。进场钢筋按现行国家有关标准的规定抽取试样做力学性能试验，合格后方可使用，对于不合规范要求的一律不得使用。

钢筋试验以不超过 60 t 为一批，且同厂别、同规格、同级别、同一进场时间、同炉号。

对于钢筋，必须先试验后使用，且在试验报告上要标明工程名称及使用部位、批（炉）号、代表数量等相关内容。

焊接钢筋要有试件试验报告，同时焊工要有焊工证（有效期在两年以内），焊条（剂）购买时有合格证。

水泥必须有出厂合格证，且尽量采用原件；如为复印件，须有供方红章。水泥进场后应对其品种、强度等级、包装或散装仓号、出厂日期等检查验收，当对水泥质量有怀疑或水泥出厂超过 3 个月（快硬硅酸盐水泥超过 1 个月）时，应复查试验，并按试验结果使用，不合格的一律不得使用。

为切实保证工程创省优，特制定“质量通病”的预防措施，如表 6-18 所示，在施工中应抓好过程管理，扎扎实实把质量工作落到实处。

表 6-18　钢筋工程“质量通病”预防措施表

钢筋工程	“质量通病”	预防措施
钢筋加工	箍筋不规矩	① 加强配料管理； ② 当一次成型多个箍筋时，应在弯折处逐根对齐； ③ 控制成型尺寸标准
	成型尺寸不准	① 根据操作人员及设备情况，预先明确各个配料参数，精确画线； ② 对形状复杂的钢筋，预先放出实样
安装钢筋	骨架外形尺寸不准	① 绑扎时将多根钢筋端部对齐； ② 防止钢筋绑扎偏斜或骨架扭曲
	平板保护层不准	① 检查砂浆垫块厚度及马凳筋高度是否正确； ② 检查垫块及马凳筋数量和位置是否符合要求
	柱子（剪力墙）外伸钢筋错位	① 在外伸部分加两道临时箍筋（横筋）固定； ② 浇筑混凝土时，由专人随时检查，及时校正； ③ 注意浇捣混凝土时，尽量不碰钢筋

续表

钢筋工程	“质量通病”	预防措施
安装钢筋	漏筋	① 砂浆垫块及马凳筋支设要适量可靠； ② 严格控制钢筋成型尺寸； ③ 控制钢筋骨架的外形尺寸
	绑扎搭接接头松脱	① 钢筋搭接部位在中心和两端用绑丝绑扎 3 道； ② 搬运时应轻抬轻放
	薄板漏筋	① 检查弯钩长度是否正确； ② 利用加放马凳筋等措施确保上层钢筋位置正确

模板工程“质量通病”预防措施表（略）。

混凝土工程“质量通病”预防措施表（略）。

楼地面工程“质量通病”预防措施表（略）。

水暖电工程“质量通病”预防措施表（略）。

3. 保证安全目标的措施

（1）安全目标

杜绝因工伤亡事故，轻伤事故率控制在 0.03%内。

（2）具体措施

1）严格执行各项安全管理制度和安全操作规程，实施职业健康安全管理 ISO 18000 体系有关要求。

2）建立健全组织机构，成立以项目经理为核心的安全管理领导机构，配备以专职安全工程师为主，各施工队、施工组安全员为骨干的安全管理网络，牢固树立“安全第一，预防为主”的观念，搞好安全交底工作，督促检查，按安全操作规程施工。详见《安全管理机构图》《安全保证体系图》（略）。

3）找准安全管理的重点和事故易发点，并进行有针对性的管理。在本工程中，从加强机电设备安全、脚手架施工安全、“三宝四口五临边”安全、施工用电安全、起重作业安全、高处作业安全 6 个方面来控制。

① 机电设备安全管理。动力机械的机座必须稳固，转动的危险部位要安设防护装置。

施工机械和电气设备不得“带病”运转和超负荷作业，发现不正常情况应停机检查，不得在运转中修理。

② 脚手架施工安全管理。脚手架立杆底座应设在牢固的基础或垫木上，立杆接槎应错开，而且要控制垂直度，允许值控制在 H/600 以内。外侧应满挂阻燃 2 000 密目网，防止高空坠物伤人，底层要设置 2 层 5 m 宽的安全底网，防止落物伤人，另外每隔 3 层搭设安全平网。

拆除脚手架时要有专人指挥，划分作业区，竖立警戒标志。作业人员必须戴好安全帽，系好安全带，扎绑腿，穿软底鞋，而且要遵循先上后下、先搭后拆的原则。

③“三宝四口五临边”安全管理。安全帽、安全网、安全带称为“三宝”。在施工中所有进入现场的人员必须戴好安全帽，超过 2 m 的高处作业人员必须系好符合国家标准《坠落防护 安全带》（GB 6095—2021）的安全带，并且要有牢靠的挂钩设施。安全网的搭设要符合操作规程，要使用合格的安全网，防止坠物穿过安全网伤人；搭设时不得有任何遗漏，

拆除时要在施工完成后，经工程负责人同意方可拆除。

楼梯口、预留洞口、施工电梯口、通道口（称为“四口”）等部位在施工中要设置牢固的防护门、防护栏杆、防护盖板和防护栅等设施，避免人员坠落和物体坠落伤人。在⑦～⑧轴之间建筑物北侧预留 3 m 宽通道口，采用ϕ48 mm 钢管搭设防护棚，顶部纵横满铺脚手板。

楼梯口采用ϕ48 mm 钢管搭制临时栏杆，扶手高 1.2 m，形成封闭式防护。

预留洞口：大洞口（超过 1.5 m）周围设防护栏杆（ϕ18 mm 钢筋@120 mm，高为 H=1.2 m）挂阻燃密目网；小洞口用钢筋格栅上铺油毡或编织袋，再抹 20 mm 厚的砂浆封闭。

“五临边”是指建筑物通道的两侧边、施工的楼梯口和梯段边、基坑周边、没有安装栏杆的阳台周边、无外架防护的层面周边。临边防护应在基坑周边采用ϕ48 mm 钢管搭设防护栏杆加密目阻燃安全网防护，防止落物伤人和人员坠落，防护栏立杆长 1.7 m，打入地下 0.5 m，立杆水平间距 3 m 用水平钢管 2 道连通。

脚手架外侧应满挂密目阻燃安全网，防止高空坠物伤人，底层要设两层安全底网。

楼板（屋面）周边用ϕ8 mm 钢管搭设 1.2 m 高的防护栏满挂密目阻燃安全网，防止落物和人员坠落。

卸料平台边，除两侧设防护栏外，平台口还应设置安全门或活动防护栏。

④ 施工用电安全管理。施工现场用电规范（略）。

用电要求：施工现场非专业人员不得乱接、乱搭线路；对设备要定时定期进行检查及保养；设备停止工作及运转时要切断电源，锁好开关箱；设备禁止“带病”工作；现场禁止使用电炉、自制热水器等违规电器等。违规者将给予处罚。

⑤ 起重作业安全管理。起重吊装工人应经培训考试合格后持证上岗。作业人员要熟悉所使用的机械设备性能，并遵守操作规程。

必须规定统一的起重信号，按信号指挥作业。若现场互相看不到，要配备无线对讲机以便联络。

应经常对塔式起重机钢丝绳等部件进行检查。

遇有六级以上大风，或者大雨、大雾等恶劣气候条件时，应停止起重作业，在雨期进行起重吊装作业时，必须采取防滑措施。

起重驾驶员必须做到“十不吊”，即：指挥信号不明或乱指挥不吊；超负荷不吊；工件固定不牢不吊；吊物下面有人不吊；安装装置不牢不吊；工件埋在地下不吊；光线阴暗看不清不吊；易燃易爆物没有安全措施不吊；斜拉工件不吊；钢丝绳不合格不吊。

⑥ 高处作业安全管理。从事高处作业者要定期体检，经诊断凡患有高血压、心脏病、贫血病、癫痫病及其他不适于高处作业疾病的，不得从事高处作业。

高处作业所用材料要堆放平稳，工具应随手放入工具袋内，上、下传递物件禁止抛掷。

高处作业人员要系好安全带，衣着灵便，禁止穿硬底、带钉或易滑的鞋。

高处作业与地面加强通信联系，配备无线对讲机，以便统一指挥协调。

（3）安全保证体系各级管理人员的安全职责

建立落实工地内项目经理、施工员、安全员、班组长、职工等各级、各岗位安全生产责任制。

（4）消防保证措施

1）现场临时设施及消火栓等必须符合防火要求，保持场内道路畅通。

2）现场用火必须经有关部门批准，使用电、气焊时必须设专人看火，配置灭火器、消火栓等必备的消防器材。

3）施工员在安排生产时要坚持防火安全交底，特别是进行电气焊、油漆等易燃危险作业时，要有具体的防火要求。

4）严格执行有关消防管理制度、用火管理制度、消防设备规定及用电防火管理制度。

4. 推广及应用“四新”技术措施

在施工中积极响应住建部号召，推广应用“四新”技术，提高企业经济效益和社会效益，具体推广措施如下。

1）采用商品混凝土、泵送混凝土技术等。

2）推广应用多功能碗扣式脚手架。

3）推广应用新Ⅲ级钢筋。

4）应用新型防水材料，地下防水及屋面防水均采用三元乙丙防水卷材。

5）用计算机进行管理，建立数据库，编制施工预算，钢筋翻样下料，用网络技术控制工期。

6）安全事故易发点控制法技术，确保安全目标的实现。通过采用以上新技术，可以加快施工进度，保证施工质量，节约成本。

5. 季节施工的措施

根据施工进展，对冬期及雨期施工采取以下措施。

（1）冬期施工措施

1）组织措施。

① 冬期施工中，依照《建筑工程冬期施工规程》（JGJ/T 104—2011）编制实施性施工方案。

② 在进入冬期施工前，专门组织测温人员进行技术业务学习，明确职责，经考核合格后方准上岗。

③ 及时接收天气预报，防止寒流突然袭击。

④ 安排专人测量施工期间的室外气温，室内气温，砂浆、混凝土的温度并做好记录。

2）图纸准备。凡进入冬期施工的工程项目，必须复核施工图纸，查对其是否能适应冬期施工的要求，以及工程结构能否在寒冷状态下安全过冬。

3）现场准备。

① 根据实物工程量提前组织有关机具和塑料薄膜、草袋、篷布、彩条布、小炭火、控温仪或温度计、水箱等冬期施工物资。

② 对各种加热的材料、设备要检查其安全可靠性。

③ 对工地的临时供水管道及白灰膏等材料做好保温防冻措施。

④ 做好冬期施工混凝土、砂浆及掺外加剂的试配试验工作，提出施工配合比。

4）钢筋混凝土冬期施工注意事项。

① 钢筋施工。冬期在负温下焊接钢筋，环境温度不宜低于-2.0℃，同时应有防雪挡风措施，焊后的接头严禁接触冰雪。焊接时，第一层焊缝应从中间向两端施焊；立焊时，应

先从中间向上端施焊，再从下端向中间施焊；对以后各层焊缝采取控温施焊。

② 混凝土施工。商品混凝土在外加剂、配合比、水泥、粗细骨料、搅拌等各方面按有关规定对混凝土厂家提出具体要求，确保混凝土质量符合冬期施工要求。混凝土出机温度控制在10℃以上，入模温度控制在5℃以上。

混凝土入模前清理模板和钢筋上的冰雪、冻块和污垢，及时浇筑混凝土，及时覆盖保温，保证养护前的温度不低于2℃，保证混凝土在受冻前达到临界强度（设计强度的30%）。

施工层所有窗洞使用聚苯板封闭，施工层下则生炭火，楼板面用一层塑料薄膜及3～4层草袋覆盖养护，使混凝土在正温养护环境中达到临界强度。浇筑养护期间必须定人定时测量温度，并认真填写“冬期施工混凝土搅拌测温记录表”“冬期施工混凝土养护测温记录表”，若发现温度下降过快，则应立即采取补加保温层或人工加热措施。

在底板及周边梁中留测温孔，每隔6 h测量一次，由专人负责，并根据测温情况，对混凝土养护采取相应措施。测温孔用一端封闭的钢管插入梁内10～30 cm，斜插入板中5 cm，孔口露出混凝土面2 cm，测温孔口用保温材料塞住。测量温度时，将酒精温度计放入测温孔后，将孔口用保温材料塞住，温度计在测温孔内放3～5 min后，拿出迅速读数，每次测温后，应将混凝土保温材料重新覆盖好。

在混凝土施工过程中，要在浇筑地点随机取样制作试件，试件的留置应符合规范规定。

5）安全防火。

① 冬期施工时，要采取防滑措施。

② 大雪后必须将架子上的积雪清扫干净，并检查马道平台，如有松动下沉，务必及时处理。

③ 要加强对现场火源的管理。使用煤气时，要防止爆炸；使用炭火时，应注意通风换气，防止中毒。

④ 电源开关、控制箱等设施要加锁，并设专人负责管理，防止设施漏电、人员触电。

6）越冬维护。

① 越冬期间不承受外力的结构构件，在入冬前混凝土强度不得低于抗冻临界强度。

② 做好冬期的沉降观测记录。

（2）雨期施工措施

1）钢筋工程。遇大雨停止现场绑扎、焊接施工作业。雨后锈蚀严重的钢筋要除锈后方可进行现场绑扎，下小雨时给工人配备雨具。

2）模板及混凝土工程。

① 模板脱模剂在涂刷前要及时掌握天气预报，以防止脱模剂被雨水冲掉。

② 遇大雨停止浇筑混凝土，对已浇筑部位加以覆盖。现浇混凝土根据结构情况和施工条件，考虑留置恰当的施工缝。

③ 雨期施工时，应加强对混凝土粗骨料含水量的测定，及时调整用水量。

④ 板面混凝土浇筑，现场备塑料薄膜，以备浇筑时突然遇雨进行覆盖。

3）机械防水、防雷。

① 机电设备采取防水、防淹没措施。搭设雨篷，安装接地安全装置。机电闸箱的漏电保护装置可靠。

② 雨期为防止雷电袭击造成事故，对塔式起重机、施工电梯、外脚手架、模板，要做

有效的防雷接地。

4）材料防水。对不准雨淋的材料需搭设雨篷，或用帆布现场覆盖。

5）防洪措施。

① 组建抗洪小组，以进行突击抢险。

② 在雨期准备足够的彩条布、塑料布、雨鞋、雨衣、铁锹、排污泵、防水电缆、胶皮水管等。

③ 对通入地下室所有外露楼梯口、预留洞口，用土袋进行封堵。

④ 设置集水坑，安装抽水泵，输送到排水沟内。

⑤ 依据施工平面布置图，规划好排水路线与排水沟。

6. 文明施工及环境保护措施

为保证安全有序施工，创建安全文明工地，实施环境管理 ISO 14000 体系有关要求所采取的具体措施如下。

（1）场容场貌管理要求

场容场貌管理要求为一通、二无、三清、四牌一图、五不漏、十干净、十整齐。一通：道路畅通；二无：无头（砖头、木材头、钢筋头、焊接头、电线头、管子头、钢材头等）、无底（砂底、碎石底、灰底、砂浆底、垃圾废土底等）；三清：道路清洁、料具整齐清洁、作业面清洁；四牌一图：施工单位及工地名称牌、工地主要管理人员名牌、安全生产纪律宣传牌、安全事故为零牌，施工总平面图；五不漏：施工管线不漏电、不漏风、不漏水、不漏气、不漏油；十干净：机械车辆干净，机械作业区干净，班组作业面干净，落地材料回收干净，脚手架上下干净，材料库内外干净，办公室、水房、休息室干净，建筑材料底清理干净，运输道路干净，龙门架吊盘干净；十整齐：脚手架按规格堆放整齐，各种车辆停放整齐，各种建材分区域堆放整齐，成品、半成品、钢材区堆放整齐，建筑垃圾、余土石临时存放整齐，回收木材、模板堆放整齐，材料库内外工具存放整齐，回收料具存放整齐，施工用水、用电管道架设整齐，室内外各种用品存放整齐。

（2）现场材料管理要求

1）现场施工材料要按平面规划设库房和堆放材料场。

2）根据施工计划和工程进度安排，及时采购工程材料，组织运输、进场，及时供应，保证工程需要。

3）物料管理要坚持严格验收、定位堆放、限额领料、物尽其用的原则。

4）要严把“五关”：材料进场关、验收关、领用核销关、使用关和看守关。

5）进场的物资要坚持“四验”制度：验数量、验规格、验品种、验质量。

6）收发材料与工具要及时入账上卡，手续齐全，台账清晰。

7）要坚持按月对工程材料进行盘点核算，组织好回收工作。

8）对各种材料妥善保管，避免损失。

9）实行料具承包使用或包干使用经济责任制，落实到施工队和班组。

（3）设备管理要求

1）对机械设备使用实行“三定”制度，严格推行使用各类机械设备人员的岗位责任范围和工作标准，完善责任制，健全检查、考评办法。

2）定期做好设备大检查。

3）对机械设备维修做到维修技术力量、维修设备、设施与现场施工相适应。

（4）施工噪声控制

在施工中，要求进出车辆严禁鸣扬声器，减少车辆噪声；合理安排施工工序，尽量把施工噪声小的工序安排在夜间；对于木工车间等产生较大噪声的地方尽可能采取全封闭。严格按《建筑施工场界环境噪声排放标准》（GB 12523—2011）控制噪声，减少噪声扰民。

（5）施工现场管理标准

施工现场文明施工，是体现企业管理水平的明显标志，不容忽视。为切实抓好施工现场文明施工，制定了施工现场管理标准（施工现场管理标准表略）。

工程应用案例

多层混合结构住宅施工组织设计

一、工程概况

本工程为某学院砖混结构教工住宅楼，地下一层，地上六层，建筑面积为 6 180 m^2，总长度为 75 m，总宽度为 15 m，建筑高度为 19.3 m，耐火等级为二级，抗震设防烈度为 7 度。设有灰土挤密桩基、筏片基础。地下室层高为 2.5 m，标准层层高为 3 m，屋顶局部为坡屋面造型。冬期施工期限为 11 月 2 日—次年 3 月 4 日，雨期施工期限为 6—9 月。

二、施工目标

质量目标：合格。

工期：2009 年 10 月 20 日开工，2010 年 10 月 20 日竣工。

安全文明：无重大安全事故，达到安全文明优良标准。

三、工程项目组织机构

建立工程项目组织机构，由项目经理、项目工程师、施工员、技术员、质量员、安全员、材料员、核算员、预算员、试验员、测量员等组成，全面负责施工目标的实现。施工组织机构如图 6-12 所示。

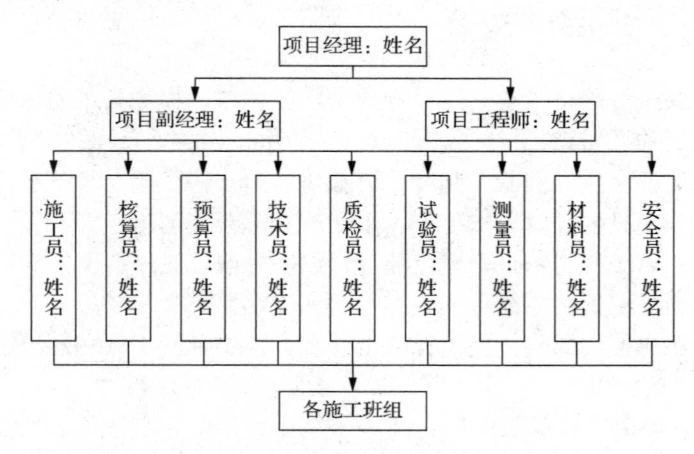

图 6-12　施工组织机构

四、施工准备工作

（1）技术准备。

1）组织施工管理人员认真熟悉图纸，领会设计意图，并完成图纸会审工作。

2）完善施工组织设计，编制关键工序的施工作业指导书，做好技术交底工作。

（2）施工现场准备。

1）清理现场障碍物、平整场地，铺设施工道路，做好给水、排水、施工用电、通信设施。

2）搭设现场临时设施，配备消防器材。

3）施工用水从建设单位提供的水源用 DN75 焊接钢管引入现场作为主管，可同时满足消防用水需要，支管用 DN50 和 DN32 焊接钢管，阀门用闸阀。

4）施工用电采用三相五线制，按三级配电、两级保护设置器具，用橡胶绝缘电缆埋地敷设。

（3）材料机具准备。

1）落实工程用料的货源及运输工具，对供货方进行评审，做好进货准备。

2）施工周转材料、施工机具提前进场。

（4）劳动力准备。

1）根据该工程结构特点和需要工种，认真评审、择优选择具有高效率的施工队伍。

2）做好职工进场教育工作，按照开工日期和劳动力需用量计划，分别组织各工种人员分批进场，安排好职工生活。

3）做好职工安全、防火、文明施工和遵纪守法教育，对特殊工种进行上岗培训，不合格者不得上岗。

五、施工方案

（一）施工顺序

基础与主体施工时，由木工、钢筋工、混凝土工、架子工等组成混合作业队，从下向上每层分两段流水施工；内装饰施工时，由抹灰工、木工、油漆工分别组成专业作业队，按墙面顶棚抹灰、楼地面、门窗安装、油漆粉刷从上向下分层流水施工；屋面工程、外装饰、室外工程另组织一条作业线，由混凝土工、抹灰工、油漆工、防水工分别组成专业作业队施工；安装工程分别由管工、电工组成专业作业队施工。

（二）施工机械

（1）基础土方采用反铲挖掘机大开挖，灰土垫层用 15 t 压路机碾压。

（2）楼板模板采用竹胶合板，其他模板采用组合钢模板。模板支撑采用扣件钢管架。

（3）垂直运输采用一台塔式起重机和两台自升式门架。

（4）脚手架：主体及内装修采用钢管扣件内架，外装修采用钢管扣件吊脚手架。

（5）混凝土采用预拌混凝土，泵送。

（三）主要分部分项工程施工方法及技术措施

1. 测量放线

（1）平面定位。根据建设单位提供的定位资料，用矩形控制法建立本工程的平面测量控制网，再根据平面测量控制网测设本工程各栋楼的主要轴线控制桩，并用混凝土浇筑固定牢固，以主轴线控制桩为依据测设基础及各楼层的构件位置。

（2）高程测量。根据建设单位提供的高程标志及标高，埋设两个永久性水准基点，作为标高测量和沉降观测的依据。楼层标高观测时，在每个建筑物±0.000 标高处设 3 个工作基点，用水准仪和钢尺向楼层传递。

（3）沉降观测。根据设计会同建设单位及监理单位确定沉降观测点的数量和位置，在建筑物±0.000 标高处埋设沉降观测点。埋设后立即进行第一次观测，然后主体每加高一层观测一次，装饰期间每月观测一次，竣工后第一年每 3 个月观测一次，以后每 6 个月观测一次。沉降观测采用闭合法。

（4）所有测量作业必须经过复核。测量误差应符合要求。

2. 地基与基础工程

（1）施工顺序：定位放线→灰土挤密桩→土方开挖→灰土垫层→C10 基础垫层→钢筋混凝土筏片基础→绑构造柱筋→砌砖→支构造柱模型→浇筑构造柱混凝土→±0.000 圈梁、梁、板、楼梯支模→绑扎钢筋→浇筑混凝土→外墙防潮层→回填土。

（2）本工程地基基础工程采用灰土挤密桩，桩直径 400 mm，有效长度 6 m，桩顶标高以上设置 500 mm 厚 3∶7 灰土垫层，其压实系数应大于 0.95。

（3）基坑开挖采用反铲挖掘机，放坡系数根据现场土质情况确定。基底预留 200～300 mm 层厚土，根据基底标高用人工配合挖出并修坡，保证基坑平面尺寸和基底标高。

（4）灰土垫层为 3∶7 灰土，石灰选用磨细生石灰粉，石灰粒径不得大于 5 mm，土料有机物含量不得大于 5%，并应过筛，最大粒径不应大于 15 mm。灰土应按配比过斗，集中搅拌。拌合物含水率应接近最佳含水率，现场测试可用手将拌合物紧握成团，以两指轻捏即碎为宜。若土料水分过多或过少，则应提前晾晒或洒水润湿。

施工前，将所用土料和生石灰粉送试验室做击实试验，测出最大干密度和最佳含水率。将最大干密度乘以压实系数作为环刀取样试验的控制干密度。

灰土应分层铺摊，分层碾压，铺土厚度控制在 200～300 mm，用 12～15 t 压路机碾压，每层碾压 6～8 遍，压痕应重叠，压路机行驶速度不应超过 2 km/h。每层压实后，用环刀取样，取样点位于每层 2/3 深度处，检验点根据检验批要求布置，其干密度应大于控制干密度。当下层灰土干密度达到要求后再进行上一层施工。

最上一层完成后要拉线检查标高，用靠尺检查平整度。高的地方用铁锹铲平，低的地方补打灰土。

（5）筏形基础。

1）筏形四周和基础梁模板采用组合钢模。

2）钢筋从下层到上层逐层绑扎。下层钢筋用高强度砂浆块支垫，上层钢筋用 9514 钢筋马凳支垫。注意钢筋的接头位置应避开受力最大处，并控制同一断面的接头比率。钢筋接头采用闪光对焊或电弧搭接焊。

3）根据筏板混凝土厚度，采用斜面分层一次浇筑到位。基础梁混凝土应滞后筏板 1～2 m 浇筑振捣，避免基础梁在与筏板交接处出现烂根。注意：在筏板混凝土初凝前必须浇筑基础混凝土。基础混凝土用 2 台搅拌机搅拌，用插入式振捣器和平板振捣器振捣，表面进行两次抹压，然后用塑料薄膜覆盖养护。

（6）墙身防潮。抹 1∶2.5 防水水泥砂浆，刷两遍热沥青。应待水泥砂浆基本干燥后再刷热沥青。

（7）地下室砌砖、钢筋、模板和混凝土等分项工程的施工方法及技术措施参见主体工程。

（8）建筑物四周回填土，压实系数要满足设计要求。回填压实方法采用打夯机，压实检验方法同基础灰土垫层。

3. 主体工程

（1）施工顺序：抄平放线→立皮数杆→绑扎构造柱钢筋→砌砖→支构造柱模→浇筑构造柱混凝土→圈梁、梁、板、楼梯、阳台支模→绑扎钢筋→浇筑混凝土→养护→下一层施工。

（2）砌砖工程。砌体在±0.000以下为实心砖，采取一顺一丁法砌砖，±0.000以上为多孔黏土砖。

1）砌筑前，按砖尺寸模数摞底排砖，适当调整门窗洞口的位置。370墙和240墙均采用双面挂线，按皮数杆确定的砖层标高砌筑。

2）砌砖用一顺一丁的形式，采用“三一”砌砖法。要求砂浆饱满，横平竖直。转角处和交接处应同时砌筑，临时间断处应留成斜槎，斜槎长度不应小于高度的2/3。

3）构造柱按五进五出马牙槎砌法，按设计要求埋设墙体拉结筋，构造柱与墙体的连接按980363标准图要求施工。注意：1~3层墙体及顶层楼梯间墙体沿墙高每500 mm配2根ϕ6 mm通长钢筋。

4）砖砌体的施工质量按B级控制。

（3）模板工程。

1）现浇梁板采用竹胶模板，梁底用木模，其余均用定型钢模，随时加强模板的清理、检查，模型尺寸要准确，接缝要严密，支撑要牢固稳定。加强模板工程的检查验收，合格后方可进行下一道工序施工。

2）构造柱支模前，务必将钢筋上、砖槎上黏结的砂浆和柱底撒落的砂浆清理干净，模板下口留清扫口。

3）模板拆除后，要清理、修整，刷隔离剂待用。

（4）钢筋工程。

1）钢筋在现场集中调直、下料加工。

2）钢筋接头采用闪光对焊、电弧搭接焊或绑扎接头，其位置要避开受力最大处。圈梁等构件均按受拉钢筋考虑错开接头，控制接头比例。

3）柱筋侧面、梁筋底面、侧面、板筋和楼梯板下层筋底面支垫绑扎砂浆垫块，楼板和楼梯板上层钢筋、下支钢筋马凳，确保钢筋位置。

4）梯梁处楼梯板预伸出的受力钢筋必须绑扎到位，用分布筋绑成整体，用临时支架支撑固定。

5）浇筑混凝土时，不得踩踏钢筋。委派专人看护钢筋，随时修整变位、变形钢筋，确保其位置正确。

（5）混凝土工程。

1）根据现场材料确定配比单。采用机械搅拌和机械振捣，确保混凝土的强度和密实度。

2）构造柱混凝土浇筑前，柱四周砖砌体必须充分浇水湿润，混凝土的坍落度应加大到80 mm，柱底先铺50~100 mm厚与混凝土同强度水泥砂浆，然后分层浇筑用插入式振捣器振捣。

3）楼板混凝土用平板振捣器振捣，拉线刮平，木抹抹平，初凝前两次用木抹抹平，终凝后覆盖塑料薄膜浇水养护。

4）混凝土捣制采取连续作业，不留施工缝，特别是梁柱节点钢筋密集，注意振捣密实，杜绝蜂窝、麻面、孔洞。

4. 装饰工程

（1）内装饰施工顺序：抄平放线→立木门窗框→木门窗框塞缝，门窗洞口企口→墙面贴饼冲筋→内墙顶棚抹灰，卫生间墙面贴瓷砖→木门窗扇和塑钢门窗安装→油漆粉刷。

（2）外装饰施工顺序：搭外架→基层清理→抄平放线→外墙面抹灰→粉刷→拆外架。

（3）门窗框安装前先抄平放线，安装时控制好标高、平面位置和垂直度，调整合适后方可固定。

（4）室内抹灰要抓好砖砌体的洒水湿润，底灰的垂直度、平整度和阴阳角的方正顺直。墙面宜冲软筋，即在抹底灰后立即将冲筋铲除用砂浆补平。罩面灰要薄，阴阳角要使用专用工具理顺理直。开关插座盒要预先调整好标高位置，使其与墙面齐平端正，用水泥砂浆嵌固，抹灰时一次性完成。

（5）根据设计要求，卫生间瓷砖采用混合砂浆结合层，瓷砖上刷混凝土界面剂或专用胶黏剂。瓷砖必须预先浸水湿润晾至表面无水迹。排砖时，阳角、门窗口边宜为整砖，阳角处切割 45° 角拼接。将接缝内素水泥浆及时划去，再用白水泥擦缝。

（6）外墙抹灰前，必须先将墙面清理干净，充分浇水湿润，混凝土面甩掺界面剂的素水泥浆。抹灰分 2 次完成，并做好养护工作。

（7）铝合金门窗框与墙体间用保温材料填实，与抹灰层交接处用油膏嵌缝。

5. 地面工程

（1）水泥砂浆地面。

1）施工顺序：抄平补齐 50 cm 标高线→清理基层→刷素水泥浆→抹水泥砂浆→封闭养护。

2）水泥用强度为 C42.5 的普硅水泥，砂子用洁净中砂，砂浆稠度不大于 35 mm，砂浆必须用机械搅拌，砂浆强度不应低于 M15。

3）基层必须清理干净，洒水湿润，刷素水泥浆前应清除积水。

4）砂浆抹好后适时压实压光。砂浆终凝后 24 h 洒水封闭养护。

（2）卫生间地砖楼地面。

1）施工顺序：抄平补齐 50 cm 标高线→堵塞管道留洞→铺筑掺 JJ91 密实剂细石混凝土→干硬性砂浆结合层→铺贴地砖→封闭养护。

2）细石混凝土铺设前，所有立管、套管和地漏均应安装完成，立管、套管和地漏周围用掺密实剂的细石混凝土认真填筑密实。

3）细石混凝土要认真计量，JJ91 密实剂要先和水拌匀，再用搅拌机搅拌。

4）根据 50 cm 标高线认真抄平，按排水坡度做出标志点，按标志点铺设混凝土。细石混凝土铺好达到一定强度后，蓄水 24 h，不渗不漏后再铺贴地砖。

5）地砖浸水后晾至无水迹后铺贴。铺贴时由里向外，从门口退出。结合层铺平拍实后，在地砖背面刮素水泥浆，四角同时下落，用橡皮锤轻轻击实，同时用水平尺检查标高和平整度。

6）地砖铺好后，封闭门口，至少禁止 3 d 上人。

6. 屋面工程

（1）施工顺序：清理基层→出屋面管道洞口填塞→抄平放线做标志→铺水泥焦渣找坡层→铺保温层→铺细石混凝土找平层→防水层→保护层。

（2）根据屋脊、分水岭位置和排水坡度，认真抄平放线，做出标志点。根据标志点铺设水泥焦渣找坡层，认真找出坡度。

（3）防水层应在找平层基本干燥后铺设。铺设前先均匀涂刷一道冷底子油。铺贴时，先铺檐沟、管道根和雨水口等处的附加卷材，再平行屋脊分水岭线从低处向高处铺设，卷材搭接宽度为长边不小于 70 mm，短边不小于 100 mm。

（4）沥青玛𤥻脂熬制温度不应高于 240℃，铺设温度不应低于 190℃。熬制时必须均匀搅拌使其脱水。

（5）浇油沿油毡滚动的横向呈蛇形操作，铺贴操作人员用两手紧压油毡向前滚压铺设，要用力均匀，以将浇油挤出粘实，不存在空气为度。要刮去油毡边挤出的油。

（6）当卷材表面不带保护层时应做水泥砂浆或豆石保护层，豆石粒径宜为 3 ~ 5 mm，应过筛洗净晾干。铺设时预热至 100℃左右，随刮油随铺撒豆石。豆石应撒铺均匀，黏结牢固。

7. 门窗工程

（1）塑钢门窗。

1）安装顺序：预留洞口→抄平放线→进场检验→安装门窗框→门窗扇安装。

2）塑钢门窗进场时，要对其外观质量、规格尺寸、材质证明书、合格证、型式检验报告进行检查，并要求到具有相应资质的检验部门检验其气密性、水密性、抗风压性，合格后方准验收使用。

3）门窗外框按给定标高、位置用膨胀螺栓联结地脚垫、塑料垫弹性固定牢靠，门窗框与洞壁间填塞保温材料。抹灰面与窗框间留 5 ~ 8 mm 深槽口，以备填嵌密封材料。

4）门窗框组装时，下料尺寸应准确，接缝应严密，组装应方正平整。门窗扇安装，要求推拉启闭灵活，塞缝严密，胶条连续整齐，表面洁净无损伤。

（2）木门及防火门。

1）安装顺序：预留洞口→抄平放线→进场检验→安装门窗框→墙面抹灰→门扇安装。

2）木门进场要对合格证、外观质量、规格尺寸、含水率等进行检验，合格后方可接收。木材含水率应不大于 12%。门框扇应水平支垫堆放，采取防潮、防水措施。

3）门框在墙体抹灰前安装，先对水平标高、平面位置、垂直度进行校正，然后与预埋木砖固定，门框用铁角保护。

4）门扇在湿作业完成后安装，要求缝隙合适，启闭灵活，不走扇，门窗开启方向及五金安装位置正确。

8. 管道工程

施工顺序：安装准备→预制加工→干管安装→立管安装→支管安装→器具安装→管道试压通水→管道冲洗→防腐保温。

土建施工时，紧密配合做好孔洞及管槽预留。

9. 电气安装工程

施工顺序：弹线定位→盒箱固定→管路连接→敷管→扫管、穿线→地线连接→绝缘接地测试→灯具安装→试亮。

（四）季节性施工措施

1. 雨期施工

雨期施工项目主要为主体后期和装饰装修工程。

（1）组织措施。

1）由项目经理全面负责，由项目副经理负责组织项目各部门实施，由工长进行雨期施工技术安全与环保交底。质量员和安全员检查雨期施工技术安全环保和防汛抢险预案的落实情况、工程质量和施工安全环保情况。

2）为减少雨期施工对工程质量、施工安全、职工健康财产安全和环境保护等方面的影响，成立由项目经理领导的防汛抢险小组。

3）应急程序：首先，发现汛情及紧急情况人员应立即向公司防汛抢险办公室报告；其次，通告本项目部所有人员到位，按小组分工各负其责进行应急抢险。

（2）准备工作。

1）在雨期到来前完成现场平整和排水。

2）电工在雨期前完成施工现场电线及开关电器的检查，发现问题立即维修。对所有接地进行复测，总配电箱处接地电阻不大于 4 Ω，重复接地电阻不大于 10 Ω。

3）项目材料员在雨期到来前完成材料的分类：整垛及材料堆放地的平整工作。

4）将塔基四周清理干净，并向四周做排水坡，防止雨水流入塔基内，塔基上空用脚手架或木板满铺，并覆盖厚塑料布，防止雨水进入，并在塔基内设集水坑一个。

5）钢筋加工场及堆放场按现场情况做排水坡度。

6）钢筋、模板加工机械由工长安排使用人在使用前检查维修。

7）技术安全交底时要有针对性的防水措施。

8）有防水、防潮要求的装饰、防水、保温、焊条、焊剂等小型材料要堆放在库房内，堆放时要垫高防潮。加气混凝土块、水泥等大宗材料在现场堆放，堆放时下部垫离地面，上部覆盖篷布或塑料布防雨，四周做好挡水、排水措施。

9）对办公室、库房、加工棚等临时设施做一次全面检查，要保证屋面不漏水、室内不潮湿、通风良好、周围不积水。

（3）技术措施。

1）钢筋工程。冷拉后的钢筋禁止被水泡，应垫高或尽快加工使用。钢筋禁止雨天露天焊接，4 级以上风力时应用竹胶板挡风。钢筋表面有水或潮湿时，应排除积水或晾干后再施焊。

2）模板工程。模板堆放应坚实平整，不积水，堆放时应平放，且堆放整齐，无可靠支挡措施时禁止立放，防止大风时吹倒模板，造成伤人及损坏。风力超过 5 级时禁止吊墙模板，风力超过 6 级时禁止吊装作业。

3）砌筑工程。雨天或雨后拌制砂浆前，要测定砂石或石粉的含水率，调整砂浆内砂子或石粉的含量，雨天施工时应适当减少砂浆稠度。砂浆要随拌随用，当施工期间最高气温超过 30℃时，水泥砂浆和水泥混合砂浆必须分别在拌成后的 2 h 和 3 h 内使用完毕。超过规定时间的砂浆，不得使用，也不得重新拌和后再使用。加气混凝土砌块禁止淋雨，要覆盖防水棚布，地面不得有积水。砌筑外墙时，每日收工时墙顶摆一层干砖，避免雨水冲刷砂浆。

4）装饰、装修工程。室内抹灰受雨期影响较小，主要是在顶棚抹灰时，一定要将顶板的预留洞口、预留管道口等进行封闭，防止顶板漏水污染抹灰部分。外墙暴露在室外，受雨淋、日晒影响大，室外抹灰、镶贴面砖施工时要提前关注天气预报，了解施工前一至两天的天气情况，避开雨天露天室外作业。外墙在烈日下抹灰时，抹完后要挂麻袋片或编织袋洒水遮挡养护。

2. 冬期施工

冬期施工项目：基础施工初期和装饰装修后期。

（1）安排专人收看天气预报，有大风降温时调整作业计划。

（2）混凝土工程采用综合蓄热法施工。搅拌用水加热，必要时砂子加热，调整上料顺序，后加水泥，使混凝土入模温度控制在10 ℃以上。门窗口封闭。混凝土中掺用外加剂，初冬、初春掺早强减水剂，严冬时掺减水抗冻剂。严冬时混凝土采用短时加热法养护。混凝土板顶用塑料薄膜和保温材料覆盖保温。

（3）塔式起重机料斗和泵管用岩棉毡包裹保温。

（4）由技术人员进行热工计算，验算混凝土的出机温度、入模温度、保温层厚度和降温时间。安排专人按时测温。

（5）采用成熟度法计算混凝土达到抗冻临界强度的时间，留置同条件养护试块，按试压结果决定混凝土的拆模时间。

（6）砌筑砂浆用普通水泥拌制。砂子不得含有冻块，温度较低时用热水拌制砂浆。适当加大砂浆稠度。

（7）黏土砖表面粉尘、霜雪应清除干净，温度零下时砖不应浇水。每天砌筑高度不应超过1.2 m，下班时顶面覆盖保温材料保温。

（五）采用的新工艺新技术

（1）楼板模板采用竹胶合板模板。

（2）给水管采用QTPP-R聚丙烯管道。

（3）照明暗配管采用UPVC管，排水管采用硬聚氯乙烯管。

（4）钢筋闪光对焊，优点是接头强度高，质量稳定可靠，能适应结构的各种部位，速度快，工效高，节约钢材，减少因而产生的钢筋密集。

（5）掺早强剂，新型号早强剂可以提早拆模，加速模板周转。

（6）屋面防水采用高聚物改性沥青卷材防水。

（六）质量保证措施

（1）建立健全质量保证体系，明确质量责任制。项目经理是工程质量第一责任人。项目经理要明确项目部各职能人员的质量责任，签订责任书，明确奖罚制度。项目部必须配置一名专职质检员。主要管理人员应持证上岗。

（2）认真执行公司的《质量保证手册》和《程序文件》，按公司质量管理体系运行。从工程中标即刻起，就要遵循《程序文件》的规定，一步一步认真实施。

（3）项目经理组织编制质量计划。明确达优的分部分项工程名称和采取的相应措施。

明确质量体系各要素在本工程中的应用实施。

（4）把好物资进场检验关。从合格分供方采购物资。包括建设单位供应的钢材水泥在内，进场后先进行验证验收，再送具有合格资质的材料检验单位复试，合格后方可使用。钢材、水泥、砖、防水材料、焊接试件、混凝土试块、砂浆试块等应执行见证取样。

（5）严格及时认真执行技术交底制、三检制、分项分部工程评定制度、地基基础及主体结构验收制度和隐蔽工程检查验收制度。

（6）认真执行相关的施工验收规范和技术规范。强制性条文必须严格执行。

（7）所用经纬仪、水准仪、磅秤、塔尺、钢尺和游标卡尺等计量器具，必须经过有资质的检测单位检定，持有检定证，并在有效期内。

（8）所用施工机械设备要进行进场验收，试运行，并做好现场维修保养工作。

（9）装饰工程实行样板制。铝合金门窗应有型式检验报告，并须做气密性、水密性、抗风压性检测，符合要求后方可使用。

（10）测量工、试验工、电焊工和防水工等应通过培训，持证上岗操作。

（11）工程技术资料、文件和记录安排专人保管收集整理。受控文件要有受控标识。质量记录要及时准确，与工程同步，真实反映工程实际情况。

（七）成品保护措施

1. 成品保护管理办法

（1）进行成品保护的宣传教育，提高全员成品保护意识。

（2）编制切实可行的成品保护措施，并认真贯彻执行。

（3）工程施工过程中设专人专管成品保护，由项目负责人统一调配，对工程成品进行人为管理保护。

（4）成品保护员在主体阶段分工种、装修阶段分楼层进行管理，每一个工种、每一个楼层均落实到人，进行现场施工的人员必须服从成品保护员的管理。

（5）合理安排工序，土建安装密切配合，对预留孔洞、预埋件等要认真核对，避免错留漏埋，减少不必要的破坏。

（6）在安排各分项工程的技术交底中，必须强调施工过程中的成品保护。

2. 主要分项工程的成品保护措施

（1）主体施工钢筋绑扎。

1）墙、梁钢筋绑扎完毕后，任何人不得踩踏在钢筋上修整，更不允许将成品钢筋当作梯子上下。

2）绑扎板筋时，操作人员从一端依次向另一端退进，待保护层或钢筋支撑支垫完毕后，将必须走人的部位用专用钢马凳支垫，上铺脚手架板，严禁直接从钢筋上行走踩踏。

（2）混凝土梁、墙角、棱的保护。

1）加强振捣，使混凝土的密实度达到规范要求。

2）支模前模板要涂好隔离剂。

3）按规定强度拆模。

（3）楼地面及楼梯踏步。

1）在对楼地面操作过程中要注意对其他专业设备的保护，地漏内不得堵塞砂浆等。

2）在已完工的楼地面上进行油漆、电气、暖卫专业工序时，注意不要碰坏面层。

3）各专业工种用的梯凳脚包橡胶。

4）严禁在已完地面上拌制混凝土或砂浆。

5）楼梯踏步角，用 108 胶粘盖木条。

（4）塑钢窗。

1）塑钢窗应入库存放，周边应垫起、垫平，码放整齐。

2）保护膜应在检查完整无损后，再进行安装。安装后应及时将两侧用木板捆绑好，并严禁从窗口运送任何材料，防止碰撞损坏。

3）保护膜在交工前撕去，要轻撕且不可用开刀铲，防止将表面划伤，影响美观。

4）架子搭拆，室内外抹灰，管道安装及材料运输等过程，严禁擦、砸、碰和损坏窗材料。

（5）厨房、卫生间涂膜防水。

1）在对涂膜防水层操作过程中，不得污染已做好饰物的墙壁、洁具、门窗等。

2）涂膜防水层做完之后，要严格加以保护，在保护层未做之前，任何人不得进入，也不得在卫生间内堆放杂物，以免损坏防水层。

3）面层进行操作施工时，不得碰坏突出地面的管根、地漏排水口、洁具等与地面交接处的涂膜。

（6）安装工程。

1）对于已安装好的器具，做好重点保护，在未交工之前，均用工程塑料布包好，并绑扎，防止污损，且标示“勿压”“勿碰”等字样，以示警告；工程验收前一天，用软布将其擦拭干净，保证外观光洁明亮。

2）对进场的材料、设备分类堆放。镀锌钢管、焊接钢管等管材，按规格堆放在管架上，防雷、防雪、防潮；板材类堆放在板材架上，防潮、防变形；设备类堆放不积压，置于室内，电气设备、材料单独设置室内库房，密封管理。

3）配合施工中的电气管线、预留洞口、预埋件均要做好保护，防止其他工种误操作，使配管移位、断裂或脱落，防止洞口变形，预埋件被移位。电气管口、灯头盒、接线盒均用旧报纸做临时封堵。

4）管井、设备间已安装的管道在交工前亦应做好保护工作。管道、设备安装完毕后，均用工程彩条布围护，并用钢丝绑牢，防止污染或受外力伤害，对于设备应用木板制成外保护。

（八）安全保证措施

（1）建立健全安全生产责任制。项目经理要明确项目部各有关管理人员的安全责任。认真贯彻有关安全生产的规定。按照《建筑施工安全检查标准》（JGJ 59—2011）的规定，结合本工程的实际，逐条逐项落实。设一名专职安全员负责日常现场安全检查。

（2）认真执行安全检查制度、安全交底制度和班前安全活动制度。在进行技术交底的同时进行安全交底。交底必须有书面材料，交底人、接受交底人签字齐全。

（3）凡进入施工现场的人员必须戴安全帽，电气、电焊作业人员必须穿绝缘鞋，高处作业人员必须系安全带。

（4）基坑放坡系数根据土质情况确定。基坑周边设 1.2 m 高的防护栏杆。

（5）升降机的基础、安装、附墙和拆除等必须遵照说明书的要求和有关规定进行。限位器和保险安全装置要齐全有效，动作灵敏。装设避雷针，防雷接地电阻不应大于 10 Ω。

（6）混凝土拆模时应试压同条件养护试块，达到规定的拆模强度后方可拆模。

（7）楼梯口及阳台边设钢管防护栏杆。升降机进料口和建筑主要出入口设防护栏杆，顶部设刚性防护棚。楼层进料口设栏杆和安全网防护。升降机临空三面设安全网防护。

（8）钢管吊篮架要经过设计计算。安设后经验收合格方准投入使用。要求保险装置、安全设施齐全有效，施工荷载不得超过设计荷载。

（9）施工用电按三相五线制（TN-S）配置。采用三级保护、两级配电。

（10）机械安装后，经验收合格办理手续后方准使用。

（11）塑料管黏结接口时，操作人员应站在上风头，并佩戴防护手套、防护眼镜和口罩等。

（12）在不同的施工阶段针对性地设置安全标志警示牌。

（13）安全管理文件安排专人收集、整理、保管。

（九）防止“质量通病”的措施

1. 通病一：采用炉渣填充层的地面空鼓

防治措施：

（1）认真将基层清理干净，洒水湿润，但不得有积水，均匀涂刷素水泥浆。

（2）炉渣必须认真过筛，筛除细粉和大于 25 mm 的颗粒，并浇水湿闷不少于 5 d。

（3）认真按水泥：炉渣为 1：4 的体积配比过斗，用砂浆机搅拌均匀，铺平后用平板振捣器振动密实并出浆。因在炉渣填充层上直接做水磨石，其表面平整度必须按找平层要求控制。

（4）填充层铺设 24 h 后洒水养护，3 d 内禁止进入。不得在垫层上存放各种材料。

2. 通病二：卫生间楼面积水渗漏

防治措施：

（1）按设计要求控制卫生间楼面的结构标高。

（2）防水细石混凝土施工前，竖向管道或套管及地漏周围必须用防水细石混凝土认真填补密实。

（3）按设计要求的坡度认真抄平，设置标志点，使坡向地漏。

（4）所用 JJ91 硅质密实剂必须有鉴定报告，有合格证。还必须经过见证取样，送具有合格资质的材料检测单位试验，合格后方可使用。

（5）防水细石混凝土必须认真过磅配比，JJ91 硅质密实剂要先与水拌匀，再加入混凝土拌合料中用搅拌机充分搅拌。在混凝土初凝前按标高标志点铺平，振捣密实。

（6）细石混凝土浇筑后 24 h 开始养护，并不得堆放材料。

（7）细石混凝土浇筑 7 d 以后蓄水 24 h，不渗不漏方可铺贴地砖。

3. 通病三：外墙水泥砂浆抹面空鼓裂缝

防治措施：

（1）外墙砖面和混凝土面必须彻底清理干净，提前浇水充分湿润。

（2）水泥强度宜为 C32.5。

（3）混凝土面甩掺混凝土界面剂的素水泥浆。

（4）水泥砂浆配比要准确，搅拌要均匀，稠度要适中。

（5）水泥砂浆面抹好后要防止暴晒，注意养护。

（十）施工现场达到文明工地标准的措施

（1）建立健全施工现场文明施工的责任制。项目经理全面负责，并明确项目部有关人员文明施工的责任，明确场容卫生环保管理制度、现场消防保卫管理制度、奖罚制度和检查制度。

（2）场容管理必须以施工总平面布置图为依据，在施工的不同阶段做出不同的施工平面布置，进行动态管理。

（3）按专业工种实行场容管理责任制，把场容管理的目标进行分解，落实到有关专业和工种。

（4）施工现场实行封闭管理。大门和门柱的高度不应低于 2 m，并设有公司标志。围墙高度不应低于 1.8 m 。大门口设门卫室进行人员出入登记管理。

（5）大门内设施工平面布置图、安全生产管理制度板、消防保卫管理制度板和场容卫生环保制度板。

（6）临时设施、材料机具必须按总平面图布置。材料必须堆放整齐。

（7）材料堆放场地应予硬化。施工道路应坚实畅通，并满足消防要求。场地应有一定坡度，排放雨水流畅。洗搅拌机污水和水磨石污水要经过沉淀、厨房污水要经过隔油池，再排入学院污水排水系统。

（8）工人操作地点和周围必须清洁整齐，做到工完脚下清，工完场地清，落地灰要回收过筛使用。整个施工场地每天至少应清理一次。

（9）建筑物内清除出的垃圾渣土，要用手推车通过升降机下卸，严禁从门窗口向外抛掷。

（10）整个施工现场的垃圾应指定地点集中堆放，定期外运。清运渣土、土方、松散材料的汽车马槽应严密，并采取遮盖防漏措施，运送途中不得遗撒。

（11）工地办公室、库房应保持整齐清洁卫生，经常打扫。未经许可禁止使用电炉。

（12）施工现场要配备足够的消防器材，并经常维护保养，保证灵敏有效。

（13）电焊、气焊切割、熬制沥青和冬施生火等施工作业用火必须经保卫部门审查批准，领取用火证，方可作业。动火前要清除周围及下方的易燃物。

（14）易燃材料和有毒物品必须专库储存。氧气瓶、乙炔瓶的工作间距不应小于 5 m，两瓶同时明火作业距离不应小于 10 m。

（15）施工现场严禁吸烟，必要时设专用吸烟室。

六、施工进度计划及进度保证措施

（1）主要施工进度控制。

基础工程：2015 年 10 月 20 日—2016 年 1 月 10 日；

主体工程：2016 年 1 月 10 日—2016 年 3 月 31 日；

装饰工程：2016 年 4 月 1 日—2016 年 6 月 10 日；

安装工程：2015 年 12 月 20 日—2016 年 6 月 10 日；

配套设施工程：2016 年 6 月 20 日—2016 年 9 月 30 日。

（2）施工进度网络计划如图6-13所示。

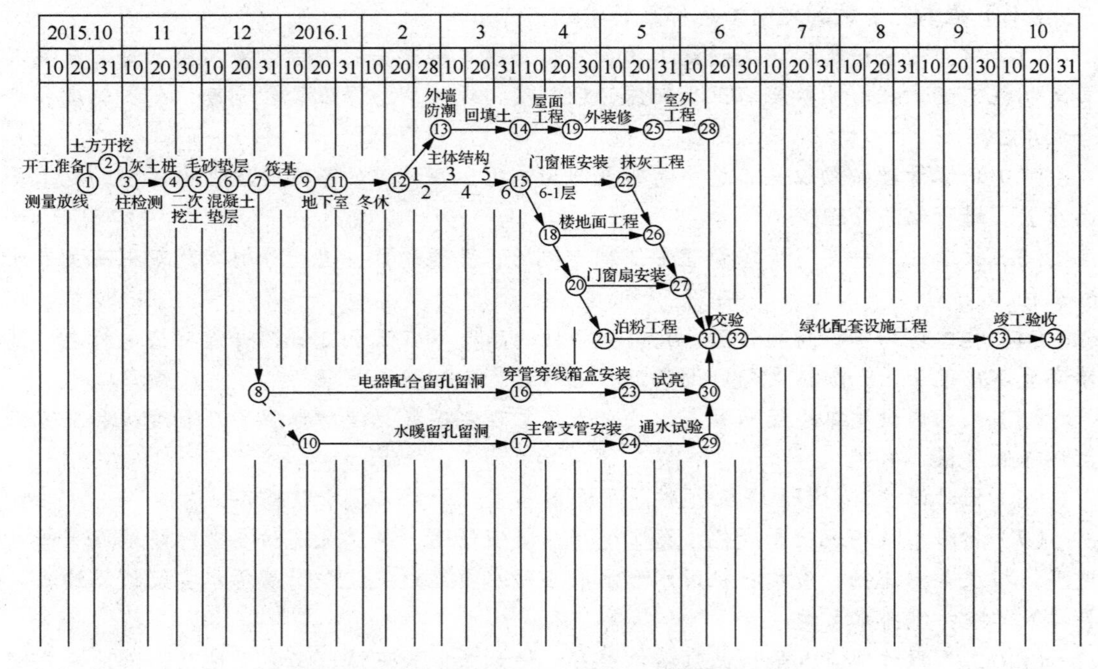

图6-13 某学院教工宿舍楼施工进度网络计划

（3）保证进度的组织措施。

1）组织精干的、有实力的项目经理部，合理配置施工技术管理人员，实行统一领导指挥。

2）选派技术素质高的施工班组进行该工程施工。

3）建立由项目经理主持的碰头会制度，协调解决质量、安全、进度中存在的问题、土建安装配合问题及各工种工序的穿插配合问题，综合调度劳动力、材料、机械，确保工程顺利进行。

（4）保证进度的计划措施。

1）在总的施工进度网络计划的控制下，周密安排月、旬、日进度计划，同时提出相应的劳力需要计划、机具、材料供应计划和进退场计划，由项目经理亲自负责计划的实施和检查落实工作。

2）按照施工部署和施工方案的安排，组织小流水段施工，充分合理利用时间、空间，科学组织施工。

3）当施工进度，尤其当关键线路项目有拖后现象时，必须查寻原因，采取有效措施提高施工速度。

（5）保证进度的技术措施。

1）做好技术准备工作。认真审阅设计文件，会审图纸，领会设计意图，将图纸中存在的问题尽可能在施工之前解决。认真编制施工组织设计，科学合理地指导施工。

2）采用时标网络计划合理安排施工进度。在网络计划控制下，细化月、旬、日网络计划。在施工过程中定期检查网络计划的实施情况，当进度有拖后现象时，及时采取措施调整，确保总进度的实现。

3）积极推广应用新技术。现浇楼板采用竹胶模板。装修外架采用吊篮脚手架。电气埋管和排水管采用 UPVC 管。新技术和关键工序在施工前都要编制专项施工技术措施，充分发挥其优势。

4）积极采用机械化施工。土方开挖、垫层碾压、垂直运输、混凝土搅拌振捣均采用机械施工。配备机械维修员，做好机械维修保养，保证机械的完好。

5）合理配置技术工人，确保胜任施工工作。在操作前进行必要的培训教育。特种作业人员必须持证上岗。

6）重视测量定位放线工作。测量放线是单位工程和各分项工程施工前必须进行的首项重要的技术作业，不能出任何差错。放线前要制定放线方案，实施后必须有专人复测，其误差应符合有关规定。测量放线记录待有关各方签字后方可开始施工。

七、主要机械设备需用量

主要机械设备需用量如表 6-19 所示。

表 6-19　主要机械设备需用量

序号	机械或设备名称	型号规格	数量	产地	制造年份	额定功率/kW
01	挖掘机	PC220-6	1	日本	2003	118
02	自卸汽车	HS361	2	河北	2002	
03	蛙式打夯机	HW60	2	郑州	2005	3
04	自升式固定塔式起重机	QT5013	1	太原	2002	37.2
05	龙门架	SMZ15	2	上海	2003	5
06	插入式振捣机	ZK-30、50	6	河南	2005	1.5
07	平板式振捣机	B15	2	河南	2003	1.5
08	砂浆搅拌机	JQ250	2	太原	2002	3
09	对焊机	UNlOO	1	河北	2003	100 kVA
10	电焊机	BX3-630	2	上海	2004	35.3 kVA
11	钢筋切断机	QJ40	2	太原	2001	3
12	钢筋弯曲机	WT40	2	太原	2001	3
13	钢筋调直机	GT4-14	1	太原	2002	5.5
14	木工圆锯	MJ225	1	河北	2004	4
15	木工压刨机	MB106A	1	磴口	2004	7.5
16	水准仪	DS2	1	北京	2003	
17	经纬仪	JJ2	1	北京	2003	
18	砂轮切割机	J3C-400	1	太原	2005	2.2
19	液压弯管机	QYQ	1	太原	2005	11
20	电动套丝机	Z3T-R4	1	太原	2003	1.5
21	混凝土钻孔机	ZIZ-200BK	1	成都	2003	1.5
22	台式钻	ϕ8-32	1		2004	1.5
23	电动打压泵	ZD-SY	1		2003	
24	气焊工具		1		2005	
25	PP-R 管热熔焊接机	JNZ-63	1	杭州	2002	0.8

续表

序号	机械或设备名称	型号规格	数量	产地	制造年份	额定功率/kW
26	绝缘电阻表（习称兆欧表）	ZC-7	1		2001	
27	接地电阻仪	ZC298-2	1		2005	
28	万用表	MF500	1		2002	
29	游标卡尺	0～200 mm	1		2004	

八、施工现场平面

施工现场平面布置图如图 6-14 所示。

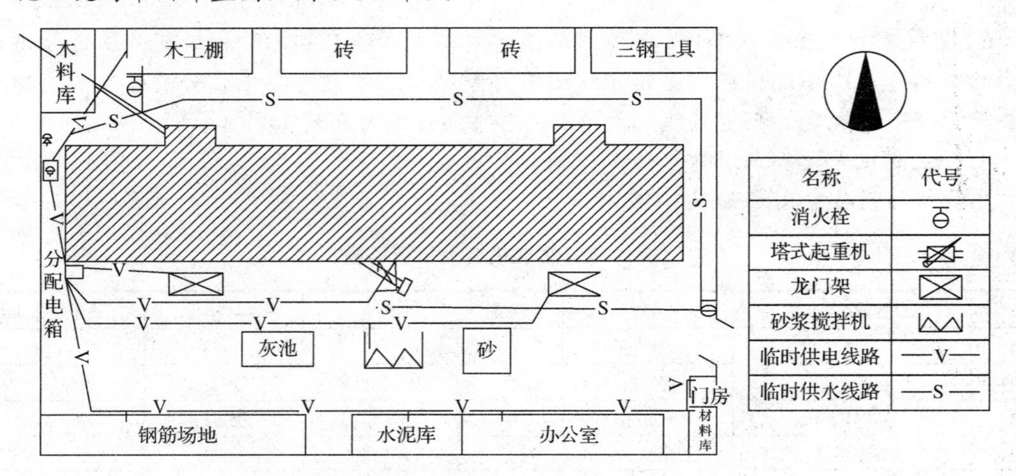

图 6-14　施工现场平面布置图

说明：因本工程在某学院生活区内，故安排在施工现场附近租用既有建筑作为职工临时宿舍，安排协调施工人员在学院宿舍就餐，施工平面图布置时，现场不设宿舍、食堂等。

九、主要技术经济指标

主要技术经济指标（略）。

复习思考题

一、单项选择题

1. 单位工程施工组织设计编制的对象是（　　）。

   A．建设项目　　B．单位工程　　C．分部工程　　D．分项工程

2. 下列（　　）属于工程技术经济条件调查内容。

   A．地形图　　B．工程水文地质　　C．交通运输　　D．气象资料

3. 最理想的流水组织方式是（　　）。

   A．等节拍流水　　B．异节拍流水　　C．无节奏流水　　D．依次流水

4. 双代号网络图和单代号网络图的最大区别是（　　）。

   A．节点编号不同　　B．表示工作的符号不同

   C．使用范围不同　　D．参数计算方法不同

5．编制单位工程施工平面图时，首先确定（　　）的位置。

A．仓库　B．起重设备　C．办公楼　D．道路

二、多项选择题

1．建设项目投资决策阶段的主要工作是（　　）。

A．可行性研究　B．估算和立项　C．设计准备
D．选择建设地点　E．经济分析

2．流水施工的工艺参数主要包括（　　）。

A．施工过程　B．施工段　C．流水强度
D．施工层　E．流水步距

3．单代号网络图的特点是（　　）。

A．节点表示工作　B．用虚工序
C．工序时间注在箭杆上　D．用箭杆表示工作的逻辑关系
E．不用虚工序

4．多层混合结构民用房屋的施工特点是（　　）。

A．土石方工程量大　B．装饰工程量大
C．构件预制量大　D．砌砖工程量大
E．便于组织流水施工

5．施工平面图设计的依据主要包括（　　）。

A．当地自然条件资料　B．技术经济条件资料
C．设计资料　D．主要施工方案
E．施工进度计划

三、简答题

1．试述无节奏流水施工的主要特点。

2．单位工程施工平面图设计的内容有哪些？

参 考 文 献

北京土木建筑学会，2008．建筑工程施工组织设计与施工方案[M]．3版．北京：经济科学出版社．
蔡新红，2009．建筑施工组织与进度控制[M]．北京：北京理工大学出版社．
何夕平，刘吉敏，2016．土木工程施工组织[M]．武汉：武汉大学出版社．
李源清，2011．建筑工程施工组织实训[M]．北京：北京大学出版社．
彭圣浩，2008．建筑工程施工组织设计实例应用手册[M]．北京：中国建筑工业出版社．
全国一级建造师执业资格考试用书编写委员会，2014．建筑工程管理与实务[M]．北京：中国建筑工业出版社．
苏德利，2020．土木工程施工组织[M]．武汉：华中科技大学出版社．
王晓初，李赢，王雅琴，等，2017．土木工程施工组织设计与案例[M]．北京：清华大学出版社．
危道军，刘志强，2009．工程项目管理[M]．2版．武汉：武汉理工大学出版社．
肖凯成，王平，2009．建筑施工组织[M]．北京：化学工业出版社．
闫超君，蒋红，张学征，2013．土木工程施工组织[M]．北京：中国水利水电出版社．
银花，2019．建设工程项目管理[M]．北京：中国建筑工业出版社．
翟丽旻，姚玉娟，2009．建筑工程施工组织与管理[M]．北京：北京大学出版社．
张长友，蔺石柱，黄志玉，2013．土木工程施工组织与管理[M]．2版．北京：中国电力出版社．
张志国，刘亚飞，2018．土木工程施工组织[M]．2版．武汉：武汉大学出版社．
中国建设监理协会组织，2003．建筑工程进度控制[M]．北京：中国建筑工业出版社．
中华人民共和国住房和城乡建设部，2009．建筑施工组织设计规范：GB/T 50502—2009[S]．北京：中国建筑工业出版社．
中华人民共和国住房和城乡建设部，2017．建设工程项目管理规范：GB/T 50326—2017[S]．北京：中国建筑工业出版社．